生命
進化する分子ネットワーク
システム進化生物学入門

田中 博

パーソナルメディア

はじめに

　われわれのもっとも身近にある「生命」とはなんでしょうか。
　この問いは科学者をはじめとする多くの人々を長い間悩ませてきました。20世紀以前の生命科学は、生物を構成する要素から生命を解明しようと試みてきました。1953年にワットソン・クリックがDNAの二重螺旋構造を発見してからは、遺伝子や分子のレベルから解明しようとしてきました。そして、世界中のアカデミズムや産業界をまきこんだ2003年のヒトゲノムの解読以降、個々の遺伝子や分子のレベルではなく生命をその全体の枠組み（たとえば遺伝子の集合であるゲノムのレベル）から理解しようとする見方が生まれてきたのです。
　この新たな生命科学のアプローチとなる遺伝子の集合としてのゲノムは、なによりも生命を構成する「情報」を表しているものです。また生命を表す「情報」は遺伝子だけでなく細胞内に存在するタンパク質総体（プロテオーム）や代謝物質全体（メタボローム）など、多種にわたってきています。生命を解明するためには、これらの「情報」を網羅的にただ収集するだけでなく、これらを統合して「生命」という1つの全体にまとめるメカニズムを明らかにすることが必要です。このメカニズムとは、具体的には信号伝達系や遺伝子発現調節系などの分子パスウェイやネットワークの働きによるものです。したがって、これら生命分子ネットワークの解明を通して「生命をシステムとして理解する」必要がでてきたのです。この「生命をシステムとして理解する」研究に、現在急速に進展しているシステムバイオロジーがあります。これは個々の生命のパスウェイやネットワークをモデル化したり、システム解析することによってその機能を理解しようとするものです。
　しかし、「生命をシステムとして理解する」というのは、個々の分子パスウェイのレベルの研究を意味するだけにはとどまりません。
　ここで少し深く考えてみましょう。生命と一口に言っても、1つの細胞で作られている単細胞生物と、細胞の集まりである多細胞生物があります。この2つでは同じ生命という概念でもその体制や意味が大きく異なっていることに気づきます。「生命をシステムとして理解する」とは、このような原核生物、真核生物、多細胞生物などの生命体制についての理解を深化することだともいえます。もう少し一般的に考えてみると、物質系と比べたときの生命らしさ——たとえば自律性や自己複製など生命を特徴づける「生命のシステムとしてのあり方」——はもっとも根底的なレベルにおける生命のシステム的理解であるといえましょう。
　本書では、通常のシステムバイオロジーより少し深い意味で、「生命をシステムとして理解する」とはどういうことかを追求しています。ドブジャンスキーは

「生物学で扱う事象は進化の観点がなければ無意味である」といっています。地球上における生命は、38億年かけて進化してきました。最初に生まれた始原的な生命における普遍的な生命のあり方は、原核生物に継承され、高次化されて真核生物、多細胞生物へと進化しました。この進化過程が、現在の生命がもつ「システム」に反映されているのです。すなわち、始原的な生命システムからはじまり、ときには進化の段階的な階層を跳躍する体制変化的な進化や、またあるときには連続したわずかな進化の積み重ねを通して、生命システムは進化してきました。このような眼に見える生命の進化を担ったのが、本書で取りあげる生命をシステムとして作り上げる各種の分子的なパスウェイやネットワーク、すなわちシグナル分子ネットワーク、遺伝子発現調節ネットワーク、代謝化学反応系なのです。進化とは、これらのパスウェイやネットワークの「システム」が連続的あるいは階層的に複雑化していったものと考えられるのです。

本書『生命−進化する分子ネットワーク』は、個々の遺伝子や分子における変異と選択で進化を捉える従来の進化理論の立場を超え、「生命をシステムとして理解する」視座より、進化を生命分子ネットワークの複雑化の過程として捉えるシステム進化理論について、著者らの研究も含めて解説したものです。この新しい理論は（著者もその最初の提唱者の1人ですが）、システム進化生物学（Systems Evolutionary Biology、またはEvolutionary Systems Biology）とよばれ、最近海外でも同時的に提唱者が増え、研究が進んできています。本書は、とくに生命科学のグランド・セオリーとしての「システム進化生物学」の将来に向けた構築を目指す視座から執筆したものです。

本書では、生命進化を分子ネットワークの複雑化の過程として理解する見方を、典型例をあげて論じています。1章では、ヒトゲノム解読計画から始めて、生命を「分子ネットワークの複雑化の過程によって形成されたシステム」として認識するに至った過程を述べます。2章では、生命の起源をたどりながら、ゲノムに見出されるシステム複雑化の進化過程について論じ、さらに3章では、生命ネットワーク解析の理論的基礎となるグラフ理論を説明するとともに生命の代表的ネットワークであるタンパク質間相互作用ネットワークの構築原理と進化について述べます。4章では、単細胞生物では脳の役割を果たした細胞内シグナル伝達系が、多細胞では細胞間の協調制御に向けて進化した過程を、また5章では、多細胞生物の体制形成のためにもっとも重要な遺伝子発現調節系である発生遺伝調節系について述べます。発生遺伝子調節系は、多細胞生物の基本的ボディプランを決定するものであり、マクロな表現型の進化と分子ネットワークの複雑化過程を繋ぐものとして基底となる分子ネットワークです。6章では、より深いレベルの生命と非生命とを比較したときの、生命の普遍的なあり方について述べてい

ます。ここでは著者が先に著した『生命と複雑系』で解説したものをできるだけわかりやすくまとめていますが興味のある読者は前著も参照していただければと思います。本書の趣旨においては6章までで一応の完結をみています。付録として7章では「生命をシステムとして理解する」ことが、われわれの現実の生活にどう寄与するのかを取りあげています。ここでは、具体的にゲノムなどの網羅的分子情報を活用した「システム医学」が、現実の医療にどう活かされつつあるかについて述べます。「生命をシステムとして理解する」ことを身近な問題として捉えていただくことができるでしょう。

　本書の執筆には、著者の学会長職務などによる多忙のため、思いのほか時間がかかりました。生命情報学教室助教の荻島創一君には、4章、5章をはじめとして大変貢献していただきましたし、教室の大学院生には図表の作成などを手伝っていただきました。またパーソナルメディア編集部には、執筆が遅くなり大変な忍耐をしていただき本書の完成に至ったことに謝意を表します。

目次

はじめに・・・・・・・・・・・・・・・・・・・・・・・・・・・・・・3

1章　生命をシステムで解く　9

1.1　ゲノムは解読された。しかし…─ゲノムから「システムとしての生命」へ・・・・10
　　1.1.1　すべての始まりとしてのヒトゲノム解読計画　10
　　1.1.2　ゲノムからオミックスへ　13
　　1.1.3　生命をシステムとして理解する　17
1.2　生命とはいかなるシステムか・・・・・・・・・・・・・・・・・・25
　　1.2.1　生命──再帰的関係において組織化されたシステム　25
　　1.2.2　体制を転移する生命　29
1.3　新しい生命へのアプローチ─生命を支える情報ネットワーク・・・・・・38
　　1.3.1　生命における「情報という構造」　38
　　1.3.2　新しいシステム生命科学へ　42

2章　ゲノムの中に見えるシステム生命　47

2.1　ゲノムから生命へ・・・・・・・・・・・・・・・・・・・・・・・48
　　2.1.1　生命の出現からゲノムまで　49
　　2.1.2　ゲノムの構造　55
2.2　生命の祖先の歴史はゲノムだけが知っている・・・・・・・・・・・・64
2.3　多重遺伝子族の集団としての進化・・・・・・・・・・・・・・・・69

3章　生命はダイナミックなネットワークだ　79

3.1　生命のしくみを明らかにするネットワーク理論・・・・・・・・・・・80
3.2　友達の友達は友達だ─スモールワールドの理論・・・・・・・・・・・87
3.3　生命はインターネットだった─スケールフリーネットワークと生命・・・91
3.4　タンパク質間相互作用のネットワークの構造解明へ
　　　─タンパク質インターアクトームの構造・・・・・・・・・・・・・98

4章　単細胞生物が脳をもつ？　113

4.1　単細胞生物の脳としてのシグナル伝達系・・・・・・・・・・・・・114

- 4.2 シグナル伝達系の原型としての2成分制御系・・・・・・・・・・・ 118
- 4.3 2成分制御系から多様で複雑なシグナル伝達系へ・・・・・・・・ 126
- 4.4 まとめ・・・・・・・・・・・・・・・・・・・・・・・・・・・・・・・・・・・ 141

5章　形作りに働く情報のネットワーク　143

- 5.1 カンブリア紀のステキな怪物たち・・・・・・・・・・・・・・・・・・ 144
    - 5.1.1 多細胞化の戦略―多細胞生物の出現　144
    - 5.1.2 カンブリア爆発とそれ以前　146
    - 5.1.3 カンブリア紀以前の多細胞生物　149
- 5.2 多細胞化のために越えるべき壁とは・・・・・・・・・・・・・・・・ 153
    - 5.2.1 多細胞生物の局所的な分子メカニズム　153
    - 5.2.2 多細胞生物への過渡的形態　154
- 5.3 多細胞生物の形作りのボディプラン・・・・・・・・・・・・・・・・ 157
    - 5.3.1 胚葉構造の多重化と対称性　157
    - 5.3.2 胚葉構造と体腔―二胚葉動物の誕生　158
    - 5.3.3 左右相称体制の確立―三胚葉動物の登場　159
- 5.4 発生という形作りの実際・・・・・・・・・・・・・・・・・・・・・・・ 164
    - 5.4.1 発生を決定する原理　164
    - 5.4.2 すべてはショウジョウバエから始まった　165
- 5.5 発生システムの階層性と入れ子進化・・・・・・・・・・・・・・・・ 176
    - 5.5.1 発生の階層的な遺伝子制御構造　176
    - 5.5.2 Hoxクラスタの階層的システム進化　177
- 5.6 まとめ・・・・・・・・・・・・・・・・・・・・・・・・・・・・・・・・・・ 184

6章　生命＝情報―生命は宇宙の塵から生まれた　185

- 6.1 エントロピーに立ち向かう生命・・・・・・・・・・・・・・・・・・・ 186
    - 6.1.1 生命を宇宙的スケールのもとに見る　186
    - 6.1.2 エントロピーと生命の不思議　187
    - 6.1.3 熱サイクルのしくみと秩序への変換　189
    - 6.1.4 エントロピーとその意味　191
- 6.2 情報と生命・・・・・・・・・・・・・・・・・・・・・・・・・・・・・・・ 199
    - 6.2.1 生命の秩序――非平衡循環構造　200
        - 6.2.1.1 生命は物理的系としては循環構造をもつ非平衡系である　200
        - 6.2.1.2 生命は自己触媒系を含んだ自律的な反応ネットワークである　202
    - 6.2.2 生命系の秩序――情報による組織化　202

6.2.2.1 「情報」の出現する自然の階層としての生命系　202
6.2.2.2 「情報による秩序形成」の基本的特徴　205
6.2.3 生命は進化的に複雑化する　207
6.2.4 生命の自己性　209

6.3 膨張宇宙論とわれわれ生命の未来 ・・・・・・・・・・・・・・・・・・ 214

7章　生命システム理論からシステム医学へ　　　　223

7.1 「生命をシステムとして理解する」理念が新しい医学を作り出す ・・・・・・ 224
7.2 ゲノム医療の展開 ・・・・・・・・・・・・・・・・・・・・・・・・ 227
7.2.1 単因子性遺伝疾患と遺伝子診断　227
7.2.2 多因子性疾患と疾患感受性遺伝子の探索　227
7.2.3 SNPなどのゲノム多型情報と相対的リスク　228
7.2.4 薬剤感受性の遺伝情報と個別化治療　230

7.3 ゲノムからオミックス医療へ ・・・・・・・・・・・・・・・・・・・ 232
7.3.1 オミックス情報に基づいた医療　232
7.3.2 オミックス医療の理念　233
7.3.3 オミックス医療を支える2つの柱——臨床オミックスとシステム病態学　237
7.3.4 システム病態学の原理　238
7.3.5 オミックス医療の現実化　240

7.4 オミックス医療へ向けて ・・・・・・・・・・・・・・・・・・・・・ 242
7.4.1 オミックス医療の体系化のための基盤　242
7.4.2 疾患オミックスデータのシステム的解析　243
7.4.3 疾患システムバイオロジーによる疾患階層情報モデルの構築　244
7.4.4 オミックス・システム医療に向けた解析―肝細胞がんでの例―　247

7.5 未来のオミックス医療の発展のシナリオ ・・・・・・・・・・・・・・ 250

結語——〈生命＝進化する分子ネットワーク〉論の体系的構築を目指して ・・・・・ 253

索　引 ・・・・・・・・・・・・・・・・・・・・・・・・・・・・・・・ 255

1章　生命をシステムで解く

1.1 ゲノムは解読された。しかし…
——ゲノムから「システムとしての生命」へ

　本書が目的とする生命をシステムとして理解し、生命の進化の歴史をシステム、より具体的には分子ネットワークの複雑化として捉える見方は、どのようにして生み出されてきたのでしょうか。

　「生命をシステムとして捉える」見方が生まれてくるためには、まず、生物現象を、それを構成する要素へと分析する従来の生物学の分析主義的な見方から開放されて、生命をその全体像から理解する、新しい見方が生み出されていなければなりません。また生命を全体として理解するといっても、生命を何か神秘的な力が働く現代生物学以前のアニミズム的生命観から捉えるのではなく、分子的生命科学の洗礼を受けた現代の生物学の見方の上に、その成果を踏まえて、生命をシステムとして把握し直す必要があります。その可能性を開き、生命を分子レベルにおいて全体的視野から理解する見方を生み出す出発点となったのが、ヒトゲノム解読計画でした。ポストゲノム時代のシステム生物学やオミックス医学、さらには、システム進化生物学などの新たな生命科学はすべてこの大事業から始まったといえます。

　そこでまずは、ヒトゲノム解読計画を振り返ることから話を始めることにしましょう。

1.1.1　すべての始まりとしてのヒトゲノム解読計画

—大事業であったヒトゲノム解読の終了
　すべての新しい生命科学の始まりであるヒトゲノム解読の国際プロジェクト、すなわち、人間の遺伝情報の総体を解読する国際的な生物学プロジェクトが、さまざまな科学研究上のエピソードを残して2003年に完了したことを記憶している読者も多いと思われます。遺伝子を担う鎖状の生命分子であるDNA（デオキシリボ核酸）が二重螺旋の形をしていることをワトソン・クリックが科学雑誌『ネイチャー』に発表した1953年からちょうど半世紀、すなわち50年を経た年に、ヒトゲノムの全DNA配列を99.99％の精度で解読するという生命科学研究上、最初の大規模な国際協力プロジェクトが完成しました［1］。

　現代が、ライフサイエンスや生命の時代であるといわれてすでに久しく、分子生物学の急速な発展とその成果は広く社会にも浸透しました。生命を作る「設計

図」が遺伝子にあり、その遺伝子が物質的には DNA という生体高分子であることは、広く知られています。さらに、DNA がアデニン（A と略記、以下同じ）、グアニン（G）、シトシン（C）、チミン（T）といった 4 種類の単位分子（ヌクレオチド）の繰り返しであり、遺伝子が、A,C,G,T といった 4 つの〈文字〉の配列よりなり、これが生命活動を担う主要かつ基本的な物質であるタンパク質の〈作り方〉、すなわち、その構成分子であるアミノ酸の並べ方についての情報を与えていることも多くの人の知るところです。

全体で 30 億個の〈文字〉よりなるヒトゲノムというこの「生命の書」は、23 巻の分冊（染色体）にまとめられ、総数 2 万数千個ぐらいとされるヒト遺伝子の情報が記されています。ヒトゲノム解読計画とは遺伝子の存在しない部分も含めてヒトゲノムの DNA（〈文字〉）の配列をすべて解読する計画でした。1980 年代の後半に分子生物学者の間で必要性が認識されたこの計画も、その是非をめぐって当時は議論沸騰という感がありましたが、1990 年に英米を中心として組織的体制が整い、生物科学の世界では初めての国際協力プロジェクトとして出発しました。

ヒトゲノム計画は、アカデミズムや産業界を巻き込み、国際的な拡がりをもった大がかりな科学プロジェクトとなりました。その過程で生じたエピソードは、多くの本に記されています（たとえば [2] [3]）ので、ここでは簡単に記すにとどめますが、この国際プロジェクトが生命科学領域において、いろいろな意味で従来には存在しなかった試みであったことは確かといえます。

当初は 2005 年を解読終了としていたこの計画は、その途中でグレイグ・ベンター率いるセレラ・ジェノミックス社（セレラは迅速という意味のラテン語）がゲノム配列を高速に読み取るホールショットガン法を駆使して、国際協力プロジェクトに先んじて、ゲノムを解読し特許化すると挑戦的な宣言をしたために一時は大変な騒ぎになりました。国際プロジェクトのほうも、セレラ社のゲノム情報独占を阻むために、精度が粗くても解読した配列（ドラフト配列）をつぎつぎに公表してヒトゲノムでセレラ社が特許を取れない方針に転じたのです。この激しい先陣争いも、ゲノムの粗配列解読の一応の完成を両者で共同に宣言することで、決着をみました。2000 年 6 月 26 日、国際協力プロジェクト代表フランシス・コリンズとセレラ社代表のグレイグ・ベンターが同席するなか、ホワイトハウスで式典が行われ、国際テレビ中継で臨席した英国首相ブレアとともに、米国大統領クリントンが「本日われわれは、神が生命を創造されたときの言葉を知った」と宣言したことは有名です。ここでゲノムの粗配列解読がほぼ終了したことが世界に認識されました。翌 2001 年 2 月には両者の粗配列でのヒトゲノムの解読結果が学術雑誌『ネイチャー』[1]、『サイエンス』[4] 両誌の特集として公表されました。国際協力プロジェクトの方ほうは、その後も引き続きゲノム配列の精密

化を継続し、2003年にその完了を迎えたのです [5]。

ヒトゲノム解読計画の歩み

- 1985年 米エネルギー省がヒト全ゲノム解読を提案。
- 1986年 コールドスプリングハーバーでヒトゲノム計画についてワットソンとギルバートが議論。
- 1988年 米国ヒトゲノム解読に予算化。パイロットプロジェクト開始。
- 1989年 HUGO（国際ヒトゲノム機構）設立。
- 1991年 米国、日本、イギリス・フランスなどで国際プロジェクト開始。
- 1994年 ヒトゲノムの遺伝地図がほぼ完成（フランスのCEPHなど）。
- 1996年 ヒトゲノム国際協力（バーミューダ会議）。
  ワットソンをリーダーにヒトゲノム国際コンソーシアムの創設。
- 1998年 ベンター、バイオベンチャー企業セレラ・ジェノミックス社を創立。
  ヒトゲノム解読を2001年までに解読することを発表。
- 1999年 ヒトゲノム国際コンソーシアム。11%の解読を発表。2003年に前倒して完成と発表。
  ベンター、ヒトゲノムのテストケースとしてショウジョウバエのゲノムをたった4カ月で解読する。
- 2000年 クリントン米大統領、ブレア英首相、国際ヒトゲノム計画チームとセレラ・ジェノミックス社がともに「ヒトゲノムの概要を決定した」と発表（6月26日）。
- 2001年 『ネイチャー』『サイエンス』誌のヒトゲノム特集号発行（2月）。
  ※ "Nature" vol.409, No.6822, 15 February 2001
  "Science" vol.291, No.5507, 16 February 2001
- 2003年 精密配列解読が終了。

ヒトゲノム解読計画が拓いた新たな生命科学の地平

このように幾多の経緯をはらんで完了したヒトゲノム解読計画ですが、このプロジェクトはいろいろな意味で生命科学の世界に新しいパラダイムを開くものでした。

その1つは、これだけの規模の国際協力プロジェクトは生命科学分野において初めてだったという点です。素粒子や核物理学、天文学などの物理的科学では、素粒子加速装置の国際利用施設や米ロ共同の有人宇宙ステーションの計画などビッグサイエンス型の国際研究協力プロジェクトは珍しくないのですが、生物学では、このヒトゲノム解読計画が初めての試みだったのです。その後もこれほど大きな国際プロジェクトはこれまでのところ計画されてはいません。

つぎに、コンピュータや情報処理がこれほど大きな役割を果たした生命科学のプロジェクトはなかったということです。たとえば、ゲノム解読を大いに加速したショットガン法は、何人かのゲノムをバラバラにしてそれぞれの断片の配列を

読み、断片化の違いによって生じる重複部分を「のりしろ」にしてコンピュータで「パズル合わせ」のように繋ぎ合わせ、1つの並びにするという、コンピュータの力に大きく依存した方法でした。そのほかにも、得られたゲノム配列に対して、遺伝子をコードしている部分を探したり、これまで知られている遺伝子のDNA配列と類似性を比較したりするなど、ゲノム解読のさまざまな局面で計算機処理が大活躍しました。

しかし、よく指摘されるこれらの点よりも、もっと重要なことは、ヒトゲノム解読計画が生命科学において初めて「全体としての生命」を最初から射程に入れたプロジェクトであったということです。ゲノム計画は、個々の遺伝子ではなく、染色体に含まれるDNA配列「すべて」を読むことによって、ゲノム全体を通して「透けて」見えてくる「生命の全体構造」を見ようとしたといえます。それは、生命現象を要素的に微細に解明していくこれまでの分析的な生物科学のアプローチの方法とは違い、遺伝子という微視的レベルではありますが、個々の遺伝子ではなく、〈遺伝子の集合において見えてくる「生命全体の情景」〉を追求するものでした。

もちろんこの計画が本来もっていた新しさは、伝統的生物学のコミュニティからはなかなか理解が得られませんでした。計画当初では「ゲノム解読はサイエンスではない」などの意見も聞かれました。たしかにゲノム解読作業だけで終わってしまうならば、そのような批判も間違ってはいなかったでしょう。網羅的アプローチの切り拓く新しい生命科学とは、ゲノム全体が解読されてから後に、個々の遺伝子を超えて生命の全体像を浮かび上がらす研究が本格的に展開されることによって、達成されるものであることは確かなのです。

1.1.2 ゲノムからオミックスへ

ゲノム情報だけで生命を網羅的に捉えられるか

しかし、生命をその全体性において眺めるという当初の動機は、ゲノム解読によって十分達成されたでしょうか。もちろんゲノム情報は、すでに生命理解に貴重な情報を多くもたらしています。ヒトの遺伝的情報の全体を見渡す視座を得て、いまだ40％が機能未知とはいえその全体像を認識しえたことは、われわれの生命理解に大きな変革をもたらしました。このことは、生命科学の様相が「ゲノム以前」と「以後」で大きく分かれたことからも明らかです。現在つぎつぎと明らかにされているヒト以外の生物種のゲノム解読結果と比較することによって、今後ますます生物的な機能や進化の様子がゲノムレベルで明らかになり、地球上の生命全体への理解も広くかつ深く進展するでしょう。

しかし、ゲノム情報からのみでは、まだ生命系の全体の理解へと完全に繋がるものではないこと、というよりむしろ、生命が予想した以上にゲノム配列だけでは決まらないことも明らかになってきたといえます。

ゲノム、すなわち遺伝子の全集合が、そのままでは生命の機能的な豊かさをかならずしもすべて表すものでないことは、いろいろな例からも明らかです。たとえば、ゲノム解読によってヒトの遺伝子の総数は、現在2万数千個と推測されています。しかし、体長1〜2mmで全細胞数が約1000個、神経細胞数が約300個の線虫ですら、遺伝子数は1万9000個も存在しています。遺伝子数が生命の複雑性を表すとすると、線虫と比較して総細胞数が60兆、脳細胞が140億個あるヒトの遺伝子数があまりにも少ないように思えるでしょう。

ゲノム上に存在するDNA分子の遺伝子情報が生命の実際的な機能の実現、すなわちタンパク質の産生へと導かれていく過程の間には、遺伝子の機能に膨大な多様性を与える「編集」や「修飾」などのポストゲノム的過程が働き、現実の生命機能の複雑化に大きく影響を与えています。

すなわち、ゲノムは生命を解く情報の宝庫ですが、「ゲノム配列に投影された生命」であって、かならずしも生命そのものではないことも確かです。生命とは「生きている」状態にある細胞内の物質／反応過程の集合体と考えると、ゲノム情報はいわば生命のレパートリー、可能性の基本を示したものです。

ポストゲノム—ゲノムからオミックス情報へ

この点を少し詳しく見てみましょう。DNA上の遺伝子コードは細胞内の状態に応じて生命機能を担うタンパク質に発現されます。この間にタンパク質を作るための情報のキャリア（担い手）として、まず細胞核内で遺伝子情報を格納するDNA配列を鋳型として、自らの分子に情報を移し変えるメッセンジャーRNA（リボ核酸）が作り出されます。この情報の移し替えは、転写（transcript）とよばれます。転写という言葉は、本来は印刷術が発展しなかったころ聖書やギリシャ・ラテン古典など写本する作業を表す言葉でした。種類が違うといえ核酸（デオキシリボ核酸）から核酸（リボ核酸）への情報の移し替えであるのでこの名があります。

メッセンジャーという言葉がついているのは、遺伝情報（染色体上）が存在する細胞核内でこの遺伝子情報を書き写したRNAが、核膜を通過して細胞内に移行し、細胞質内に存在する翻訳装置（リボゾーム：RNAとタンパクからなる巨大分子機械）へ情報を伝達して、そこでタンパク質へ翻訳されるからです。メッセンジャーRNAという核酸からタンパク質への変換は、それぞれの単位をなす分子（〈文字〉）が違うため、翻訳（translation）とよばれます。すなわちDNAやRNAの〈文字〉は4種類の核酸であるのに対して、タンパク質の〈文字〉は

20種類のアミノ酸であり違う言葉と考えられるからです（図 1-1）。

さてゲノム上にある遺伝情報を多様化する最初の主要な機構の1つは、DNA配列からメッセンジャー RNAへの転写、すなわちタンパク質を作る鋳型を形成する段階に存在します。真核生物以降の段階では、1つの遺伝子からそのときの生命の状態に対応して、多くのメッセンジャー RNAが作られます。これは、遺伝子の配列はバクテリアのような原核生物では、無駄もなく連続した DNAの塩基配列でコードされていますが、真核生物では、遺伝子に「構造」があって、タンパク質を構成するアミノ酸を実質的にコードするミニ遺伝子である「エキソン」とよばれる部分とその間にあって転写時には取り除かれ、エキソンを繋ぐ役目を果たしているイントロンとよばれる部分に分かれていて、転写のときにどのエキソン部分を選び組み合わせるかによって多様なタンパク質の鋳型を作ることができるからです。これは選択的スプライシングとよばれています。この機構によって mRNA はゲノム上の遺伝子の数倍から十数倍ぐらいまでレパートリーを増やします。

また、この鋳型からアミノ酸の配列に翻訳されてタンパク質が作られた後も、メチル基を付加したり、糖を付加したりさまざまな翻訳後修飾のしくみによって、さらに多様な分子になり、2万数千の遺伝子は最終的には、100万ぐらいのタンパク質を細胞で発現しているのではないかといわれています。

このように、ゲノムに代わって「生きている状態」を表す網羅的情報、たとえば細胞内で機能しているタンパク質の全体、あるいはこのタンパク質が酵素となって触媒する化学反応によって代謝される代謝物質全体などを知ること、すなわち

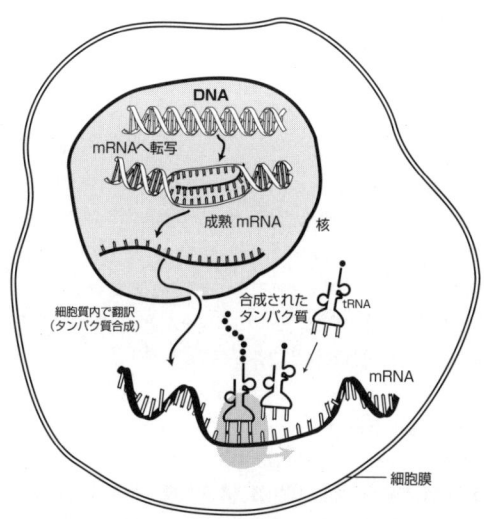

図 1-1　セントラルドグマ——ゲノムから遺伝子発現。さらにタンパク質合成へ

「生命のさまざまなレベルでの網羅的情報」を得ることが、ゲノムを基礎に多様に展開される「生命の実像」に迫るために必要であることがわかってきました。

そのため、ゲノム計画と同様にその網羅的全体を収集するアプローチが進められています。ポストゲノム時代は、ゲノム科学の目指した網羅的方向を正しいとしながらも、ゲノム情報だけでは生命の全体像を描くには不完全という認識から、より「生命の状態」に近い情報を網羅的に収集・分析する活動から始まりました。遺伝子（gene）からゲノム（genome）という言葉を鋳造したように、総体を表す接尾語「ーオーム（-ome）」をつけて、網羅的生命情報が収集され分析されています（表1-1参照）。これらの全体を現すものを、オミックス（omics）情報とよんでいます。

ゲノムから始まった生命分子レベルで網羅的全体を観測するアプローチは、現

表1-1　代表的なオミックス情報

(1) トランスクリプトーム（Transcriptome）

細胞が現在どのようなmRNAの集合を産出しつつあるか、ゲノムワイドな全体を表します。これは、多少擬人的ですが「細胞の意図」を表すといってよいかもしれません。最近では、このトランスクリプトームを網羅的に観測する方法としてマイクロアレイ法が使われています。ここではcDNAマイクロアレイ法について述べます。mRNAは不安定なので、これをDNAに戻して網羅的情報として収集します。戻したDNAは、イントロン部分が欠けているので、もとのDNAと違うためcDNA（cはcomplementary〈補完的〉の意味）とよばれます。このcDNAは細胞内で発現しているmRNAから作成したことからエキソン部分であることがわかっています。ゲノム上にマッピングして遺伝子の場所の決定に使うことができるので、ETG（遺伝子表現タグ）ともよばれています。このようなcDNAを比較すべき異なった細胞条件で収集し、異なった蛍光物質で標識して、ゲノムワイドな遺伝子発現のパターンを判定するのがcDNAマイクロアレイです。

このほかに遺伝子発現アレイには遺伝子の配列の部分にマッチする一定の数の塩基を植え込んだオリゴヌクレオチド型のアレイも使われています。

(2) プロテオーム（Proteome）

細胞内で発現しているタンパク質の総体です。タンパク質は、さまざまな生命機能を担当します。酵素となって代謝の化学反応を触媒するだけでなく、運搬タンパク、収縮タンパク、シグナル伝達など多くの生命機能を支えている生体マクロ分子です。またタンパク質分子の全体の変化や変異したタンパク質は疾病をもたらします。その意味でもプロテオーム情報は生命の現在の機能的状態を与えるものです。二次元電気泳動や質量分析器などによって測定します。

(3) メタボローム（Metabolome）

タンパク質である酵素に触媒されている代謝分子の総体を表します。代謝分子の網羅的全体は、細胞の化学反応系全体の傾向をマクロ的に捉えることを可能にします。また、このメタボロームの全体的な変動から、細胞内の病態などを判定できます。これも質量分析器などによって測定します。

在はオミックス情報という形で、ゲノム、トランスクリプトーム、プロテオーム、メタボロームなどゲノムを基礎としつつも多くの種類の網羅的分子が階層的に展開する形になってきました。

1.1.3 生命をシステムとして理解する

オミックスからパスウェイ／ネットワーク中心の見方へ
　遺伝子発現情報のトランスクリプトームやプロテオームなどのポストゲノム情報は、現在多くの関心を集めています。DNAチップやプロテインチップなどこれらを網羅的に観測する手段の発展も、近年著しいものがあります。しかし、よく考えてみるとこれら網羅的分子情報を集めれば、本当に生命の実像が見えるのでしょうか。このことについては、ゲノムと同様なことがいえるかもしれません。すなわち、網羅的な分子情報を集めるだけでは、まだ素材レベルであり、それだけでは「生命を全体として理解する」ことができないでしょう。これらの情報をまとめ、生命の全体的機能において適切に位置づける「枠組み」こそが「生命を全体として理解する」ために必要ではないのでしょうか。
　この枠組みは、単に「理解のため」の枠組みではなく、現実に生命の中で働いて生命を秩序づけている「構造」が存在していることによってさらに裏づけられます。近年、このような網羅的なオミックス情報を集めることによって透けて見えてくる生命分子間の関係を重視する見方が始まりました。生命分子はそれ自体として孤立して存在するのではなく、細胞内で進行している化学反応・相互作用の膨大なネットワークの中で機能しています。したがって、ゲノムワイドに観測した全遺伝子の発現パターンや細胞内のタンパク質の分布状況の背後には、これらの分子間を関係づける分子間経路や相互作用ネットワークが存在しているはずです。その意味ではオミックス情報から、そこに含まれる分子間を関係づけるパスウェイ／ネットワークへと関心の重心を移行させ、それらのネットワークの取りうる状態として生命を理解する見方が生まれてきました。
　それでは細胞内外にどのような分子ネットワークが働いているのでしょうか。

(1) 細胞内パスウェイ／ネットワーク
遺伝子発現調節ネットワーク　まず、生命の機能を支えるものとして、遺伝子発現の相互調節のネットワークがあります。遺伝子はほかの遺伝子と関連なく独立に発現することはきわめて少ないのです。遺伝子の発現とはゲノム上の核酸の配列に基づいて、タンパク質を作ることですが、この発現はとくに細胞内外の情報

やほかの遺伝子発現状態に依存して、これらと適応あるいは協調するように非常に複雑に制御されています。詳しく述べる紙幅もないのでここでは簡単に重要な点のみを述べます。遺伝子の発現を細胞内外の状態やほかの遺伝子の発現状況に対応して制御する主要な部分は、遺伝子のコードする部分より通常前に存在し、「シス調節エレメント」とよばれる特有なDNA配列です。これはタンパク質をコードしているDNA配列のコード領域の、通常は上流に存在します。ここに、特定のタンパク質(転写調節因子)が結合することによって遺伝子の発現にスイッチが入ります。すなわち遺伝子とは簡単にいえば、スイッチつきのタンパク質製造方法の指示書と考えられます。

遺伝子には、代謝反応などを触媒する酵素のように、そのコード化しているタンパク質が、実質的な生命機能を担う場合もありますが、ほかの遺伝子を発現させるタンパク質、すなわちほかの遺伝子のスイッチに結合してこれをオンにする、転写調節因子とよばれるタンパク質を作る遺伝子も多くあります。そしてそのようにして作られる転写調節因子が結合する遺伝子や、さらにほかの遺伝子の発現を開始させるタンパク質を産生する遺伝子などもあり、これらが、このような形で1つのまとまった遺伝子群の発現を調節する一連のネットワークを形成する場合が多くあります。すなわち、遺伝子間には自分が作るタンパク質あるいはその派生分子を介して、ほかの遺伝子の発現をお互いに調節しあうネットワークを形成して、共同で生命機能を実現にあたる場合のほうが、単独でなんら制御も受けずに発現している遺伝子より多いのです。(図1-2)

細胞内シグナル伝達ネットワーク　このような遺伝子発現調節ネットワークは、生命の細胞内ネットワークの典型的な例ですが、そのほかの細胞内分子ネットワークとしてシグナル分子ネットワークが存在します。これは、細胞外の情報を受容体で感知し、これを酵素の活性化や核内にある遺伝子へと情報を伝達しその発現を調節する「細胞内シグナル伝達」のネットワークです。

生命の信号伝達というとすぐに神経線維が思い浮かびます。神経はその1つ1つが細胞であり、神経線維を情報伝達に使うのは多細胞生物でも発達した段階の生物です。単細胞生物はもちろん細胞が1つですから、情報伝達に神経細胞を使うことはできません。したがって、多細胞生物での神経細胞に相当するのはシグナル伝達タンパク質です。環境の情報を細胞膜上に位置したタンパク質によって作られる受容体で受け取り、その信号を、タンパク質間の相互作用に基づいて細胞質内に連鎖(Cascade：カスケード)的に伝達し、特定の酵素を活性化したり、細胞核内の遺伝子発現の転写調節因子へと繋げ、遺伝子を発現させて「行動」発現へといたります。たとえば光や栄養物質を受容体で検知して、細胞内シグナル伝達系を介して鞭毛の運動を制御するタンパク質を発現することによって、方向

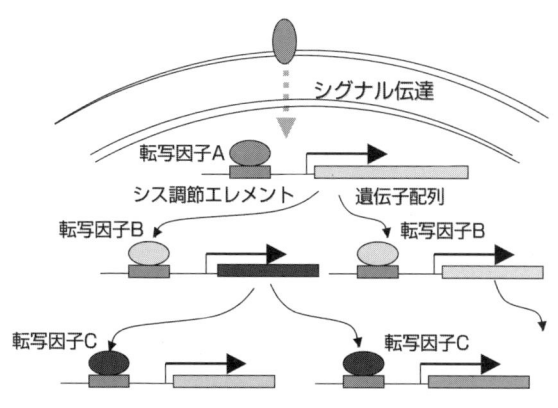

図1-2 遺伝子発現調節ネットワーク

を変えるのは有名な例です。

　細胞内のシグナルネットワークも何段階かの過程を結合して信号を増幅させたり、お互いにクロストークさせて信号を総合的に処理したりして、一定レベルの信号処理を行っており、単細胞生物ではその「神経系」として、さらに大げさにいえば「単細胞生物の脳」として機能していると考えられています。多細胞生物になると細胞内のシグナル伝達系の役割も少し性格が異なってきて細胞間の振る舞いの協調のためにお互いに信号をやり取りして細胞の機能として反映させる機能を果たします。多細胞生物の細胞内シグナル系は、最近著しく研究が進展した分野で、これは発生やがんなどとも関係が深く、この本でも後で詳しく触れることにします。シグナル伝達系は生命系を形成するタンパク質間相互作用のネットワークの中心を占めるものです（図1-3）。

代謝反応ネットワーク　そのほかにすでに高校の生物の教科書にも多く記載されている、生命のエネルギーや基本物質を供給する代謝反応ネットワークを忘れてはいけません。これは20世紀末から非常に精力的に研究された分野で詳細な生化学的反応経路のほぼ全容が知られています。ブドウ糖から生命の活動に必要なエネルギー（ATPという分子の形で蓄えられる）を取り出す解糖系やクエン酸回路などは生物化学の中心的テーマで、これらは現在では、オミックス情報の1つ、代謝の化学反応経路に従って産出される代謝物の総体、すなわちメタボロームの観点から新しくとりあげられるようになりました（図1-4）。

(2) 細胞間ネットワーク

　細胞内ネットワークやパスウェイは前述の3つのネットワークよりなります

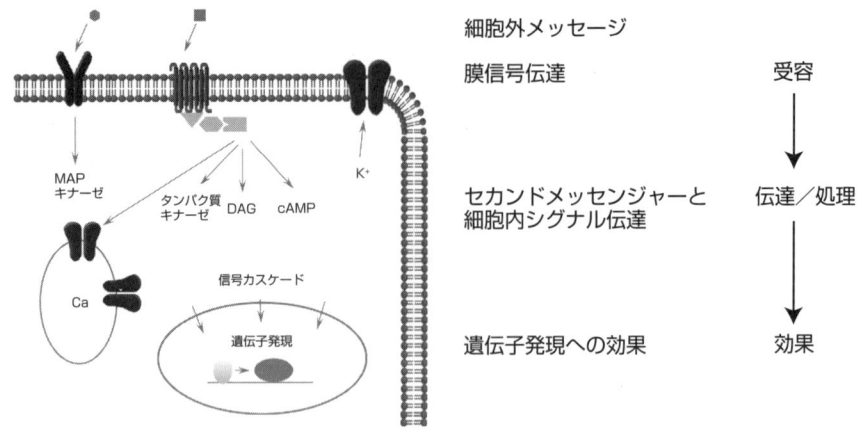

図1-3 「受容─処理(伝達、変換)─効果」よりなるシグナル伝達系
分子ネットワーク図版：KeyMolnet、株式会社医薬分子設計研究所、2006

が、さらに多細胞生物になると、分化した細胞が集合して組織を構築して生命体が形作られます。それぞれの細胞の増殖・分化を制御して、組織や臓器などの集合的な構造を作り上げる発生過程は、生命の「構造」の形成過程でもあります。これは細胞の間で、信号物質を交換して遂行される細胞間コミュニケーションのネットワークによってその調節が担われているのです。

　細胞間のコミュニケーションに関しては、情報を発信する側の細胞とそこから送られる情報分子とそれを特異的に認識する受容体を細胞膜表面に所有している受け手側の細胞があります。細胞間コミュニケーションとして古くから知られている例は、信号物質であるホルモンに基づく内分泌系です。遠隔的な作用伝達で分泌組織からホルモンを血流系に分泌して全身を介して信号伝達します。

　ホルモンが全身的な遠隔信号伝達なのに対して、近くの細胞や組織の間に限局して情報をやり取りし、細胞や組織の協調的な振る舞いをコーディネートする近傍系の細胞間伝達があります。これは発生や細胞増殖に関連する細胞組織の集合的な振る舞いを細胞間にわたって調節するもので、免疫では、免疫担当細胞間でお互いに情報物質を交換し合って体内に侵入した外敵の情報を共有したり、その駆逐と殺傷に導く免疫応答の役割分担を行って協同しています。詳しくは5章で述べることにしましょう。

　このような近傍系の細胞間コミュニケーションを担う情報物質のうち、タンパク質・ペプチド分子をサイトカインとよびます。サイトカインは、細胞の増殖・

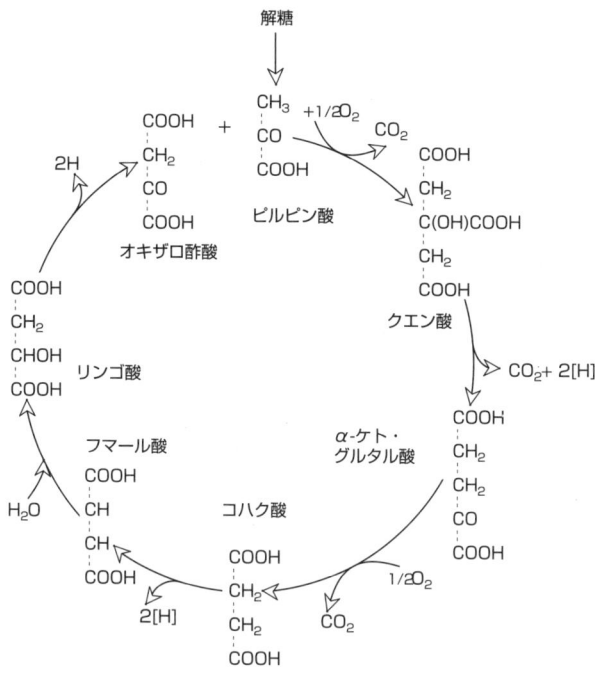

図1-4 代謝反応ネットワークの1部としてのクエン酸回路

分化、発生調節、免疫応答、細胞死など多細胞生物の細胞間協調に関する広範な機能が遂行されるのに必要な情報伝達を行います。

　細胞間のコミュニケーションが多細胞生物としての組織形態学的な「構造」および機能「構造」を支えているといえます。できあがった構造の維持、調節にも細胞間コミュニケーションが活躍しています。

システムとしての生命の理解へ——システムバイオロジーの展開

　このような観点から、最近では網羅的分子情報の収集だけでなく、生命系の真の解明には、これらオミックス情報の下に透かして見える「構造」、すなわち細胞内ネットワークや細胞間ネットワークを問わず、さまざまなパスウェイ（経路）に注目して生命現象を理解することこそが重要であるという認識が急速に広がってきました。収集したオミックス情報から、その根底に横たわる生命のシステム的な振る舞いを明らかにすることが生命科学の中心的な課題として認識されるようになりました。そのような状況の中で、ソニーコンピュータサイエンス研究所

の北野は、このような生命をシステムとして取り扱う研究分野をシステムバイオロジー（systems biology：以下「システム生物学」）と名づけました[6]。この概念は、これまで述べたゲノム以降の世界的な流れに合致して急速に広がり、いまやシステム生物学という学科を設けている大学が欧米にあるくらいです。

　システム生物学という学問分野の輪郭は、いまだ萌芽的段階のため、流動的であり、明確に決まっているわけではありません。現在のところ広く「生命をシステムとして理解する」ことを目的とした研究を包括する概念と考えればよいでしょう。いくつかの代表的研究が現在のこの分野の実質的な内容を示しています（表1-2）。

　その中でもシステム生物学の具体的な研究としては、細胞シミュレーションが広く知られている課題です。たとえば、細胞内の化学反応過程は代謝など詳しくわかっている生命系も存在します。これらの知識をモデル化して細胞内の化学変化が全体としてどのように絡み合って進行するか、シミュレーションすることも可能です。わが国でも慶応大学の富田らは早くからこの分野を開始し、そのシミュレータはE-CELLとよばれています[7]。また、多細胞系ではたとえば発生のシミュレーションなどはカスケード的な遺伝子の発現であるため、時間的シミュレーションの格好の対象となっています。欧米では、酵母の全反応系を計算機の上で実現する酵母シミュレーションモデルの研究が精力的に進められています。また、細胞から臓器レベルへは心臓の電気的興奮などを扱った細胞レベルから臓器レベルまでを包含したモデルも提案されています。

　また、細胞機能のパスウェイやネットワークをシステム分析する研究分野も着実に発展しています。なかでもシステム生物学の提唱以前から着実にシステム論の生命への応用の伝統のある分野として、代謝反応系に制御理論を適用する代謝

表1-2　システム的生命科学の現在の分野

細胞の網羅的シミュレーション
基本的には微生物を対象に網羅的ネットワークのシミュレーション解析が多い（E-CELL：慶大[7]、Virtual Cell：コネチカット大学など）

細胞系のシステム分析
システム分析：細胞システムの構造解析、感度解析（代謝制御分析などが代表）
システム同定：網羅的遺伝子発現データからの遺伝子ネットワークの同定
システム設計：人工的な遺伝子発現特性をもつ生命系（バクテリア）の設計
システムバイオロジーのためのシミュレーションツールの開発。
システム生物学を支援するパスウェイデータベース：代謝経路（KEGG[8]、EcoCyc）、シグナル伝達系（TRANSPATH, CSNDB）

制御分析（Metabolic Control Analysis）があります。これは、システム生物学においても引き続き精力的に研究されているもので、反応経路のシステム分析を行って、反応の流れの全体としての構造を分析したり、感度解析といってどの反応経路がどの反応産物に影響を及ぼすのかを検討する研究などがあります。

　さらに最近では、DNAチップやDNAマイクロアレイなど細胞内で発現している遺伝子のゲノムワイドな計測手段が利用可能となっていますので、これらのデータを利用して、遺伝子発現の間にある遺伝子の相互作用のネットワーク、すなわち遺伝子発現調節ネットワークの構造を同定しようとする研究も精力的に行われています。

　さらに細胞内のパスウェイ／ネットワーク、すなわち代謝経路や信号伝達系などについて網羅的に知識を収集したデータベースの構築やモデル化するためのコンピュータツールなどもシステム生物学の研究を支える分野として急速に発展しています。

より根源的な生命のシステム的理解を求めて
―システム生物学からより根源的な生命システム科学へ

　さて、このようにゲノム以降、生命科学における生命理解は、オミックス情報の網羅的収集、さらにはパスウェイ／ネットワークに重点を置いた解析やそしてシステム生物学の提唱など、「生命分子情報の網羅的認識」というヒトゲノム解読計画が導いた新しいパラダイムに準拠しつつも、生命をシステムとして理解する方向へ向かっていることは確かです。しかし、生命を全体として理解することは、これら生命系の中で機能するパスウェイの同定や解析にとどまりません。網羅的情報から単に生命の個々の機能をシステムとして理解するのではなく、さらに一歩踏み込んで、生命系を「系として成り立たせている原理」を見出すことも必要です。というのは、生命自体が、ほかの物質系に比べてきわめて特有な物質間の結合の様式で秩序化されているシステムであるからです。

　生命はその構成要素から見れば、非生命的な物質系と同じですが、明らかに非生命系とは異なる振る舞いを行う「物質集合のシステム様式」です。このように考えると生命一般に妥当する「普遍的なシステムとしてのあり方」があると考えられます。

　システム生物学は、「システムレベルの生命系の理解」としては、シグナル伝達系や遺伝子調節系あるいは代謝反応系などの具体的ネットワークのレベルでの理解にとどまっています。もちろんこのような個々の機能レベルのシステムレベルにおける理解は重要ですが、さらに根底的な「生命のシステム的理解」を目指すなら、具体的ネットワークやパスウェイレベルの理解だけでなく、「生命を生命たらしめているシステム原理」ともいうべきもの、より根底的な生命

の基本体制に関するシステム的理解へと深化すべきです。このような学問分野は、通常のシステム生物学に対してその基礎論、あるいはシステム生物学の生命原理論的な展開ともいうべきもので、「システム生物学の後に到来する」学問の段階であるといえるでしょう。それではそのような学問はどのようにして可能なのでしょうか。

このような目標に近いものを目指していた研究としては、ゲノムなどの網羅的生命分子科学以前の段階では、理論生物学者を中心として「数理生物学」や「統合生物学」(integrative biology) という名前でよばれていました。その始まりは古くウィナーのサイバネティックスに遡ります。その後、ほとんどの場合、臓器レベルでしたが、生体モデル論的な研究が注目され、ガイトンの大規模循環モデルなどいくつかの有名なモデルが提案されました。また線形システムにはない特有な現象、カオスや協同現象、秩序形成などを創発する非平衡や非線形のシステムによって広く社会や生体現象を解明しようとする「複雑系」科学においても、カウフマンらを中心に複雑系の生命科学ともいうべき分野が作られました [9]。

その時代では、まだゲノムをはじめとする網羅的生命情報がそれほど観察可能ではなかったため、理論的モデルや人工的なデータを使っての研究が多く、一般の生物学者の関心をあまり引きませんでした。著者は、以前から複雑系の理論を基礎に生命システムを解明する「複雑系生物学」の構築に従事して、数年前に拙著『生命と複雑系』[10] においてその基本的構想をまとめました。著者自身はその段階でもゲノム以降の成果をできるだけ取り込もうと考えました。しかし残念なことに、一般にこのような数理生物学や複雑系を生命理解に応用しようとする学者は、ゲノムをはじめとする生命分子の網羅的収集や観測の「生命系全体の認識」への意義、それが拓いた地平の革新性を十分に取り込めていないのです。

近年ゲノム、トランスクリプトーム、プロテオーム情報などゲノムワイドで具体的な生命の情報が大量に収集可能となってくると、これを利用して生命モデルを検証あるいは改良でき、よりその現実的なモデル分析が可能になります。したがって、従来の数理生物学や複雑系生物学などの理論的な生命科学の優れた概念や大局的な生命認識を取り入れつつ、ゲノム以降に切り拓かれた「生命分子情報への網羅的アプローチ」の意義を十分認識した新たなシステム生命科学の発展が期待されるのです。

本書は、システム生物学を深化させて、より根本的な生命のシステム的原理に迫る一段深い学問の可能性を探ると同時に、これまでの理論生物学、複雑系生物学に、ゲノム計画以降に切り拓かれた生命科学の網羅的理解のもつ革新性を反映させてより現代的に発展させることを目標にしています。

1.2 生命とはいかなるシステムか

　それでは、個々の機能ではなく生命系そのものを「システムとして理解する」ことはどのようにして可能でしょうか。ここで注意しなければならないのは、個々の機能ではなく生命系全体だといっても、やはり、どのレベルでその系を考えるかという階層が存在します。細菌からヒトまで、すべての生命について、論じることができる共通な生命の系としてのあり方も存在しますし、単細胞や多細胞などの生命の大域的な体制に特有な生命系のあり方も存在します。

　まずは、バクテリアからヒトまですべての生命がもつ非生命系と違うシステムとしての生命のあり方について考えてみましょう。

1.2.1　生命——再帰的関係において組織化されたシステム

生命とは何かという問い

　生命はわれわれ自身を含め、われわれを取り巻く木々や昆虫、動物など、どこにでも見られるもので、自然を構成する山々の岩石や海を満たす水などの非生命と同じくらいあたりまえのものです。また、日常的に見聞きできる生命だけでなく、バクテリアなどを顕微鏡で見た経験のある人もいるに違いありません。このように生命は多様な姿でわれわれの前に存在します。そして、あるものが生命であるか非生命であるかは、われわれは簡単に判断できると思っています。しかし、あらためて「生命とは何か」を問われると、どのように答えてよいか案外難しい問題であることがおわかりになるでしょう。

　この問いは、最近ではいろいろな場面で問われます。たとえば、地球外生命の存在に関連して、生命探査衛星がある惑星に着陸してそこに生命があるか調べるとき、どのような「生命反応」があれば生命が存在していると推測できるのでしょうか。また「生命」というとわれわれは、炭素鎖を基礎とした地球上の生命について思い浮かべますが、地球外生命はかならずしも炭素を基本分子としていないかもしれません。そのときはもっと枠を広げた生命の定義が必要とされるでしょう。

　また最近は新種の病原体による病気が突如として広がることがあります。エイズなどのウィルスは、増殖し進化し適応していきます。しかしこれを生命とよぶかは議論の分かれるところではあります。ウィルスは生命の基本である遺伝子を有しているので、われわれの生命の概念と一致する点も多いのですが、近年世間を騒がせている狂牛病の病原体であるプリオンは、遺伝子が存在しないタンパク

質だけの存在でありながら、伝染性があり、自己増殖を行う点で、われわれを驚かせています。「生命らしさをもった非生命」という境界的な概念が、生命のボーダーラインをいっそう不確かにしているようです。

さらに、ヒトゲノム解読計画などのゲノム科学の成果もわれわれの生命に対する考えに大きな変化を与えています。生命は、DNAの4種類の文字列がどこまでも続く膨大なリストのように捉えられることも多くなりました。と同時にゲノム解読は、逆にゲノムでは決定できない生命の部分も多いことを知らせてくれた面もあります。生命に関する問いはわれわれ自身についての問いでもあり、近年ますます人々の生活に密接に関係する問いになりつつあります。

生命とは「物質間の関係のあり方」である

さて、生命とは何かという問いに対して、生命をさまざまな特徴の集まり、たとえば、自己複製するとか、代謝があるとか、自己調節や適応などの基本的な特徴を列挙することは、1つの答え方ですが、答えられたほうはなにか釈然としないでしょう。われわれの期待している生命に対する問いの解答は、自然の中の階層として「生命」を1つの〈普遍的な存在のクラス〉として明確にする定義なのです。

われわれのまわりの自然において生命のいない風景を考えることは、現在では難しいですが、物理−化学的な階層と生物の階層では、その構成要素となる分子や物質に「違い」があるわけではありません。ましてや物理的レベルにおける法則が違うわけではないのです。しかし同じ自然とはいいながら、無機的な自然や宇宙を考えたとき、そこには大きな「非連続性」があることがわかります。非生命系でも、たとえば、1個の石から森やさらには宇宙レベルの天体や銀河まで1つのまとまりとして存在することがありますが、生命が単細胞生物レベルから示す「単一の存在としてのまとまり方」とは大きく異なっています。非生命が物理的力によってまとまるのに対して、細胞などの生命の系は、これらのレベルの力を利用しつつも、これらを複合したより高次な秩序形成の作用のもとに1つのまとまりを構成しているようにみえます。

この生命を構成している秩序形成のしくみがどのようなものか、これは本書のテーマでもありますが、これから生命をシステムとして考えていく最初の出発点として考えることができます。すなわち、生命と非生命の違いは、構成分子の違いではなく、「生命を構成している物質間に成り立つ関係のあり方」であるという認識をわれわれの生命把握の基本命題として採用してよいと思われます。

同様な見解は生命について思索した多くの学者も述べています。たとえば、関係生物学を唱えるローゼンは、生命を考えるとき「物質を捨て去って、それらを成り立たせる組織形式を取り扱え」(Throw away the matter, keep the underlying organization）といっているのも同様の趣旨といえます。したがって、「生命とは何か」に対する答えは、生命を構成する「物質間の関係のあり方」にあるという命題をわれわれの出発点にするのは、あまり問題がないと思われます。

ではその生命における物質集合間の「関係のあり方」とは何か、この点を考えてみましょう。

生命は境界づけられたエンティティ（対象体）として存在する

さて多くの人は、生命は細胞を基本単位として存在していることを知っているでしょう。細菌（バクテリア）は直接目に見える存在ではありませんが、テレビの科学番組などでバクテリアが鞭毛を回転させて運動したり、分裂・増殖している顕微鏡の画像を見られた方も多いでしょう。細胞は種類にもよりますが大きさは数〜数十ミクロン単位で目には見えません。生物としてわれわれが普段目にする植物や動物はこれらの細胞が多数集まった多細胞生物です。バクテリアから植物・動物まで、大きさから見ても非常に広いスケールで存在しますが、それらはすべて同じように「生きて」おり、忙しく活動しています。このような生物を眺めると、最初に気づくことはそれぞれが「個として存在している」ことです。といってもバクテリアには、人がもつような「個性」が明確にあるわけではありません。ここでいう個はそういう意味ではなくて、たとえバクテリアであろうが、「自分の単一性を自分で決める」という、自分の領域の自己決定性ともいうべき関係性をもっているということです。生命は自らの境界をもっており、世界を「外」と「内」に分ける境界によって閉じられて連続した領域を形成することは、生命の存在そのものの基盤です。生命は自分で自分の全体的なあり方に対する基準をもっていて、これに照らしてまわりの条件と折り合いをつけながら現実の状態を変化させていき環境世界に対応しています。自己の全体像についてのあるべき規範が絶えず現実の存在に対して一方で措定されており、それとの関連で現実の存在を変化させる意味で、自分の基準的なあり方を内部にもつ系なのです。

この性質はなんとも表現しにくい関係ですが、たとえば、自分の境界を自分で決めている、というところにある種の再帰性が存在します。再帰性というと、英文法で再帰名詞や再帰動詞といった言葉を習ったことがあると思いますが、自分を指したり、自分への行為を示す言葉です。「生命は自分自身への関連性において存在する」というあり方を示します。

その意味では、バクテリアのような原始的生命でも、やがては高等生物へと進化して個性や自己に繋がる「あり方」をすでに潜在的な意味で有しているといえるでしょう。バクテリアからヒトまでさまざまな生物の階層を貫いて生命は、個あるいは「自己」として存在するといってよいでしょう。非生物と違ってこのよ

うな個体として同一にとどまる「あり方」をもっています。具体的にはつぎの事柄に観測されます。

生命はサイクル的な反応によって維持されている系である

　空間的に境界によって囲まれているといっても生命は、静的な存在ではありません。生命が1つのまとまりをもっている「あり方」は、そのままではエントロピー増大法則によって崩壊してしまいます。生命は境界を介して外界から自己を維持・形成するのに必要な物質とエネルギーを収集しています。そして一定の時間にわたって同じ姿にとどまるために、生命は、つねに自分を新しく作っていかなければなりません。生命が自分自身を存続させるために外部から必要な物質やエネルギーを収集して、自己の構成要素に化学的に変化させ不断に自分を構築しなおす活動は、代謝といわれます。自らを作るという表現でも明らかなように、これは1つの「サイクル」的な活動です。生命には、1つの状態から出発して一巡してまた元の状態に戻るというサイクル的な過程が多くあります。

　これらの生命サイクル反応では、今述べた代謝サイクルだけでなく、核酸－タンパク質の生体マクロ分子に関してやはりサイクル的な反応系があります。DNAは機能タンパク質のアミノ酸配列の「情報」を保持（コード）していますが、このDNAの情報をmRNAへと転写したり、自己複製する反応を実現するのはタンパク質である合成酵素です。このように「情報」と「機能」を分担して、お互いに相互作用してのサイクル的な反応系を構成する核酸－タンパク質の情報マクロ分子反応ループは、生命の核といえます。

　代謝サイクル、情報マクロ分子の複製ネットワークをはじめ、分裂・増殖する細胞周期のサイクルなど、エントロピー増大法則のもとで、〈時間的に〉同一性を保つためには、生命は、絶えず循環する反応系を動かしていなければなりません。このサイクル的な反応は、最初の状態へと戻る意味では、やはり再帰的性質です。したがって、まず、つぎのことがいえるでしょう。

> **生命とは**
> 生命は、物質集合間の関係性のあり方であり、自己に関係するという再帰的循環関係によって組織化された系である。

　ここで注意しなければならないのは、生命が情報的循環性や物質反応における循環反応構造によって成り立つ再帰的な組織化構造をもつシステムであるとしても、この循環反応はそれ自体の力で回転しているのではなく、外部からのエネルギーと材料分子の絶えざる「流れ」の中にあって「回っている」ものであるとい

うことです。この点はより詳しく6章で述べますが、太陽からくるエントロピーの低いエネルギーが地球上を照射し、地球上に自然的な秩序構造、「地球圏」を生み出し、その構造の中に生命圏が誕生して、そこに個々の生命系のサイクル的な反応系が育まれると考えられます。生命系も含めて地球圏は太陽からの低エントロピーのエネルギーを受けて、秩序的活動を行い、活動に伴って生じたエントロピーを、冷たい宇宙へと排出することによって構造を維持することができます。生命系も、低エントロピーで質の高い太陽エネルギーを取り込んで、生命活動を行い、生じたエントロピーを体外に排出できるかぎり、生命はサイクル的活動を継続でき、すなわち「生き続ける」ことができます。このような「流れ」の中にあって情報的にもエネルギー的にも循環的な経路を動かして、生命系は自らの構造を維持しているのです。

1.2.2 体制を転移する生命

しかし、生命は個体を越えて広がる——進化する生命

　さて、これまでは生命が個として存在する点を強調しました。しかし、最初に目につく性質として、生命が個体として存在している事実があるとしても、生命の「あり方」がそれで尽きるものではありません。生命についてもう1つ欠かせない印象は、「生命は増殖する」ということです。単細胞生物は分裂して増殖します。さらに簡単な細胞は2つの細胞の接合によって新たな細胞に生まれ変わります。有性生殖では配偶子が受精して新たな生命個体ができあがります。生命は、集団として、すなわち個の集まりとして存在し、生命の集合は新たに個を作り出していく力、すなわち増殖していく力をもちます。生命は具体的には個体として存在するけれど、生命の本来のあり方は、これらが増殖して集合を形成することであり、集合としての生命を貫く関係性が、個体としての生命にも働き影響を与えて、「生み出すものとしての生命」という生命の基本的性質が、種やさまざまな生命の集合的なレベルでの特徴として現れてきます。

　この集合レベルでの生命の重要な性質として、生命は集合的に見れば進化することが掲げられます。これは通常の観測の時間スケールでは見られない性質のため、もっとも重要な生命の特性であるにもかかわらず、なかなか明確に認識されませんでした。ご存知のように19世紀の中ごろになってダーウィンやワレスによって初めて進化が生物理論となりました。生命は、個々の具体的生命体が集合して全体として生命圏を構成し、これが種の分化を起こしつつ現在の多様な生命世界を織りなしています。当時はまだ遺伝子の概念がなかったので、ダーウィン

は遺伝的に継承されるなんらかの形質に徐々に変化が蓄積されて、生存に有利な種が自然界で生き残る自然選択が働くと考えました。

1900 年になるとメンデルの法則が再発見され、また次第に遺伝子の概念が明確になり、進化を駆動するメカニズムが、遺伝子の変異すなわち突然変化とそれに対する自然選択による適者生存が基本学説となりました。生命の起源に関しても、地球創生期にアミノ酸などの生命分子が非生物学的に自然形成されたとするオパーリンのなどの学説が出現し、さらに原始大気を模擬したミラーの放電実験などでアミノ酸が出現することが明らかになるにつれ、非生命から生命が出現し、それが変異と自然選択の機構を通して複雑化する「生命の起源と歴史」についてのおおよその認識が確立しました。現在では遺伝子を担う分子がDNAであることなど遺伝的な継承関係が明確になり、さらにゲノムレベルの進化もよくわかってきつつあります。

生命は一口にいっても体制が大きく異なる。

さて、ここで、生命全体の系について少し階層を深めて考えてみましょう。この章の最初に述べたように、生命には大きな体制の違いがあります。まず、だれでも気づくのは単細胞生物と多細胞生物の違いです。単細胞生物は細胞1つで生命であり、細菌などがそれにあたります。多細胞生物は後生動物といわれ、われわれが眼にする生物、動物や植物です。生命の進化38億年の大半において、生命は単細胞生物として過ごしました。ただ単細胞生物もよく見ると3つに分かれます。まずは細胞核が明確な核膜で覆われた真核生物と核膜がなく明確な細胞核が存在しない、より原始的な原核生物があります。原核生物では遺伝情報が円環のDNAに収められ、その一端が細胞膜に繋がっているという簡単な構造をとっています。教科書に載っている細胞の絵は、真核生物の細胞です。真核生物の単細胞生物の代表的なものに酵母菌などがあります。原核生物の代表は細菌です。細菌と似ていますが膜の組成などいろいろと異なった点が多いため別の生物とされている原核生物の仲間に、温泉や塩湖などの極限的な環境でも生存できる古細菌があります。

したがって生物は原核生物と真核生物に分かれ、原核生物は細菌と古細菌に分かれます。しかし細胞のつくりからいって、むしろ真核、細菌、古細菌と3つの大きな世界に分けたほうがより原理的にすっきりするくらい、細菌と古細菌は違っています [11]。多細胞生物を作るのは真核生物の細胞なので、この3つの大分類が基本的なものと考えられています。

原核生物から真核生物への発展については、現在ではマルグリスの共生論がほぼ正しいと考えられています。細胞内共生論によると呼吸作用をつかさどる

ミトコンドリアや光合成を行う葉緑体などは、かつては単独の細菌で、これらが真核生物のもととなる細胞の中に共生したことによって真核生物ができあがったものとされています。すなわち、真核生物の細胞は、原核生物の細胞より一段階層の高い、細菌の生態系ともいえる生命体制であることがわかります。真核単細胞生物を基礎に、植物や動物のような多細胞生物を作るときには、さらに一段階層が上がって、細胞の集合としての生命というあり方をとり、生命の単一性の意味が少し抽象的になったと考えられます。このように生命といっても階層的なレベルの違いをもった体制の生命が存在しているわけで、一概に「生命をシステムとして理解する」といってもどのレベルで生命を考えるかによってその意味が変わってきます。

進化の主要な段階と生命複雑化における「入れ子」構造の原理

　生命系の進化を概観して明らかなことは、このように「生命が体制的に進化した」ということであり、生命系自体を「システムとして理解する」ためには、生命系すべてに共通する「システム的あり方」だけでなく、生物がどの体制にあるかというレベルでの「システム的理解」の階層からの理解が必要です。生命の大きな構造は、始原的生命型（原核生物）、真核生命型（有性型、無性型）、多細胞生命型であり、多細胞型以後は、多細胞体制の組み立て方の基本プランによって生物の多様性を生み出しているといえるでしょう。これは生物分類における動物界や植物界などの界（Kingdom）に対応する基本体制の違い、さらにその中の門（Phylon）に属する生物に共通な形態形成構造などに分かれていきます。

　生命の体制に関する原則は、「生命はどの段階でもシステム的全一性を有さな

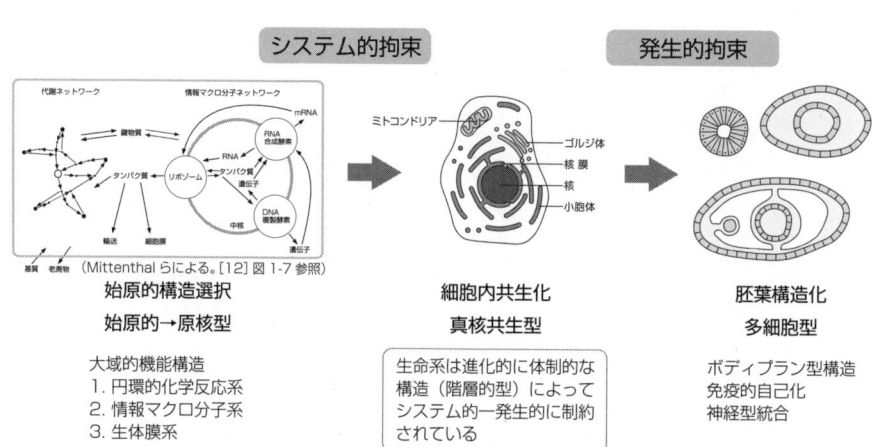

図1-5　生命の「入れ子」的体制の複雑化

ければならない」という原則です。われわれは生命を物質集合系の関係のあり方としてまず考えました。これは、生命を「特有なあり方をする物質集合系」として捉えることによります。生命とはその構成物質の総和ではなく、その間に成り立つ関係のあり方です。その意味で生命とは出現したときから、程度の違いはあっても、システムとして完成されていなければ生存できません。始原的生命の段階でも、生命として必要な最小限の複雑性が必要です（図1-6）。

その点で進化といっても、生命はあくまでも「システムとしてのあり方」を保ちつつ、進化していることに注意する必要があります。進化は、生命の体制を変化させるような体制的進化と、体制内部で変更が可能な小規模な進化に分かれるといえるでしょう。体制的進化において生命のシステムを根底から変える方式を採用した場合は、その体制を一度捨てることになります。これは生命の連続性を断ち切ることになり、絶滅をもたらし、生命にとって採用できないといえます。

始原的生命は、非常に単純な構造でもそれ以後の大きな流れの枠組みを作ったと考えられます。したがって、最初に生命が選択した始原型は生命の原始的選択というべきで、この選択された生命の始原的構造は後戻りできません。構造を根底から変えることは、生命の流れを中断させることになります。したがって、新たな複雑化段階は、以前にあった生命型のその上から外側に重ねていくことになります。すなわち、生命系の構造形成の原理は「入れ子」構造的な階層進化にあります。このような入れ子構造のため、体制が変化しない間は、システムとしての生命というシステム的拘束に適合的な微小進化のみが許されるのです。この点をホールは「内部選択」とよびました。

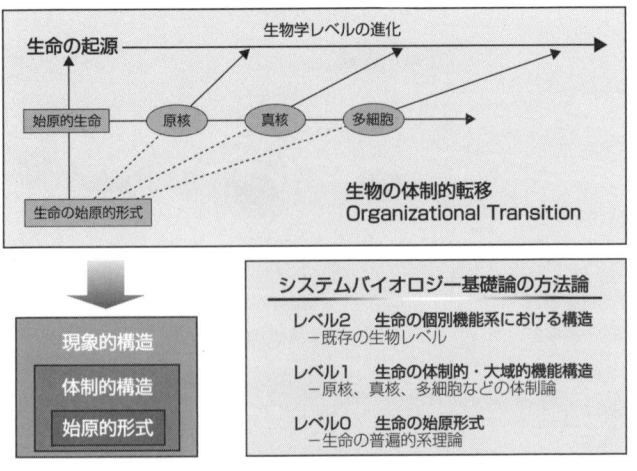

図1-6 体制的に転移する生命の階層

すなわち、システムとしての進化には
(1) 連続的進化：システム拘束のもとに漸進的な複雑化を行う。
(2) 非連続的進化：「入れ子」構造的な複雑化による階層進化。
の2つの進化のメカニズムが働いていると考えられます。

もちろん、始原生命も細胞内共生を起こした真核単細胞生命もさらに多細胞生命も同じ生命である以上、生命に根幹的な性質を共有しています。このような観点から考えると、生命をシステムとして理解するときにはレベルを明確にする必要があります。

詳しくは2章で述べますが、簡単に生命の系としての形成過程を振り返って、このような生命の入れ子構造的な体制的進化の概念の意味を明確にしましょう。

始原的生命の誕生へのいくつかの原始的選択
(1) 熱水噴出口と生命分子の非生命的生成

生命の起源は、38億年前といわれています。46億年前に誕生した地球が次第に冷却して、原始海洋が出現したときに生命が出現したと考えられています。生命の起源は、現在でも定説があるわけではありませんが、海底で熱水が流出している噴出口付近で出現したという学説がもっとも有力です。なぜなら、熱水噴出口の付近の環境は、タンパク質や核酸などの生体マクロ分子の生成に適しているからです。最初に現在のタンパク質に近い「タンパク質様物質」の塊が熱水噴出口の還元的な環境のもとに形成されたのが、そもそもの生体マクロ分子の生成の最初の段階ではないかと考えられています。この物質は、現在のタンパク質のように、その生成にあたって遺伝子情報を利用できるものではないので、作られるたびごとに異なったアミノ酸組成をもつものができるのですが、ほぼ似た機能をもつタンパク質様分子が選択されて利用され、タンパク質に準じる触媒作用を示し、代謝反応を進めたと考えられています。

タンパク質様分子のような生命素材を作るマクロ分子とその触媒作用の準備が整ったところで、核酸の祖先型、あるいは祖先に近い核酸であるRNAが、このタンパク質様分子の触媒能力に支えられて非生物的に合成されたと考えられます。

(2) RNAワールドから〈RNA—タンパク質〉の2重マクロ分子系

RNAはDNAと同じ核酸として情報をコードすることができますし、その相補性を利用して自己複製が可能であるだけでなく、立体的に多様な構造をとることができるため化学反応を触媒する作用も存在しており、タンパク質様物質とともにRNAがいろいろな生命機能を推進する機能物質になったと思われます。触

媒効率はタンパク質より低いですが、正確に同じRNA分子を、核酸がもつ相補性による自己複製を通じて産出できるため、自己複製し機能する分子として「RNAワールド」とよばれる一時代を原始的生命期に築いたと考えられています。

　しかし、コード化分子としてRNAが保持できる情報を、タンパク質のアミノ酸組成の指定に利用する方式、すなわち〈RNA-タンパク質〉対応関係を〈コード関係〉として用いる方式が樹立してからは、RNA分子は、機能物質としてよりも、タンパク質のコード分子としての働きが主要になりました。すなわちRNAは、タンパク質の作り方の情報を保持し、これを自己複製によって遺伝的に継承していく分子、すなわち遺伝子の役割を担ったのです。もちろん現在の生物でも、補助的ではありますが、RNA分子を機能的に使用している場面は多くあります。

(3) 3つの自己再生系の融合としての始原的生命へ

　このように遺伝情報はRNA、代謝などの反応を触媒するなどの生命機能を担う分子はタンパク質という生体マクロ分子2重系が実現して、一方ではタンパク質の触媒作用を利用してRNAを複製・合成するとともに、RNAの情報に基づいてからタンパク質という情報マクロ分子を生成するという情報マクロ分子間の円環反応系が出現しました。

　しかしそれだけでは、始原的な生命にはなりませんでした。RNA分子などの情報マクロ分子を生成するために必要な素材は、最初は豊富に存在しましたが、後にはほかの分子から化学的反応によって調達しなければならなくなりました。代謝の始まりです。代謝反応を推進するためには、代謝を触媒するタンパク質を作る必要があります。すなわち、情報マクロ分子の円環から生まれたタンパク質（酵素）が代謝の反応系を触媒するという反応系が作られました。代謝の反応系も円環的な反応系ですので、2種類の円環反応系が連携したことになります。

　また、生命の反応過程そのものが流失していかないように、情報マクロ分子の自己複製過程や代謝反応系を境界で囲む必要が生じました。ここで生体膜によって自らの領域を囲むということが起こりました。

　このように情報マクロ分子の円環的反応、代謝反応系、さらに生体膜がそろったときに「系としての生命」が原始的にも完成されたといえます。このときの生物はいまのバクテリアの祖先（始原的生物 Progenite）のようであったとされています。ゲノムは断片化したRNAが集まった形であったのではないかといわれています。

　後の時代になって不安定なRNAより安定性の高いDNAに遺伝情報を格納する方式へと変わり、DNAゲノム時代が訪れたわけです。今でもウィルスに存在する逆転写酵素はRNAをDNAに変換する酵素が存在しています。

まとめると、生命の始原型（primordal type）は3つの要素からなる一連の化学反応系が融合したものといえます。生体膜自体も細胞内の代謝反応系から形成される必要がありますし、3つのすべての反応系が1つの連続した反応系で繋がる必要があります。

　この3つのシステムはいずれも単独では生命として自己を維持していけるものではありませんが、生命の原始的性質である自分自身を再現できる自己再生産性をもつものです。情報マクロ分子の再生産系も素材が十分あれば、自己複製反応を進めることができますし、代謝反応系も素材やエネルギーが外部から供給されれば、その円環反応系は持続できます。また生体膜も膜物質の代謝系がエネルギーと素材を供給されれば生体膜を再生産し続け、膜構造を維持できます。しかしこれらは単独では安定して再生産を続けていくことができません。これらが融合して始めて、環境の変化に耐えうる自立性をもった再生産ユニット、すなわち生命が誕生したといえます。

細胞内共生としての真核生物

　生命は、およそ15億年間にわたり、原核生物の時代にあったとされますが、光合成が進み地球上に酸素が満ちると、遺伝情報を修めたDNAを保護する意味も

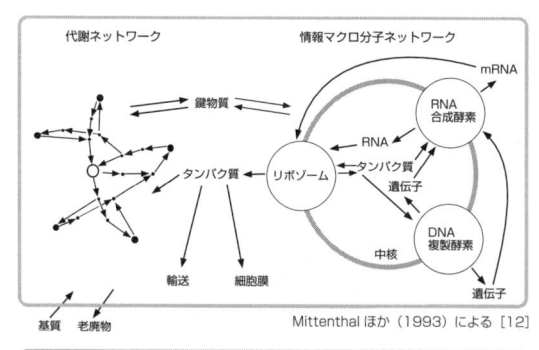

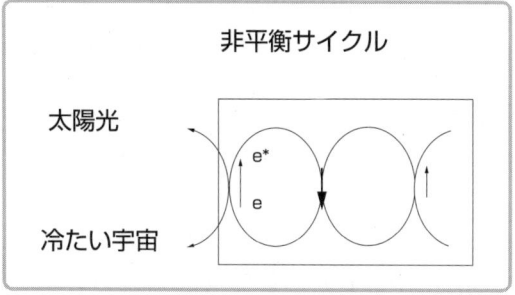

図1-7　始原生命の3機能要素

あって明確な細胞核が現れてきました。また細胞内には、いろいろな細胞内小器官（organelle）が現れてきました。酸素を使用したエネルギー代謝が、非常に飛躍的に効率が高く、代謝の最終段階を担当するミトコンドリアや植物の場合は光合成を担当する葉緑体などが代表的です。また細胞内を支える細胞骨格も発達し、バクテリアの長さにして10倍、堆積にして1000倍の真核細胞が誕生しました。

　ミコンドリアや葉緑体などの細胞内小器官は、かつては原核生物であったとされ、そのときの遺伝子をもっています。ミトコンドリアは酸素を代謝に利用できる好気性細菌、αプロトバクテリアであり、葉緑体は、光合成を行うシアノバクテリアから由来するとされています。すなわち、真核生物は「細胞内共生化」という入れ子原理にしたがって始原的生命型である細菌が共生したものです。先にも少し触れましたが、これらと共生する基盤となる細胞は、古細菌由来ではないかといわれています。

2次元シートを基礎にした多重構造としての多細胞生物

　生命は真核生物が誕生してからも、真核・原核を問わず長い間、単細胞生物として生存しました。細胞を多数集合させて生命を構成する多細胞化が始まったのはいまから10億年前とされています。多細胞生物は最初、粘菌などに見られるように、いつでも分離して独立できる細胞が集合して、統合した行動をとる細胞群として登場しました。しかし、カイメン動物などを経て、シート状のエディアカラ生物群が7億年前に出現したあたりから、1つの体制をとる細胞集合として多細胞生物が大きく発展しました。そしてカンブリア紀（5億年前）の大爆発で現在のすべての生命の形作りのレパートリーの基本である37の動物門型がそろいました。カンブリア紀以降新たな門は作られませんでした。それどころかその後17の動物門型は消滅したくらいです。さらに形態的な複雑化だけでなく、プラナリア以降、神経系（脳）が加わり、顎のない魚であるヤツメウナギなどの無顎類から、多細胞生物に共通な免疫系がさらに加わってきました。

　細胞が多数集合する多細胞化の過程は、進化の歴史でも遅れて登場する生命の「入れ子」構造化の決定的試みです。多細胞生命は細胞的生命と同じように生命といわれますが、階層がさらに上昇したレベルでの生命であり、単細胞的生命とレベルが違うというべきでしょう。

　多細胞化の原理は2次元シート的な細胞集合を基礎とする生命構築で、胚葉構造がこれに相当します。基本的には生命は多細胞シートから折り畳んで3次元的な構造をとります。その意味でわれわれ多細胞生物は本質的には3次元ではないのです。いわば2.5次元的存在といえます。多細胞細胞型は、二胚葉、三胚葉構造へと複雑化しました[13]。このようなシート構造は生命形態を作る上でシス

テム的な拘束となります。

　また、多細胞生命においては、1つの受精卵から細胞分裂を通して多細胞生物である成体が形成されなければならないという発生的拘束が、生命のシステム構築に大きな影響を与えます。多細胞生物は、進化によって単細胞生物から多細胞生物になる過程を、個体発生において絶えず反復されなければなりません。このため、生物の形に関しても細胞増殖と連続的変形によって形成される形態に制約されます。われわれが大分類する門などの項目は、この基本的な「ボディプラン」の違いを反映したものです。基本的なボディプランとしては動物型（Zootype）を定義するものとして、左右相称動物の分節構造の形成を支配する Hox 遺伝子による発生制御などが働いています。また門型（Phylotypic）では、たとえば脊椎動物はすべて咽頭胚を示す、などの拘束条件があります。多細胞生物の分類は、このような制約のもとに掲載された「ボディプラン」を反映しているのです。

生命のシステム的把握における 3 レベル理論

　これまでの議論をまとめると、「生命をシステムとして理解する」ためには 3 つのレベルがあると思われます。1 つは、通常のシステム生物学のレベルです。すなわち個々の生命機能をシステム的な理解の下に捉える。たとえば、遺伝子発現解析から代謝系のモデリングをする。あるいは信号伝達の系を同定するなど、生命の機能を担うさまざまなパスウェイに関するアプローチです。ここではこれを「現象論的なレベル」における生命のシステム的理解とよびたいと思います。

　このレベルを進化させ、原核生物、真核単細胞生物、多細胞生物や有性・無性生殖など生命の主要な進化的段階に現れる生命の体制をシステム的アプローチ

表 1-3　多細胞生物からは発生的拘束性として「構造」

Body plan 型（発生アトラクタ）の階層
　界―門―網―目―科―族―属―種
　例　ヒト　動物界／脊椎動物門／哺乳網／霊長目／ヒト科／Home Sapiens

界型　Kingdom type
　例　動物型 Zootype: Hox 遺伝子「動物」を定義
　　　ショウジョウバエだけでなく環状動物、軟体動物でも発見

門型 Phylotype:
　例　脊索動物型　咽頭胚 pharyngula
　　　（＜脊索、体節、神経管、咽頭、尾＞）の段階　正弦的泳ぎ
　例　環状動物　液体で満たされた体腔と環状体節　穴掘りへの適応

によってその意義やメカニズムを明らかにする研究で、ここでこれを「体制的なレベル」における生命のシステム的理解とよびたいと思います。

　最後に、すべての体制を通して生命系すべてに成り立つシステム的原理を明らかにする研究レベルで、これは非生命系に対して生命系のもつ「普遍的な生命形式」を論じることであり、もはや生物学の枠内には入らない分野かもしれません。ここでは「普遍的形式レベル」における生命のシステム的理解とよびたいと思います。

　このように自分がどのレベルで生命のシステム的解明を行っているか、を認識して、生命のシステム的理解を現在のシステム生物学からさらに進化拡大させることによって、新たな生命理解への可能性が広がると思われます。

1.3　新しい生命へのアプローチ
──生命を支える情報ネットワーク

1.3.1　生命における「情報という構造」

生命の「構造」を支えている2つの原理

　これまで、生命と非生命との違いを、生命を構成する物質間の「関係のあり方」にみてきました。そして生命が1つのまとまりを示す原理として、境界をもち、円環的な反応系によって絶えず自らに戻るようなサイクルを基礎とすることを述べてきました。この性質を生命系は自己性をもつ、あるいは、生命は、その再帰的関係性に基づいたシステムであると述べました。これは個体としての生命の基本的な性質ですが、生命は増殖し、集合として存在し、生物は生命圏を構成することを指摘しました。生命を個体としてみるときも、これが、空間的に広がって集合的な存在への関連を有していること（並存的関連）、さらに個体的タイムスケールを越えて、より長大な時間スケールでは、生命は進化するということを明確に認識する必要があります（通時的関連）。われわれは生命のシステム的なあり方を解明しようとしていますが、このような個体を超えた集合的あり方に、より広い観点から見えてくる構造が深く組み込まれています。

　このような観点から見ると、先に述べたように生命は38億年の生命進化において幾度か体制的構造を質的に転移していますが、このことを物質が液体から固体に変化するときの相転移（phase transition）になぞらえて、生命の「主要転移」

（major transition）とよんでいる学説（メイナードら）があります [14]。生命のあり方の根本には、進化的な階層が大きく組み込まれています。少なくとも単細胞生物と多細胞生物では、生命の「あり方」が違うのです。

　さて、このような生命の支える体制の構造はどのようにして形成され、維持されているのでしょうか。生命は絶えず自己を再生産しているわけですから構造といっても、絶えず生命がそれを支える必要があります。このような構造はどのように維持されるのでしょうか。詳しくは本書の6章で論じますが、これには2つの機構があります。

(1) 自己集合化による秩序形成——非平衡構造による秩序形成
　生命の秩序を形成する1つは、物理的な自己集合化や非平衡の力です。物理的な現象は一般に、エントロピー増大則によって「構造」があっても自然に消失していく傾向にありますが、構造を形成するほうがエネルギー的に安定な場合や、一定のエネルギーが絶えず供給されている環境などでは、自然に「構造形成」が行われます。前者の典型的な例は結晶で、「平衡構造」とよばれます。後者の、絶えず供給されるエネルギーによって維持されている構造は、対流などに見出される繰り返すパターンで、このようなマクロ的な秩序形成は多く見られ、「非平衡構造」あるいは「散逸構造」とよばれます。これは、別の見方をすれば外部から絶えずエントロピーの低いエネルギーが供給されるため、対象を取り巻くエントロピーが飽和せず、エントロピーのマージンを残したまま、すなわち非平衡なまま現象が推移するのです。この平衡に達さない部分が秩序を形成するのに転用されます。外部からの駆動によって系が非平衡性を維持されて秩序が形成されます。いずれにせよ自然が織りなすさまざまな秩序はこのようにして形成され維持されている場合が多くあります。

　生命も、とくに非平衡構造や溶液内の平衡構造である疎水性相互作用などから「構造」をとる場合が多くあります。どちらの場合でも、自己集合化という用語が多く使われます。たとえば、細胞の境界を構成している生体膜は、親水分子が膜外部に、膜内部は疎水性分子が並びますが、これは典型的な自己集合化で、物理的に自然な「構造」で何らの特別な遺伝子による指示を必要としません。そのほか、発生関係遺伝子の発現を調節するスイッチとなる転写調節因子（形態素「モルホゲン」）は、発生過程中の生命体の内部に濃度分布し、このような物理的な濃度勾配が、その転写調節因子が対象とする遺伝子の発現を調節します。

(2) 情報を媒介とした秩序形成
　これに対して、たとえば、生命の根幹をなすタンパク質などは、複雑なアミノ

酸配列によって指定された分子であり、自己集合化では形成できません。すなわち、個々のアミノ酸配列は物理的因果関係では決められないのです。タンパク質のアミノ酸配列は、ゲノム上の遺伝子が保持する「情報」によって指定されます。物質系は次第に複雑化すると物理では決定不可能なレベルになります。そこでは、物理的因果律やエネルギー最小の原理では幾通りもの物理状態が可能になります。情報がなければ確率的偶然が支配してランダムな現象になりますが、もし状態実現がランダムではなく、何らかの偏りがあるならば、そこに「情報」が生じているといえます。物理的に等価な複数の状態の中で1つを選ぶのは、「情報」がもたらす作用なのです。このようなレベルになると俄然、際立った働きをするのが、ランダムからの隔たり、すなわち「情報」による決定です。

　生命ではこの境界にある現象を示す良い例があります。タバコモザイクウィルスは、ウィルスでの最小規模に属し、このウィルスは物理的に分解させてもまた自己集合化で集合します。しかし、このウィルスより少し大きいファージ（細菌に感染するウィルス）になると、DNAの遺伝情報がなければ、すなわち「遺伝子」がなければ、もとのウィルスに戻りません。このことからもわかるようにある一定程度以上の複雑な「構造」はその構成を情報によって指示されなければ形成できませんし、また維持できません。

　われわれの「構造」は、自然のもたらす「恵み」（物理的自己集合化作用）と進化によって伸ばしてきた生命の「知恵」（情報による構造の指示）によるといえます。以上をまとめるとつぎのようになるでしょう。

生命系2つの秩序

生命システムは「非平衡構造による秩序」と「情報による秩序形成」の2つの秩序形成からなる。複雑性の高い秩序は、「情報による秩序」によって支えられる

　この議論は、より詳しくもう少し体系的に6章で論じたいと思います。

「表現型−構造−情報ネットワーク」の3階層理論

　さてこの2つの秩序形成ですが、生命の基軸となる秩序形成にあっては、「情報による秩序形成・維持機能」、すなわち情報媒介型に形成された秩序が大きく占めます。生命系の大枠を形成する基本的なデザインは、情報が媒介した秩序を決め、個々の細部の実現においては生命を取り巻く物理的な条件によって決定された非平衡的な物理的秩序化が働くという方式がとられています。

　生命の「情報によって組織化された構造」は、もともとは、ゲノムの中の「遺伝子」がもたらす情報によって構成されたものですが、単一の遺伝子が秩序を構

成するのではなく、複数の遺伝子が共同して1つの「情報による構造」を作り上げるわけなのです。極端にいえば、「情報ネットワーク」が主体（実）で遺伝子はそれらを支える構成要素（影）です。先にも述べたように遺伝子には、ほかの遺伝子の発現を調節するタンパク質である転写調節因子をコードしている遺伝子が存在します。これらは、いわばほかの遺伝子の発現のスイッチとなるタンパク質です。さらに転写調節因子の中には、一連の転写調節因子を調節する階層の上流に位置してマスタースイッチのような役割を果たす遺伝子が存在します。5章で詳しく論じますが、たとえば、動物のボディプランを決定する体節構造を決定し、発生の調節に大きな役割を果たす Hox 遺伝子は、発生のマスター遺伝子です。このような遺伝子ネットワークの発現によって一連の発生過程が調節され、生命のボディプラン的な形態学的基本構造を形成して、生命の具体的な表現型の構築を支えます。これらは「情報が秩序を形成する」代表的な例です。

　このようにボディプランのような形態的基本構造の構築の例でもわかるように、体制的構造を支えているのは、遺伝子発現調節ネットワークやタンパク質間相互作用による細胞内シグナル伝達系や、細胞間では局所的に働くサイトカインや接着分子などの情報分子を介したコミュニケーション、全身レベルではホルモンや神経系、というようにすべてが「情報ネットワーク」です。とくに発生はさまざまなサイトカン・増殖因子や形態形成誘導シグナルの、細胞間での時間順序的なやり取りを通して構造が形成されます。このように、いろいろな生命の「構造」を支えているのは、遺伝子発現をはじめとする情報ネットワークであることがわかります。したがって、

　　　　　　　表現型 ── 構造 ── 情報ネットワーク

という3層的な機能階層が、生命現象を支える生命の構成要素間の「関係のあり方」を決めている基本図式を形成します。もちろん、非平衡構造などの自然の自発的構造化は、情報ネットワークによる構造を共同で支えるものであり、生物的表現型を支える階層は図1-8のようになります。

　表現型の構造を支えるのは物理的な自己集合化現象と情報による秩序やネットワークでありますが、この情報ネットワークによる生命の「構造」形成は、進化、発生、免疫、行動調節などの生命活動の局面で、システム的に解明する必要があります。「生命がシステムである」という、より原理的な理解が多くの局面で進展してきて、生命構造に関するこのような理解が共有されているのです。

```
                生物現象―構造―情報ネットワーク

      ┌─────────────────────────────┐
      │ 体制的構造を維持し発現させているのは         │        ┌──────────┐
      │         情報ネットワーク            │        │ 生 物 現 象 │
      │                             │        │          │
      │    ┌ 遺伝子ネットワーク（転写調節）      │        │   ↖ ↑ ↗  │
      │    │ シグナル伝達ネットワーク(応答・発生制御)│        │   構  造  │
      │    └ 細胞間情報ネットワーク（細胞協関）   │        │(進化的－発生的)│
      └─────────────┬───────────────┘        │    ↑     │
                    ↓                                │ 情報ネットワーク │
      ┌─────────────────────────────┐        └──────────┘
      │ 生命を系として理解する                │
      │ 生命の情報ネットワークがどのように進化的に   │
      │ 複雑化して現構造となったかを理解       │
      └─────────────┬───────────────┘
                    ↓
      ┌─────────────────────────────┐
      │ ネットワーク形成過程 → 入れ子的な階層的複雑化  │
      └─────────────────────────────┘

            生命＝進化するネットワーク
```

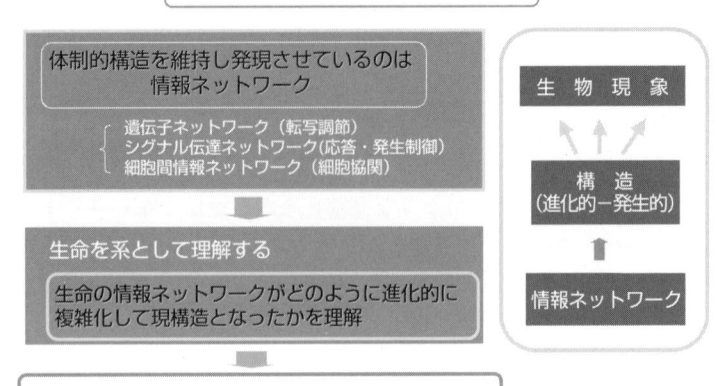

図 1-8　生命の構造形成の原理

1.3.2　新しいシステム生命科学へ

情報ネットワークのシステム生命科学

　現在、急速な発展を示しているシステム生物学ですが、網羅的なシミュレーションや個々の生命現象のシステム的理解だけでは、本来の生命をシステムとして理解するアプローチの意義を十分汲みつくしたとはいえないとこれまで強調してきました。生命をシステム的に見るためには、どのようなシステム生命科学の基礎理論を発展させていくべきでしょうか。

　理論的な生命科学は、現在は、ゲノム以前の理論が先行した第１世代を終えて、ゲノムをはじめとする網羅的分子情報が生命系の理解に利用できる段階に達した

表 1-4　理論的生命科学の世代論

第１世代	数理生物学・理論生物学（1990 年代まで）
	理論的モデルとして発展、実証データの欠乏、人為的データによるシミュレーション
第２世代	ゲノムをはじめとする網羅的生命情報の出現
	システム生物学、細胞シミュレーション（2000 年）
第３世代	網羅的分子情報と生命システム原理のもとでのシステム生命科学
	システム生物学基礎論、システム進化生物学

第2世代にあると考えられますが、今後は、第1世代で解明された生命系の基礎理解の研究を、網羅的分子情報がもたらした膨大な実証データの総体としての生命という理解を踏まえて、より本質的に生命をシステムとして理解する段階、すなわち第3世代のシステム的生命科学へと移行するものと思われます。

このような理論的な生命システムの研究は、網羅的分子情報やシステム生物学の洗礼を受けて、新しく実証的な研究へと生まれ変わりつつあります。これまで生命系は再帰的な情報的＝化学的な循環構造であること、生命系の秩序形成の原理には「非平衡構造」と「情報構造」が存在すること、生命進化においては「入れ子」的階層進化することなど、いくつかの生命の普遍的形式を述べてきました。今後は現在のシステム生物学を進化させるとともに、これまでの理論生物学にゲノム科学以降の網羅的分子情報によって切り開かれ生命への視座を取り入れた方向で、新たに、生命の普遍的形式に基づいた生命のシステム的理解の学問を創出する必要があります。

それでは「普遍的生命システム論」に基づいたシステム的生命科学はどのような観点から進めていけばよいでしょうか。

これまで述べてきたように、それは生命を生成的に理解し、情報ネットワークが生命の根底で働いていることによって構造が維持されることを通して生命を理解することにあります。より詳しくは本書の後の章で述べますが、ここでは表1-5のようにまとめました。

複雑系を基礎とするカウフマンなどの生命の起源や、多遺伝子系の進化研究からでも、近年は多くの生物種にわたって代謝経路やタンパク質間相互作用ネットワーク（インターアクトーム）などのデータが利用できるため、現実のネットワー

表1-5 「普遍的生命システム論」への視点

> *** 生命システムの生成的理解の原理**
> 発生や進化など時間を伴ったシステム的現象に注意。分子ネットワークが個体レベルでは発生、種レベルでは進化によって複雑化する。
>
> ***「情報による秩序形成」論の深化**
> 生命系が単なる物質集合系ではなく、情報（記号）構造によって制御される関係性の構造であること、また、その情報構造（情報ネットワーク）の特徴、拘束。
>
> *** 生命系の非平衡性についての視点**
> 生命はフラットではない臨界的な局面で構築されている。非平衡性から「情報」構造への発展。
>
> *** 生命系ネットワークの基礎論**
> 生命―進化するネットワーク系のネットワーク構築の原理を解明する。進化において始原的ネットワークがどのように複雑化したか理論的に解明する。発生進化の分子ネットワーク解明。

クは、これまで理論が仮定していたようにランダムネットワークではなく、それから偏った構造を示す集中-分岐（ハブ-ブランチ）構造をもつことが示されています。普遍的生命システム論では、このように理論的なネットワーク構造研究と網羅的分子情報の「幸福な結婚」によって新しい知見がもたらされることが期待されます。ゲノム以降拓かれた網羅的生命分子情報によって生命系の構築原理の理解を深めることに繋がると考えられます。

「システム進化生物学」というアプローチ

このように、「システムとして生命の理解に関する普遍科学」は、膨大な網羅的分子情報が拓く新しい生命情報に、「生命を理解する枠組み」を与えると期待されます。その理解の推進にあたって、われわれが重要と思う根本的な概念は、このような「システムとしての生命」をその進化的複雑化の過程から明らかにしようとする新しい基軸です。

その基本概念はすでに述べましたように生命の体制の進化における入れ子構造の概念です。これは遺伝子発現調節ネットワークやシグナル伝達系、あるいはサイトカインや接着分子などの情報分子を介した細胞間コミュニケーションや、全身性に働くホルモンや神経系などの「情報ネットワーク」の生命系としての特徴を解明するとともに、その進化を表現型-構造-情報ネットワークの3階層の観点から生命システムを理解することです。

このような進化をシステム的に理解する観点の有効性は実例をあげて明確にすることができます。本書では2章以降、いくつかの例をあげてこの新しい学問の兆しを明らかにしたいと思います。

生命は周知のように原始的な単細胞生命系から進化してきたものです。その意味ではシステムとしての生命の理解も、システムとしての生命の進化、すなわち、生命システムが簡単でより原始的なシステムから地球環境の変化に対応すべく、より複雑化していき現生命のネットワークを形成した過程として捉える必要があります。生命の分子ネットワークの複雑化の過程から現生命のシステムを理解することは、システム生物学の深化とともに必然的に到来する生命認識です。

同じように、進化理論、とくに分子生物学の発展以降に発展した分子進化論にとってもシステム進化生物学への発展は必然といえます。分子進化は、生物種に共通な機能を果たすタンパク質のアミノ酸配列やそれをコードする遺伝子の塩基配列の違いを進化的な隔たりとして進化系統関係を分析するものですが、近年では1つのタンパク質や遺伝子に着目するのではなくて、遺伝子ファミリーやネットワーク関係にある複数の機能タンパク質の進化を分析する方向へと発展しつつあります。このようにシステム生物学における進化的アプローチへの展開と分子

1.3 新しい生命へのアプローチ——生命を支える情報ネットワーク

進化学における遺伝子ネットワークの進化への研究発展の傾向は、合わさって生命機能を「システムの進化」として把握する新しい学問領域を目指しつつあります。本書はこのようなシステム生物学と進化的アプローチを総合した立場で「システムとして生命を理解する」新しい方法論をその意味において紹介するつもりです。このような見方は現実の生命系を「システムの進化の結果」として理解するもので、われわれがシステム進化生物学（Systems Evolutionary Biology）とよんでいる立場です［15］。このような見方は世界でも広がりつつあり、欧米では最近 Evolutionary Systems Biology というよび方をされています。

本書では、生命とは、分子的情報ネットワークによって担われる「構造」が進化によって複雑化していったものであるという見方に基づいて、生命をシステムとして理解することの意味を追求していきたいと思います。生命は単独の遺伝子が個別的に変異を起こしそれが中立的あるいはダーウィン的選択によって固定するものではなく、はじめからネットワークとして存在しそれが複雑化したものであります。したがって、本書の生命への見方は、「システム的見方」と「系が歴史的にできあがっていくシステム生成過程」を基盤にした見方で、生命とは「普遍的生命システム」が「システム的進化」によって複雑化と入れ子的構造化を遂げてできあがったものと考える立場です。その関係を図1-9に描きました。

本書ではこの原理的視座のもとで、多重遺伝子族、タンパク質間相互作用、発生遺伝子調節、信号伝達系などを選びこの原理を実証的に説明していきたいと思います。最後に順番は逆になりますが、6章で「普遍的生命システム」について論じることを試み、最後に付章（7章）としてシステムとして生命を理解する方法をより現実的に医療に適応したときの「オミックス／システム病態学」について、その未来像を述べたいと思います。

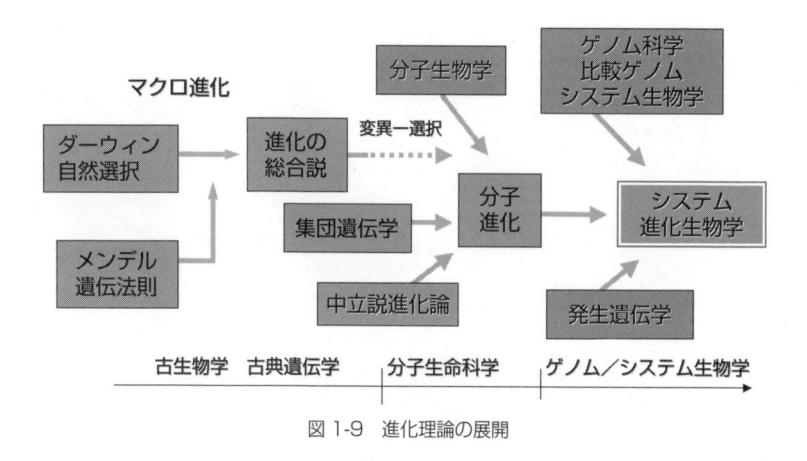

図1-9 進化理論の展開

1章 参考文献

[1] Lander,E.S., et al.: Initial sequencing and analysis of the human genome and International Human Genome Sequencing Consortium, Nature 409(6822), pp.860-921, 2001. (『ヒトゲノムの未来―解き明かされた生命の設計図』、ネイチャー編、藤山秋佐夫訳、徳間書店、2002)
[2] ジェームス・D・ワトソン『DNA すべてはここから始まった』、青木薫訳、講談社、2003
[3] ケヴィン・デイヴィーズ『ゲノムを支配する者は誰か―クレイグ・ベンターとヒトゲノム解読競争』、中村桂子監修、中村友子訳、日本経済新聞社、2001
[4] Venter,J.C., et al.: The Sequence of the Human Genome. Science 291(5507), pp. 1304-1351, 2001.
[5] International Human Genome Sequencing Consortium: Finishing the euchromatic sequence of the human genome, Nature 431(7011), pp.931-945, 2004.
[6] 北野宏明『システムバイオロジー ―生命をシステムとして理解する』、秀潤社、2001
[7] E-CELL: http://www.e-cell.org/
[8] KEGG: http://www.genome.jp/kegg/
[9] スチュアート・カウフマン『自己組織化と進化の論理―宇宙を貫く複雑系の法則』、米沢富美子訳、日本経済新聞社、1999
[10] 田中博『生命と複雑系』、培風館、2002
[11] Woese,C.R., Kandler,O. and Wheelis,M.L.: Towards a Natural System of Organisms: Proposal for the Domains Archaea, Bacteria, and Eucarya, PNAS, 87(12), pp.4576-4579, 1990.
[12] Mittenthal,J.E., et al.: Designing Bacteria, in Thinking about biology: An Invitation to Current Theoretical Biology, Stein,W.D. and Francisco,J.V.(ed.), Addison-Wesley, 1993.
[13] 団まりな『生物のからだはどう複雑化したか』、「ゲノムから進化を考える」3、岩波書店、1997
[14] ジョン・メイナード・スミス、エオルシュ・サトマーリ『進化する階層―生命の発生から言語の誕生まで』、長野敬訳、シュプリンガー・フェアラーク東京、1997
[15] Ogishima,S. and Tanaka,H.: Systems Evolutionary Biology, 7th Evolutionary Biology Meeting, 2003.

2章　ゲノムの中に見えるシステム生命

2.1　ゲノムから生命へ

　1次元的な情報と思われるゲノムの中にも、1章で述べた生命システムに対する視座から見ると、生命のシステム的な進化の痕跡が透けて見えてきます。このような痕跡から進化の道筋をたどることによって、生命がどのようにシステムを複雑化させて現在に至ったかについて知ることができます。

　ゲノムは、先にも述べたように従来、遺伝子にコードされたタンパク質の作り方やその生産を調節する指令書の貯蔵庫、生命のタンパク質を通したレパートリーの情報を蓄えたものと見られていました。最近になり、タンパク質をコードしていないゲノムの部分も、RNAに翻訳され、遺伝子の発現調節に大きな影響を与えていることがわかってきました。たしかに、ゲノムは単なる「生命の設計図」や静的なゲノムのレパートリー情報ではなく、ゲノムの上にある遺伝子が個々の細胞でどう関連しあって発現し機能するかという制御情報——これにはタンパク質をコードしないRNAなども関わっているようですが——、すなわちゲノムの発現調節ネットワークとして「生きている状態」を支える基本的な情報が埋まっています。

　さて、このように遺伝子間の発現関連情報、すなわち「システムとしての生命系」の情報も埋まっているゲノムでありますが、全ゲノム配列が解読された、あるいは解読されつつある種が近年1000種以上になるに及び、進化に伴うゲノムの編成の違いが明確になりつつあります。システム進化的な視座から改めて眺めてみると、生命系が多くの制約のもとで自らの機能システムをいかに形成していったか、システム進化の痕跡が透けて見えてきます。具体的には既知の生物種のゲノムを進化的に比較して、ゲノム規模での進化的変化を調べる「比較ゲノム学」的なアプローチが着実な成果をあげつつあります。遺伝子の集合を総体としてみるゲノムの観点から生物進化を追うことによって、生命がシステムとして進化している様子をゲノムの編成の上で見ることが可能になります。これは、生命の現に存在するシステム、あるいは「生命の構造」を生成的に理解し、ゲノムに残る痕跡から「生きていたシステム状態」へと再構成するものです。

　そこで本章ではゲノムの出現までの生命情報の始まりから、遺伝情報の総体としてゲノムができてきた過程について、そしてそれが編成を変化させつつ進化してきた様子を、われわれの研究室の成果を織り交ぜながら述べていきたいと思います。

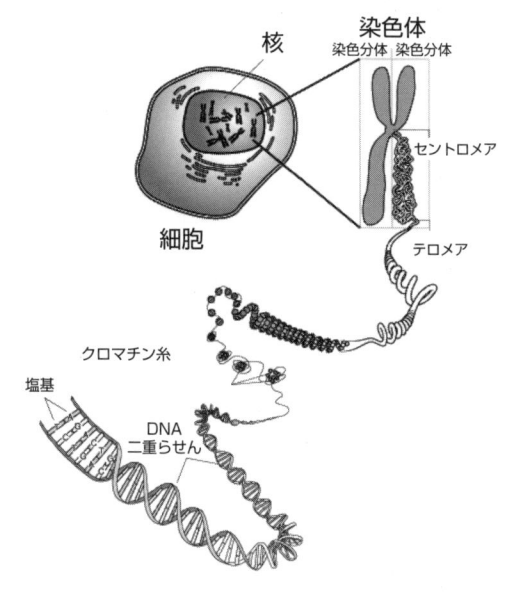

図2-1 ゲノムの概念

2.1.1 生命の出現からゲノムまで

　生命の始まりは38億年前といわれています。地球の歴史は46億年前からですが、地球形成期の初期、38億年前までは天体の衝突が激しかったとされています。その中には、地球に火星ぐらいの大きさの天体が衝突して月がその結果出現したとされる事件（ジャイアントインパクト説）もありました。いずれにしても地球の出現からそれほど時間をおかずに生命が出現したことは、われわれの常識から考えると不思議なことで、いまでも地球外から隕石に載って生命の種が運ばれてきたとする説（パンスペルミア説）を支持する学者も根強く存在しますが、一般には、太陽系のほかの惑星と比べて例外的に生命誕生に適した地球環境が生命の出現を導いたと考えられています。生命はタンパク質を機能分子とし核酸を情報分子として構成された超分子集合です。このような生命系が非生命から出現したことは謎となっていて、いまだにその過程はよくわかっていません。現在さまざまな説が提案されていて、この点について1章で概略を述べました。ここでは、ゲノムという形へと結実した生命の情報系の進化の歴史を、生命起源についての主要な学説に基づいてもっとも無理のないシナリオと考えられるものを少し詳しく述べてみましょう [1]-[4]。

最初に出現したのは不正確に「複製する」タンパク質様分子の塊である

　生命の基本構築は、さまざまな生命機能を担うタンパク質とこのタンパク質の配列情報、すなわち「作り方」を保持し、遺伝的情報として子孫に伝える核酸分子によって形成されています。現在の生命においては両者が相互に依存する情報マクロ分子ネットワークをなしていて、タンパク質は核酸の遺伝情報なしには作れませんし、核酸の複製はタンパク質である酵素の存在なしに行えません。その意味で生命の起源に関する議論ではいつも「タンパク質」「核酸」のどちらが始原的分子か、決着のつかない論争を行ってきました。いわゆる「鶏が先か卵が先か」です。

　この問題については、生命系は本来「情報によって形成された系」で、理論的にいえば、「情報」を担う核酸が第1の分子と考えられますが、生命が存在しない世界での出現を考えると、やはりタンパク質のほうが先に出現したと見るのが妥当な考えです。しかし、正確にタンパク質を作るのは、そのアミノ酸配列についての「情報」を担える分子（いわゆるタンパク質のレセピーとしての情報を蓄える物質）がなければ不可能で、結局このままでは無限ループに陥ってしまいますが、この矛盾の解決については現在のところつぎのような考え方が主流になっています。すなわち、核酸などによる配列情報に基づいたタンパク質の生成方式が確立していない段階で、始原的に生成されたアミノ酸の結合を促進する原始的な場が形成されて、自然発生的な結合反応でまず「タンパク質様」のポリペプチドの分子的塊が生じたと考えられます(注1)。

　タンパク質の構成要素であるアミノ酸は、生命の始原的環境を模したミラーの実験でいくつかの基礎的アミノ酸が簡単に得られることからもわかるように、非生物学的にも比較的合成しやすい生体高分子です。正確にタンパク質のアミノ酸配列を決定して、明確に限定されたタンパク質を構築することは、核酸などの情報分子の出現なしには不可能ですので、このタンパク質様分子塊は現在の生命を構成する20種類のアミノ酸から作られたものではなく、それ以外のアミノ酸様分子も含まれたタンパク質に似た不規則な分子の塊であったと考えられます。フォックスが「プロテノイド」とよんだタンパク質もどきのアミノ酸の塊もこれに近い概念です。

　このように特異性の低い、ペプチド様の分子からなるポリマーの集合が、多種類生成され、ある長さ以上になると、ほかの反応を促進する原始的な触媒機能が

（注1）　最初のアミノ酸は、グリシン [G]、アラニン [A]、アスパラギン酸 [D]、そしてバリン [V] の4種類であり、始原的段階のタンパク質はこれら4種類によるタンパク質であったとする説（[GADV] 仮説）もある [5]。

生じたと考えられます。ポリマーの種類の数がある値以上になると、3章のカウフマンの触媒ネットワークで述べるように、お互いに結合反応を触媒するような関係が生まれ、お互いがお互いを合成するような集合的な触媒ネットワークが出現します。その集合的反応の結果、正確には同じ分子の集合でなくても、ほぼ同じような構成分子の集合が自己再生産され、継続的に存在することになるでしょう。ダイソンはこれを loose（ルーズ）な複製系が最初に存在したといっています。

さて、アミノ酸のポリマー形成反応のように、エントロピー的には反応が進行し難い生命反応を維持していくためには、絶えずエネルギーと物質の流れが供給される、限局された場が存在する必要があります。1章でも述べたように40億年ほど前にこのような「生命の場」が、海の中の火山、すなわち中央海嶺の熱水噴出口の付近にあったと考えられています。熱水噴出口の付近は還元的な環境ですので、非限定的なタンパク質様分子の塊が合成されやすかったと考えられます。タンパク質様が膜状になって中空の球を作ったりするのは、ミクロスプフェアなどとよばれています。生命の前段階の第1の段階として、海底熱水系にこのような閉じた境界をもつ非特異的なポリペプチド様分子の集塊あるいは集合が出現したのでしょう。

情報物質としての核酸祖先型の出現

しかし、偶然に重要な生命機能をもつタンパク質様分子が非生命的に生成されても、それがいつまでも存在しているとは考えられません。いずれ分解して、また偶然に生成されることが繰り返し行われ、始めのうちは生命システムに似た化学系ができては消えていったと考えられます。しかし、正確に同じものを作るためには、タンパク質の作り方を、何らかの分子が情報として保持しなければなりません。タンパク質はアミノ酸の配列であり、その種類と順序を記録した情報がないと正確には復元できないのです。有機的物質が潤沢に存在する「原始スープ」では、正確には再現されなくても、ある許容範囲でタンパク質様物質が生成されていたのかもしれませんが、これらが段々枯渇してくると正確なタンパク質を作るための生産の情報（コード）とその蓄積が必要とされたでしょう。

タンパク質と核酸は、どちらも種類が限定された要素分子がポリマーを形成した高分子です。アミノ酸の配列を、タンパク質を使って読み出し書き込むことは難しいですが、核酸は塩基間に相補的な結合関係があるため、自分を鋳型にして相補的な自分を複製することができ、情報の読み出し、伝達に利用できます。その意味で生命の始原的な分子として、相補的構造をもつ核酸の情報分子としての出現が、生命の出現に重要な段階を画しました。

しかし問題は、核酸は非生物学的には合成が大変困難だという点にあります。

このため、始原的にはタンパク質様塊が最初と考えられたのでした。この考えでは、ルーズな複製系という、触媒作用のあるタンパク質様分子塊がすでに存在しているので、その触媒作用を発揮して核酸祖先型分子を作り上げたと考えられます。すなわち、タンパク質様分子塊——核酸祖先型——タンパク質——核酸という螺旋的に次第に明確な分子へとなっていく進化で、「鶏か卵か」の問題はある程度解決されると考えられます。これに対して現在でも根強いのは、粘土鉱物に含まれる成分、たとえば最近ではモニモリロナイトがヌクレオチドを繋げて核酸になる反応を触媒したという説です。いずれにせよ核酸祖先型は、情報が読み出しできるという特徴と、相補性を利用して自己複製が可能という特徴のため、タンパク質を凌いで第1の生命分子となって、急速に勢力を伸ばしていったと考えられます。

さてこの核酸の祖先型ですが、ペプチド核酸（PNA）[注2]を候補にあげる人もいますが、一般的には現在でも生命で大きな役割を果たしているRNAが最初から核酸祖先型分子だったのではないかと考えられます。DNAでないことは明らかです。DNAでは糖成分のデオキシリボースの非生物学的合成が困難なのに対し、RNAの糖成分のリボースは、ホルモース反応[注3]によって非生物学的に合成できます。実際、現在の生物でもデオキシリボースは、リボースから合成されています。このことからDNAはRNA以降に出現したことは確かです。

最初のRNAの自己再生産は、RNAコード化以前のポリペプチド様分子系を触媒分子として原始的な結合—開裂反応を用いたもので、不完全なものであったと考えられます。RNAはタンパク質ほどではないものの特徴的な立体構造をとって触媒としての作用ももつので、原始的なポリペプチド触媒系と共同して不完全な複製反応や原始的な代謝などを触媒したでしょう。RNAだけで生命機能も情報保持もすべて果たしたと思えませんが、タンパク質の世界が現在の生物のように十分に発達するまでの段階では、RNAが情報コード分子としてだけでなく、その相補性とバラエティに満ちた立体構造を取れる長所を生かして触媒としても活躍したと思われます。

（注2）　DNAと二重螺旋構造をとることができ、情報をDNAに転写できる利点もある。下図のような構造で、リボース・塩基・リン酸からの非生物合成においても異性体の問題が少ない。

（注3）　ホルムアルデヒドが適当な触媒の存在下で自己凝縮して糖を合成する反応。

RNA-タンパク質コード対応関係の確立

　RNA が自己複製を行うためには触媒機能としてタンパク質様の塊が必要だったわけですが、生命にとって大きな課題はこの 2 つの始原的分子の橋渡しでした。すなわち、RNA は、利己的に自己を複製する分子であるだけでなく、生命のもう 1 つの構成要素であるタンパク質を生成するための配列情報のコードを記した分子とならなければなりません。そのためには、RNA の塩基の配列情報とタンパク質のアミノ酸配列の対応関係を決定する必要があります。それが「生命誕生の最大の挑戦」とよばれる、機能分子（アミノ酸配列）と情報分子（核酸コード）の橋渡しの実現だったのです。すなわち、生命誕生のもっと困難な課題である〈RNA がタンパク質の配列を記述する〉ための原初的なコード関係の確立です。このコード関係は分子生物学のどの本にも最初に記載してある、いわゆる遺伝コード表で表現されているものです。

　これは RNA 集合とペプチドのアミノ酸配列を、曖昧にでも対応させる原初的で不正確な対応関係が最初に現れたものと考えられます。ここで注意しなければならないのは、RNA がアミノ酸を原始的にコードするとともに、このコードを使って RNA 自体の複製を担うタンパク質である酵素もコード化しなければならないことです。不正確なコードでは自分を複製する酵素も正確には作れませんので、ここに RNA とタンパク質の間のそれぞれの複製や合成の正確さに関して循環的な関係性が出現します。誤りの方向に悪循環になればコード関係は崩壊してしまいますが、逆に正確化、特異化へと循環すればお互いに正確なコード関係へと進化していったと思われます。生命の歴史において原初的には曖昧であった対応関係は、特異化する方向へポジティブフィードバック的に進化していき、〈RNA-タンパク質〉の関係性は、相互に他方の合成を支える相互触媒系となって、正確な相互合成系として形成され、現在のように生命の情報マクロ分子ネットワークの根幹として確立したと考えられます（詳しくは拙著『生命と複雑系』4.4.2 項を参照）。これは、タンパク質の RNA による記述という、物理的世界に出現した最初の〈情報〉世界です。これは、ドーキンスのいう「利己的遺伝子」としての RNA 分子の始まりです。

RNA ゲノム時代の痕跡

　さて、現生命には RNA が祖先的情報分子であることを推測させる、いくつかの進化的痕跡が残っています。その 1 つは現在でも RNA をゲノムとするウィルスが存在していることです。エイズもその 1 つです。RNA ウィルスが原因の感染症は、RNA ゲノムは自己複製に際して十分な校正装置が存在しないため、変異率が高く、そのため感染した宿主の体内で「進化」して、ウィルスの配列が変

化するため治療が困難なことが多いのが特徴です。

　RNA が情報を担う分子だけでなく現在タンパク質が担っている触媒機能をもっていた痕跡も残っています。すなわち現在でも「RNA 酵素」すなわち、**リボザイム**（ribozyme）として働くものがあることです。アメリカのチェックは、原生生物の一種であるテトラヒメラのリボゾーム RNA の前駆体はタンパク質の関与なしに自分で不必要なイントロン部分を切り出し両端のエクソン部分が結合すること（グループ I イントロン）を見出しました。このような自己スプライシング（self splicing）するイントロンはその後 30 種類ほど見つかっています。

　また、酵母のミトコンドリアに存在する mRNA も、タンパク質なしでスプライシングを行います。これらは RNA が単独で、触媒反応を遂行している例ですが、タンパク質の触媒作用を助ける補酵素（coenzyme）としても機能している例もあります。

　また、RNA 分子が主要な役割を担った時代が存在したことを想像させる始原的な分子痕跡は多く見られます。とくに古くからの触媒作用分子には、アデニン（A）を塩基にもつ RNA 分子が多くあります。代謝反応とくに生命のエネルギー代謝に関して、酸化還元反応で現れる NADH や NADPH また FAD など、さらにはエネルギーの貯蔵や運搬に関する ATP や ADP などのヌクレオチドリン酸などが有名です。これらの生命の基本反応の中でキーとなる反応をつかさどる分子にアデニンを表す文字 A が含まれていることからも明らかなように、すべてアデニンを塩基としてもつ RNA から派生する分子であることが明らかです。RNA 分子が始原的な分子として、遺伝情報だけでなく生命機能においても始原的分子であることがわかります。

RNA ゲノム時代から DNA ゲノムへ

　さて RNA ゲノム時代の最初のゲノムは、RNA の短い断片の集まりであったと考えられます。しかし、ゲノム複製の校正装置が発達することによって、これら RNA 遺伝子が集まって 1 つの単位になって複製することが可能になり、RNA 遺伝子が 1 本の RNA 鎖として統合されました。ここに RNA ゲノムが誕生したわけです。

　現在でも RNA ゲノムをもっている RNA ウィルスは、宿主細胞にはない RNA 依存性 RNA ポリメラーゼ（RNA を鋳型にして RNA を作る酵素）をもっています。RNA ウィルスは 1 万塩基対以上の長さのゲノムになると RNA ポリメラーゼの複製精度の低さのため、複製が不正確になります。このことは単鎖で 1 万塩基以上のウィルスが存在しないことからも知られています。これらは情報分子の複製精度によって、自己複製できる情報量（ポリマー長）に限界があるというオイゲンのエラー・カタストロフィー理論（前出『生命と複雑系』参照）からも予測され

るものです。単鎖の RNA の複製の限界を超えたのが、2 本鎖のテンプレートと校正機能をもった DNA 遺伝系であったといえます。生命は情報の安定な貯蔵と遺伝的な継承を果たすために、RNA の多くの機能のうち情報蓄積の役割がずっと安定な DNA に移り変わったと考えられます。とくに DNA の 2 本鎖は非常に安定している分子です。

　RNA ゲノムから DNA ゲノム移行期の痕跡は現在でもウィルスなどに見られます。たとえばエイズなどのレトロウィルスに見られる逆転写酵素があります。自らの遺伝情報をコードしたウィルスの RNA ゲノムを鋳型として、より発達した DNA ゲノムをもつ宿主に入り込むために、自らを DNA に合成しなおして宿主細胞のゲノムの中に組み込んでいきます。このセントラルドグマに逆行する**逆転写酵素**（reverse transcriptase）は、現在ではレトロウィルスだけでなく酵母菌から植物、昆虫などにも広く存在することが明らかになってきました。この逆転写酵素は、生命が RNA ゲノムから DNA ゲノム時代へ移行する時期に、安定した情報蓄積のため、RNA 情報を DNA に移し替える機能を担当したと考えられています。現在の細胞的生命の遺伝情報蓄積系はすべて DNA ゲノムです。

始原的生物のゲノム

　DNA ゲノム生物の前に RNA ゲノムをもった始原生物が存在したと述べました。
　1 章でも述べましたが、生物界は細胞膜の組成や核の囲み方によって「3 つの原界」に分かれています。すなわち原核生物は本質的に体制が異なる真正細菌と古細菌、その後に現れた真核生物の 3 種類に分類されます。いろいろ議論がありますが、われわれ真核生物は古細菌から進化してきたという学説が現在有力です。このような原界の区別から見ますと、DNA ゲノムに関係する各種酵素（合成酵素など）の種類が、真正細菌と古細菌／真核生物で異なるか遠い関係にあることがわかっています。このことから、RNA ゲノムをもった始原生物は原核生物と古細菌／真核生物に分かれる前に存在し、これら 2 系統に分かれて以降にそれぞれ独自の合成や修復の酵素をもった DNA ゲノム生物として発展していったといえます。

2.1.2　ゲノムの構造

原核生物と真核生物ではゲノムの構成原理が異なる

　原核生物と真核生物の大きな差は、1 章で述べましたが、原核生物は遺伝情報を格納している DNA が細胞内において露出し環状で DNA が裸になっているのに対して、真核生物ではこれが核膜に大切に囲まれている点にあります。

原核生物では遺伝環状 DNA が裸ですが，真核生物では遺伝子は，線状 DNA で，染色体構造を形成して，何本かに分かれ，細胞核内に存在します．真核生物の染色体は DNA がヒストンといわれるタンパク質と絡まって，スーパーコイル状態になって何重にも折り畳まれて高次構造をなしています．発現していない遺伝子は密にパッキングされています．このことで変異を受ける機会を減らし，安定性を確立しています．原核生物の染色体は核様体という構造をとり，DNA 鎖に絡まるヒストン様物質も存在しますが，はるかに不規則で流動的です．また原核生物のゲノムは，1 セット（一倍体）ですが，真核生物のゲノムは相同なゲノムが基本的には 2 セット（二倍体）かそれ以上あります．

　ヒトの全ゲノムドラフトの解読が終了したのをはじめ，近年のゲノム情報学の発展によって，ゲノムの全体像が見えてきました．インフルエンザ菌が 1995 年に解読されて以来すでに 1000 種にも及ぶゲノムが解読を完了あるいは解読中です．原核生物のみならず，酵母やショウジョウバエや線虫，マウス，チンパンジーなど後生動物のゲノムも多く解読され，種間の比較によるゲノム編成構造の進化も明らかになりつつあります．今後ますますゲノム情報が明らかになるにつれ，単に一次元的配列として見えていた遺伝子も，遺伝子間の発現調節に関する相互作用を考えると，上でも述べたように「遺伝子（発現調節）ネットワーク（genetic regulatory network）」として，脳のニューロネットワークと同様に大規模な多次元ネットワークを形成していると想像できます．

　ゲノム自体の構造を考えると，原核生物と真核生物では，そもそも生命の戦略的目標が異なります．原核生物は，とにかく増殖速度を高くして生存に好適な環境が存在したら絶えず増殖し，必要なら変異を起こし環境条件にあった種を生存させます．効率のよい増殖が第 1 目標といえます．これに対して，真核生物の場合は，増殖速度一本槍の戦略ではなく，個体の適応を中心として，環境の変化に対して高度で柔軟な適応を行います．すなわち個体行動の複雑性を高める方向に考えられた種です．

　原核生物のゲノムは，上に述べた戦略を実現するため生存に必要なタンパク質をコードする遺伝子をできるだけ，密に詰めてゲノム上に配置し，数個の遺伝子を一挙に発現させるセット方式の調節をとっています．ヤコブーモノーが発見したように，ラクトース培地でのラクトース分解酵素の発現に関してはオペロン構造が存在し，1 つの制御信号で数個の遺伝子がセットになって発現調節されます．また遺伝子間の間隙は狭く，しばしばコード領域を共有して重なったりして，非常に効率よくゲノムの全幅を利用しています．原核生物が効率的に増殖するためには，全部のゲノムを複製する必要があり，できるだけ短いゲノム長のもとに多くの遺伝子をパックして短時間でゲノムを複製する必要があります．そのために

は調節の簡単さも求められます。また遺伝子の発現も核内と核外の区別がないため、RNAをゲノムから転写している途中でも転写されたRNAを鋳型にしていくつものリボゾームが結合しタンパク質合成を効率化しています。

これに対して、真核生物の戦略は複雑な個体適応を目標としているため、原核生物に課されていたゲノムの「複製最速化の拘束条件」から解放されて、遺伝子の数、およびゲノムの長さについての限界はなくなっています。ゲノム上に遺伝子コード領域は密にパックされていません。いまだ明確にはなっていませんが、遺伝子コード領域以外のゲノム領域は非常に長いと考えられます。たとえばヒトでは98％は遺伝子をコードしていない領域です。ここにはおびただしい数の反復配列や遺伝子の調節に関係する領域、RNAをコードする領域、遺伝子の機能を失った偽遺伝子などが存在し、かつては「ジャンク遺伝子」とよばれていました。このような広大な非遺伝子領域は、遺伝子変異と新遺伝子創設の実験場としての役割を担っているという説もあります。

しかし最近では、これらの非コード化ゲノム部分もRNAには転写されていることがわかり、この中にはマイクロRNA（miRNA）、スモールインターフェリングRNA（siRNA）など、遺伝子をコードするmRNAに働いてその発現を抑制しているものなどがあり、非コードRNA全体で、ゲノム発現の調節に何らか関連しているといわれています。真核生物のゲノムを「RNA大陸」とよぶ研究者がいるくらいですが、この問題については研究が進行中で、これら膨大な非コード領域がどのような機能を果たしているか、結論が明確になるまでもう少し時間が掛かるものと思われます。

高等動物への進化の過程で遺伝子数は増大してきましたが、脊椎動物以降の遺伝子数はそれほど増大していません。10万あると考えられていた人間の遺伝子数がヒトゲノム計画の進行によって2万数千前後といわれはじめています。これは線虫と同程度の遺伝子数なのです。以前は遺伝子の数が生物の複雑さの度合いを表すものと考えられていましたが、現在ではどれだけのパーセント、非コードRNA領域をもっているかが、生物の複雑な発現調節を可能にし、翻っては生物の複雑さを表すと考えられています。また進化が進むにつれ、遺伝的メカニズムから神経や免疫などの後天的な学習機構に生命情報を移行していったと考えられます。遺伝子はあくまでも枠組みで、多様な生命の適応は非ゲノム的機構、すなわちRNA発現調節ネットワークや神経・免疫系によって複雑化されたと考えるほうが正しいようです。このことは、生命のポストゲノム的複雑化といえるでしょう。

たとえば選択的スプライシング（alternative splicing）では遺伝子内の特定のエクソンが選んで、単一の遺伝子が状況に合わせて複数のタンパク質を生産する例があります。これ以外にも、翻訳後修飾などがゲノム以降の機構によって生産

原核生物と真核生物の遺伝子発現機構

　原核生物では遺伝子発現の単位はオペロンですが、プロモータ領域は、RNA を DNA の鋳型から構成する RNA ポリメラーゼという合成酵素が結合して転写が開始される部位でもあります。プロモータ領域には -10 と -35 塩基上流に共通（consensus）配列が存在し、前者はプリブナウボックス（Pribnow box）とよばれています。オペレータ領域は遺伝子調節部位の１つで、プロモータの近傍あるいはプロモータ配列内部に存在し、調節タンパク質が結合して転写を調節します。これには正の調節と負の調節があり、DNA に結合するタンパク質も正の調節の場合は転写アクティベータ、負の場合は転写リプレッサーとよばれます。これらの調節タンパクをコードする DNA は、構造遺伝子とは異なった遺伝子座の領域にコードされています。このような遺伝子発現の調節タンパク質をコードする遺伝子は調節遺伝子ともいわれます。

　真核生物の転写調節は、原核生物よりもはるかに複雑です。転写を制御するタンパク質には、どの遺伝子でも使用される普遍的転写因子とその遺伝子に特有の転写因子があります。特有の調節因子に接続するゲノムの部分は、応答エレメント（response element）とよばれて、この部分の特異配列が問題とされています。

　真核生物の細胞は原核生物の細胞に比べて大型（典型的なもので長さにして約 10 倍、体積で約 1000 倍）です。もちろん上に述べたように進化的にも原核生物より後に出現しました。真核細胞は大きいだけでなく、それを支える細胞骨格が発達しています。細胞内はミトコンドリア、葉緑体、小胞体、ゴルジ体などの明確な膜構造をもった細胞内小器官に富んでいます。また遺伝物質は染色体構造をとって核膜によって囲まれています。

表 2-1　ゲノムの既知な生物の例

種	学名	ゲノムサイズ（Mbp）	遺伝子数
細菌	Haemophilus Influenzae（インフルエンザ菌）	1.83	1,897
	Mycoplasma genitalium（マイコプラズマ感染菌）	0.58	525
	Synechocystis sp.（らん藻、光合成細菌）	3.57	677
	Mycoplasma pneumoniae（肺炎マイコプラズマ）	0.81	1,566
	Helicobacter pylori（ピロリ菌）	1.66	4,289
	Escherichia col（大腸菌）	4.65	4,377
	Bacillus subtilis（枯草菌）	4.2	4,779
	Mycobacterium tuberculosis（結核菌）	4.41	3,959
	R.prowazekii（発疹チフス病原体）	1.11	834
古細菌	Methanococcus（メタン生産菌）	1.74	1736
	Archaeoglobus（硫酸還元菌）	2.2	2,437
	M.thermoauthtrophicum	1.87	1,869
真核生物	Saccharomyces cerevisiae（出芽酵母）	12	6,517
	Caenorhabditis elegans（線虫）	100	20,069
	Drosophila melanogaster（ショウジョウバエ）	132	14,039
	Ciona intestinalis（ホヤ）	173	14,278
	Fugu rubripes（トラフグ）	393	22,008
	Tetraodon nigroviridis（ミドリフグ）	342	28,005
	Danio rerio（ゼブラフィッシュ）	1,630	24,961
	Xenopus tropicalis（アフリカツメガエル）	1,513	18,473
	Gallus gallus（ニワトリ）	1,053	16,779
	Rattus norvegicus（ラット）	2,482	23,299
	Mus musculus（マウス）	2,604	24,246
	Homo sapiens（ヒト）	2,863	22,741

真核生物のDNAはヒストンに絡まってヌクレソーム構造を形成し、これが数珠状に繋がって**クロマチン構造**をなしています。クロマチン構造があまり凝縮的でない（パッキングが強くない）ところでは活性時に緩んでヌクレソーム構造が変化あるいは消失しており、調節タンパク質やRNA合成酵素がDNAに結合する妨げにはなりません。これに対してきわめて密に凝縮（パッキング）されたクロマチン構造は、遺伝子の発現をその細胞で休止させる役割があります。真核生物の遺伝調節でまず大きく異なるのは、RNAポリメラーゼは独力で転写を開始することができないということです。プロモータ領域に普遍的転写因子が結合していなければ、転写は開始されません。また、ほとんどの遺伝子は多数の調節部位をもち、それぞれの調節部位も単一の遺伝子調節タンパク質（アクティベータあるいはリプレッサー）が結合するだけではなく、複数の調節タンパク質が会合して複合体を形成する場合もあります。さらに数千塩基も離れた部位で、遺伝子発現調節に影響を与えるエンハンサーもあります。これはDNAが屈曲して調節部位に影響を与えると考えられています。これら調節タンパク質は、プロモータ領域での普遍的転写因子の会合を促進、あるいは阻害します。とくにプロモータ領域内の転写開始部位から25塩基上流の部位にアクティベータ・タンパクが集積します。

　遺伝子調節タンパク（転写因子）は、DNA2重鎖を外側から挟むような特徴的構造、すなわちヘリックス―ターン―ヘリックス、Zn（ジンク）フィンガー、ロイシンジッパーなどとよばれる構造をもっています。

　ヘリックス―ターン―ヘリックスは、たとえば、発生での体作りを調節するマスタースイッチとなる調節タンパク質であるHoxタンパク質が示す立体構造です。このHoxタンパク質が共通にもつこの構造を、ホメオドメインとよびます。ホメオドメインは形態形成を制御する遺伝子に共通に見られるDNA結合ドメインで、これをコードする遺伝子のDNA上での配列はホメオボックスとよばれます。左右相称動物のボディプランの体軸方向の分節構造を決め、体作りのマスタースイッチの役割を果たしています。

　Znフィンガーは、核内受容体がDNAに結合するときの構造です。核内受容体はステロイドホルモンのように、疎水性のため細胞膜を通り抜けることができる細胞内の情報分子と結合して、核に直接到達して、遺伝子発現をコントロールします。結合する相手のDNAは、ホルモン応答配列（HRE）をもっていてこれと結合します。

　水溶性の情報分子は細胞膜を通過できないため、膜上の受容体を介して信号を受容し、細胞内での情報伝達分子に乗り換えて信号を伝達します。この信号分子の代表的なものの1つが、サイクリックAMPで、これがある種の遺伝子発現調節タンパク質を活性化してこれが遺伝子のDNAの特徴的な配列、すなわちcAMP応答配列（CRE: cAMP response element）に結合します。これに結合する遺伝子発現調節タンパク質は、CREB（CRE-binding protein）とよばれます。

　ロイシンジッパーは、CREBをもつ遺伝子の発現を促進します。CREBはcAMP依存のプロテインキナーゼ（PKA）によって活性化されますが、ほかのキナーゼからも活性化され、総合的な転写調節作用があります。

されています

　タンパク質も翻訳後修飾やエピゲネチックな変容のため多様化し、ゲノム解読以降、細胞内に存在するすべてのタンパク質を調べるプロテオーム計画や全代謝物を調べるメタボローム計画へ関心が移ってきています。いずれにせよゲノムが決定している生命の領域は意外と少ないと考えられます。生命は脊椎動物以降、ゲノムを減らす方向に進化しているのかもしれません。非ゲノム的生命複雑化の機構が今にもまして注目され、この観点からわれわれの個体的適応機構、すなわち広い意味でのゲノムと非ゲノム進化の間の関係が明確になる日も近いでしょう。

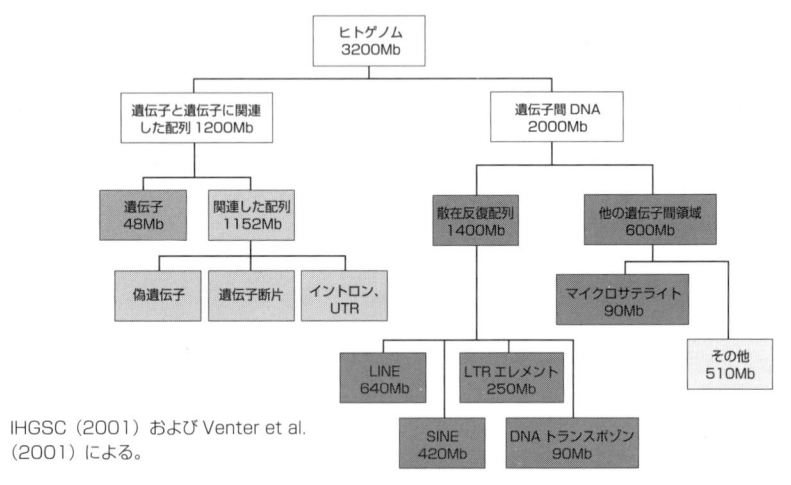

IHGSC（2001）および Venter et al.（2001）による。

図 2-2　ヒトゲノムの構造

T. A. Brown 著　村松正實監訳『ゲノム 第2版』メディカル・サイエンス・インターナショナル（p.25 ボックス1.4）、2003 より（T.A.Brown, Genomes 2Rev Ed edition, Bios Scientific Publishers Ltd., 2002）［7］

ヒトゲノムを構成する要素

　さて、真核生物のゲノムは、97％以上が非コード領域であることを述べました。ゲノムの配列情報はインターネット上で公開され（http://genome.ucsc.edu/、http://www.ensembl.org）、遺伝子の情報が塩基配列レベルから染色体レベルまでいろいろな尺度で見られます。さらにほかの遺伝子関連の情報も統合されつつあります。

　ゲノム全体では GC の割合は 41％でゲノム上には明らかに GC 含量が高い領域、低い領域が存在し、モザイク状に組み上がっているようです。GC 含量が高い領域ドメインとしてはっきり定義できませんが、染色体をギムザ染色したとき、バンドは GC 含量の低い領域は暗く染まり、GC 含量の高い領域は明るく染まるため、縞模様が観察されます。

遺伝地図と物理地図を比較したところ、組み換え頻度は染色体の部位で異なっています。長い染色体腕ほど組み換え頻度が低く、これは染色体の腕で1回しか組み換えが起きないためではないかと考えられます（組み換えは減数分裂のときに相同染色体を保持するのに役立つ）。また、セントロメア近辺では組み換え頻度は低いが染色体端（テロメア）では高いことがわかりました。ここで、ゲノムの構成成分について、解読されたヒトゲノムを例に見てみましょう。

ゲノムは、(1) 遺伝子と遺伝子に関連した領域、(2) 遺伝子以外の領域、に分かれます。

遺伝子に関連した領域には、遺伝子コード領域と非コード領域があり、非コード領域の偽遺伝子、遺伝子断片、イントロン、3′末端非翻訳領域、5′末端非翻訳領域、すなわちリーダ、トレーラなどがあります。遺伝子はタンパク質をコードするものが95%で、tRNAのように翻訳されず、RNAのまま機能する部分が5%といわれていましたが、最近は、タンパク質をコードしないゲノム領域のほとんどでRNAまでは転写されていることがわかり、マイクロRNAなど遺伝子の発現を抑制する役目をもった短配列のRNAも注目を集めています。遺伝子以外の非コード領域に特徴的なものはおもに2つに大きく分かれ、(1) 縦列反復配列と(2) 散在配列（ゲノム全体に散在する配列）よりなります。縦列反復配列ではサテライトDNAとミニサテライト、さらにマイクロサテライトDNAが存在します。

ゲノム全体に存在する反復配列としてはLTRエレメント、SINE、LINEエレメントさらにはトランスポゾンがあります。これらの構造は進化とともに変化し、ヒトでは多くの範囲に分かれて存在します。

縦列反復配列（tandem repeat）は、真核生物ゲノムの共通した特徴で、これは原核生物にはほとんどありません。もととなっている配列が複製時のスリップなどによって増幅して出現したと考えられます。サテライトDNAともよばれます。サテライトDNAの反復単位は5bpから200bpまでさまざまで数100kbにも及ぶ長い一連の縦列反復があります（bpとは塩基対の意味）。ミニサテライトは25bpまでの長さの反復配列からなり、その一連の繋がり（クラスター）は20kbに及ぶときもあります。マイクロサテライトは反復単位も13bp以下でクラスターの長さも150bp以下で、とくにCAという2塩基が反復するマイクロサテライトは、ヒトではゲノムの0.25%にあたり、ヒトゲノム全体では8Mbになります。これは個体によって違い、疾患感受性などのマーカとなっています。

散在配列（genome-wide repeat または interspersed repeat）は、ゲノム本来の位置とは違ったところに反復単位を生じさせたメカニズムによって生成されたHIV（エイズウイルス）などの反復配列で、ほとんどが転移（transposition）という機構によって生じたと考えられます。ヒトの場合、反復配列がヒトゲノムの

45%を占め、そのほとんどは転移因子に由来しています。

転移にも RNA を中間媒体として利用するレトロ転移と直接転移する DNA 転移とに分かれます。レトロ転移とは、もととなったレトロトランスポゾンが RNA に転写され、それが DNA に逆転写されて、ほかのゲノムの位置へ、レトロウイルスが宿主のゲノムに潜んでいる場合を除き、転移するものです [7]。

ゲノム上に散在する反復配列と進化 [7] [8]

散在性の反復配列には、RNA から逆転写されて挿入されたレトロ転移と直接 DNA 転移する反復配列の大きく 2 種類があります。

レトロ転移反復配列は、両端に長い末端反復配列 LTR (Long Terminal Repeat) が存在するかどうかで 2 つのクラスに分かれます。

LTR エレメントとよばれる反復配列は、両端に長い配列エレメントをもち、その中には内在性のレトロウィルスとレトロポゾンがあります。

内在性レトロウィルスは、脊椎動物に見られるもので宿主のゲノムに入り込んだレトロウィルスです。活性を保持して外来性ウィルスを産生する場合もありますが、多くの場合は配列が壊れており産生できません。レトロトランスポゾンは、脊椎動物になく、脊椎動物以外に多数見受けられる配列です。トランスポゾンはノーベル賞の対象となったとうもろこしでは、ゲノムの半分を占めています。

LTR を含まない配列には、まず LINE (long interspersed nuclear element) があり、これはヒトゲノムの 20%近くを占めます。LINE には、レトロ転移にかかわると見られる逆転写酵素が存在します。ヒトゲノム中には約 80 万個存在し長さはたとえば LINE1 で 6kb 程度です。SINE(short interspersed miclear element) は逆転写酵素を含まない短い転移遺伝子で、ほかのレトロ転移の逆転写酵素を借りて転移するものと思われます。Alu は有名な SINE で 4kb に 1 つの割合で存在し合計でヒトゲノムでは約 100 万個存在します。

DNA トランスポゾンはレトロトランスポゾンより少ないです。挿入配列 (IS) とよばれる DNA トランスポゾンは、転移を触媒するトランスポザーゼが含まれてその両端に短い 50kb 未満のお互いに逆の配列になっている反復配列 (ITR : inverted terminal repeat) があります。また挿入される宿主 DNA 側には IS の両端には挿入部位の配列が重複して、同方向への反復配列があります。

より大きな DNA トランスポゾンに、さらに薬剤耐性などの遺伝子マーカが入ったものがあります。これは複合トランスポゾンとよばれ、IS で両端（アームとよばれます）をはさまれた遺伝子で、耐性遺伝子などが含まれます。転移性ファージも細菌感染のウィルスがその生活史の一環としてゲノムに複製転移する DNA トランスポゾンです。

ヒトの反復配列のうちほとんどがトランスポゾンに由来していて、ゲノムの約 45%がこの中に入ります。

これらトランスポゾンは挿入された後でランダムに変異するため、その年代を推定することができます。ヒトゲノム中にあるトランスポゾンに由来しているほとんどの反復配列は真獣類の放散した時期以前にまでさかのぼります。その後、LINE1 を例外としてトランスポゾンの全体としての活動は 3500～5000 万年前に著しく衰えました。また、約 4000 万年前を頂点とする Alu 配列の転移活性の一時的な上昇をのぞき、哺乳類の適応放散からのち、ヒトの系列で一定に衰退していきました。

反復配列の状態についてほかの種（ハエなど）とヒトを比較してみると、ヒトでは、活発に転写される染色体の部分（真正のロマテン領域）に高密度で反復配列を含んでいます。古いトランスポゾンが多く、またLINE1、Aluといった優勢なファミリーがあります。

　ゲノム上には反復配列が含まれる割合が多い領域と、そうでない領域がありますが、ヒトゲノム中で繰り返し配列がもっとも少ない領域はHox遺伝子群がコードされる領域で、大きな制御領域が存在して反復配列によって中断されることが許されないためと思われます。マウス、ラット、ヒヒのHoxクラスターも同様です。

　LINEは高AT含量領域に存在します。これは、GC含量の高い領域は遺伝子密度が高く遺伝子に対する変異の負担を低くするためと考えられます。しかし、Aluを代表とするSINEの挿入が高頻度で高GC含有領域に起こっていました。この現象の理由は不明ですが、SINEはストレス下で転写されることから、RNA産物がタンパク質の翻訳抑制を妨げる可能性が仮説として考えられます。ゲノム全体としてはGC含量が減少する傾向があります。LINE1に属する新しいレトロ転移のいくつかは現在も活性をもっていて疾病の原因となったり、培養細胞中での転移が報告されています。これらの有無や分布を調べると人類の集団を区別できます。トランスポゾンは新しい遺伝子を作り出したり、調節因子を提供します。

　反復配列はエクソンの混ぜ合わせ（exon shuffling）を引き起こす原動力であり、進化を考えるうえでゲノムサイズの重複から小部分の重複まで考慮することが重要でしょう。

機能ゲノム学

　1995年にインフルエンザ菌（1.8Mbps、全1700遺伝子）のゲノム解読が完了して以来、古細菌を含めて非常に多数の生物種のゲノム解析が完了しています。真核生物では、酵母（12Mb,6000gene）線虫（97Mbps,19000gene）ショウジョウバエ（130Mb）が、そしてマウス、植物ではシアノバクテリア（3.6Mbp）シロイヌナズナ（130Mbp）、イネゲノム（430Mbp）などのゲノム配列が完了しました。さらに1000種類以上の生物種の全ゲノム解読が進められています。現在は80種類の細菌のゲノムが知られています。

　ゲノム情報の大量の出現に伴って「全ゲノム情報」生物学ともいうべき新たな分野が始まり、その1つの分野に、機能ゲノミックス（Functional genomics）があります。この中には、配列から遺伝子の存在する領域を推定するGene Finding（遺伝子発見）があります。とくに真核生物の遺伝子領域を推定するプログラムはこれからの課題となっています。そして、このようにして発見した遺伝子の機能を推定するプログラムが必要なのですが、現在ではまだ決定的な方式がありません。たとえば、全遺伝子数は大腸菌では約4000遺伝子、酵母菌では

約 6000 遺伝子程度といわれていますが、機能未知の遺伝子がまだ半数程度存在します。今後急ピッチに解明が進んでいくでしょう。

またゲノムの全配列が解読されるようになったために、全ゲノム情報学が大きく発展しています。すなわち全ゲノムの cDNA や遺伝子コード部分と対形成を行うオリゴヌクレオチドをプレートに植えつけ、これとの対形成の様子を蛍光パターンで観測して、細胞での発現状況を観測する DNA チップやマイクロアレイが近年、生物学的にも臨床医学的診断手段としても注目を集めています。問題はその後の情報処理で、遺伝子間の相互調節関係を決定する遺伝子相互作用マップ、遺伝子発現グループの条件による比較解析、発現時間プロファイル解析などを全ゲノムの範囲で計算同定する方法が精力的に試みられています。まだ実験技術として粗いところもありますが、遺伝子発現アレイは医薬品開発またバイオ産業での発現解析の主要な方法になるでしょう。これは、医療ゲノム学でも重要になるので、後で詳しく述べます。

2.2 生命の祖先の歴史はゲノムだけが知っている

生命の祖先のゲノムを推測する

本章の最初でゲノムには古い始原的生命の痕跡が残されていると述べました。ゲノム情報による比較ゲノムやゲノム進化学が進展して新たな分野を作りつつあります。その1つとしてゲノムの痕跡から生命の始原的段階での姿を復元することを考えましょう。

まず、現在知られているもっとも原始的な生物、古細菌や真正細菌の中でも古い起源をもつと考えられる種に関して分子進化系統樹を作成しますと、根元のところがすべて好熱性であることがわかります。このことから生命の共通祖先は、海中の熱水噴出口周辺で生息したことが推測されます。

それでは、生命の共通祖先の遺伝子のレパートリーはどれくらいの数で与えられたのでしょうか。とくに生命の始原的段階に近い十分な種数がそろったので、始原段階で考えられる「生命としてギリギリの最小の遺伝子数をもつ生命」はどのようなものであったのでしょうか。

現在では、全ゲノム進化学の進展に伴い、共通祖先の再構成やゲノム編成進化、ゲノム標準系統樹、体制形成分子進化などが可能になりました。最小遺伝子数をもつ始原的生命の復元は、生命の創成期近くの原始的な生命に近いバクテリアや

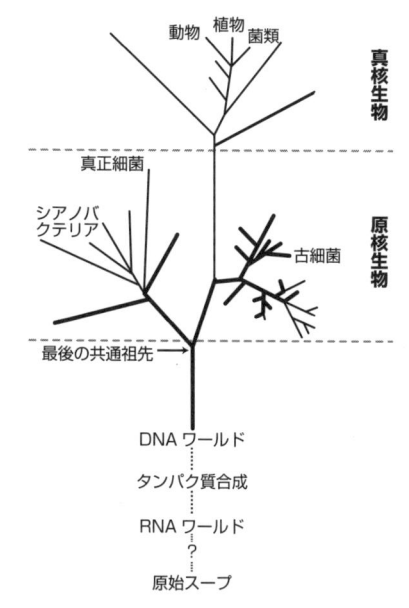

図2-3 遺伝子の塩基配列にもとづく地球生命の系統樹（ラツカノ、ステッターによる）
丸山茂徳、磯崎行雄 著『生命と地球の歴史』岩波新書、1998より [3]

古細菌の全ゲノムを比較し共通の祖先を推定するものです。

このような研究の嚆矢となったのはクーニンの研究です [10]。彼の研究は、その当時、完全にゲノムが知られた Mycoplasma genitalium（486genes）と H.influenza（1703genes）を比較したものです。このようにして推定された共通祖先ですら、いくつかの遺伝子が重複しています。共通祖先から原始生命を推定するためには、さらに遺伝子間の重複を取り除く必要があります。

クーニンの研究は、遺伝子が重複しない直系遺伝子群（COG：Cluster of Orthologous Genes）を基礎に共通な遺伝子を抽出し、256個の遺伝子を細胞生活に必要な最小遺伝子として同定しました。その最小遺伝子の内訳としては、(1) 翻訳関係（RNA protein）(2) 複製 (3) 核酸代謝 (4) エネルギー (5) 脂質代謝などで、翻訳関係すなわち、生命における情報と生命機能の関連づけに対して、256のうちその3分の1にあたる80もの遺伝子を配分していました。

さらに、先にも述べたように、真正細菌と古細菌／真核生物でDNA複製関係の酵素を調べたところ共通性が少ないことが知られています。生命の始原的段階で、DNAが遺伝情報の担体として主役を占めるのは、真正細菌と古細菌という原界（urkingdom）が分化してからで、その前の共通祖先はRNAゲノムであっ

たと思われます。その意味でも共通祖先のゲノムは「ウィルス様の RNA ゲノムの集合」であったと推測されます。この研究は最近ベンター［9］らによっても行われて、試験管内成長に必要な遺伝子では 382 個とされています。

ゲノムの編成から進化を見る

個々の遺伝子の進化だけではなく、ゲノムにおける遺伝子の全体としての進化を見ると違った光景が現れてきます。

大腸菌をはじめとする多くの細菌、パン酵母、線虫、ショウジョウバエなど、すでにゲノム配列の決定が完了しているものもたくさんあります。こうして集められたデータをもとに、異なる生物種のゲノムを比較してみると、いろいろ驚くことがわかってきました。まず、独立して生活している生物として初めて全ゲノムが決定されたインフルエンザ菌（インフルエンザウイルスとは違う）と、これまで生物研究の材料として使われわれわれになじみ深い大腸菌のゲノムを比べてみましょう（ロックフェラー大学の比較ゲノムデータベースでは 17 種類のゲノムの遺伝子の位置の比較が行われています）。この 2 つは比較的近縁とされているのですが、インフルエンザ菌は約 180 万個、大腸菌は約 460 万個の塩基からできており、大きさがかなり異なります。2 つの菌の共通祖先からおのおのが分岐した後にさまざまな変化が起こったと考えられます。計算機を駆使してゲノムワイドに比較を行った結果、ほとんどの遺伝子がゲノム上で位置を大きく、しかも、ランダムに変えていました。

インフルエンザ菌と大腸菌の遺伝子配列の比較を図 2-4 に示します。中央の横線が大腸菌ゲノムです（2 本鎖の一方だけが示されている）。上下 2 本の線がイ

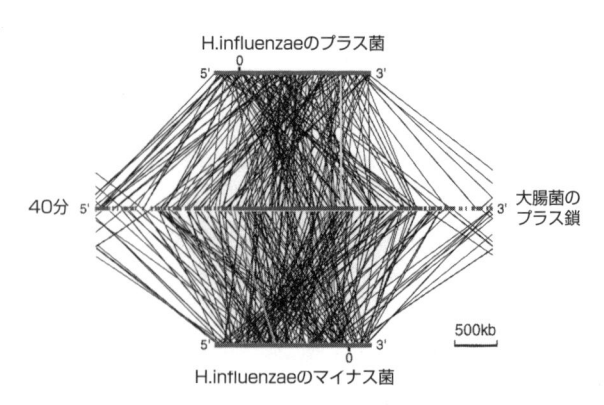

図 2-4　インフルエンザ菌と大腸菌の遺伝子配列の比較（Watanabe ほか）

Springer / J.Mol.Evol, Vol.44,Suppl.1, 1997, S057-S064, Genome Plasticity as a Paradigm of Eubacteria Evolution, H.Watanabe et.al., fig.2(b) より ［12］ Springer Science と Business Media のご好意により掲載。

ンフルエンザ菌のゲノムを示しています。両方の生命種に受け継がれた遺伝子を線で結ぶと、線は複雑に交叉しました。2つの種が分岐した後、それぞれのゲノムで、遺伝子の並び方が大きく変化したことが明確に現れています。

すなわちまったく違う姿に変わっているといってもいいでしょう。

そこで、さまざまな細菌についても比較を進めた結果、異なる生物種間で遺伝子が移動していること、つまり、「水平遺伝子移行」が起きていることがわかったのです。生物進化の系統樹に沿わず、種の壁を乗り越えて移行する遺伝子が多く見出されました。これまで、遺伝子は同じ種の中で遺伝的継承（垂直方向）で伝わるもので、種の壁を越えて伝わることはないとされてきました。しかし、現在ではさまざまな生物のゲノムが解読されましたのでそれらの比較から、ゲノム内の遺伝子は生物のそれぞれの系統の中で遺伝子数を増やすなど静かに進化してきたのではなく、ゲノム内で頻繁に位置を変えたり、さらにはほかの種に水平移動するなどダイナミックな動きをしてきたことがわかってきています。ヒトも含めて、生物のゲノムはいろいろな起源をもつ遺伝子ファミリーのモザイク状の集合から成り立っているとしか思えないのです。

ゲノムの進化はその意味では、「いい加減さ」があります。しかし、生物がこのような柔軟性に富んだゲノムをもっていたからこそ、さまざまな環境の変動、ゲノム上の突然変異、ゲノム自体の重複や欠失などの比較的大きなスケールでの変化、ほかの生物からの遺伝子の水平移行など、に対抗して、地球上に生き残れたともいえます。到底予測が不可能な進化上のあらゆるゲノム変化に対して、柔軟性のない堅牢なゲノムではこれほどの対応はできなかったでしょう。そのような、「堅牢なゲノム構造」では生命はすでに滅びていたと思われます。しかし、あまりにいい加減だと「生命の体制的構造」を進化的に維持できなかったでしょう。

柔軟性と規範性を両方供えた「〈中間的な〉進化的可塑性」とよべる柔構造をゲノム自体が保有していたからこそが、約38億年を生き抜いてこられたわけで、そこに生命の進化戦略があったと考えられます。多くのゲノム情報が明らかになり、ゲノムの比較研究がさらに活発になるにつれて、ゲノムに透けて見える生命のダイナミックな進化の様子が明らかになってきています。

ゲノムの重複進化

ゲノム進化において、新たな遺伝子を生成するためのもっとも重要な過程は、現に存在する遺伝子の重複です。遺伝子の重複はつぎの3つのメカニズムにおいて起こります。

1. ゲノム全体の重複
2. 単一の染色体、またはその一部分の重複

3. 単一の遺伝子または遺伝子群の重複

ゲノム規模の重複については、分節的重複構造といえます。この種の重複には1kbから200kbの一連の領域の転移が含まれます。ゲノム重複元と先が直列でない場合も多く、不等交差以外のメカニズムも考えられます。

ゲノムの歴史を、「ゲノム分節の重複」という観点から研究することもできます。重複のもっとも極端な機構は、倍数体形成（polyploidization）による全ゲノム重複（Whole-Genome Duplication、WGD）です。脊椎動物の進化の早い時期（約5億年前）に2回の全ゲノム重複が起こったという仮説が提唱されており、この観点からヒトゲノムドラフト配列を解析したところ、太古の全ゲノム重複を納得させるほどの証拠は得られませんでしたが、今後、系統的に遺伝子ごとの重複の時期を推定することにより、この課題が解明されるかもしれません。

近年では、多様な生物の比較ゲノム解析によって、生物の進化の過程をゲノムの進化として捉えることが可能となりました。たとえば、形態形成を制御するHoxという遺伝子群について、さまざまな生物種間でその構成を見た場合、ちょうど無脊椎動物から脊椎動物に進化する過程でゲノムが2回重複して4倍になっているということが明らかとなってきました。Hox遺伝子の基本構造は魚と哺乳類で類似しており、遺伝子の組成としては、脊椎動物になってからとくに大きな変化がないことも明らかとなりました。

酵母菌では、染色体重複の証拠を見つけるためには、重複を受けた遺伝子のグループを見つけ、それらの遺伝子が同じ順序で並んでいることを示す必要があります。出芽酵母ではこれを見つけるためすべての酵母遺伝子に対してすべての酵母遺伝子の配列を比較する相同性検索が行われました。そして遺伝子の配列から予想されるタンパク質より25％以上同一であったときに、2つの遺伝子が重複してできた対ではないかと考えられました。このようにして、800組の遺伝子が見出されました。この中で重複したと考えられるのは、3対以上の遺伝子が同じ順序に並んでいる55組の遺伝子集団です。これは、全部で376対の遺伝子を含んでいます。55組の重複したグループが見出されるということは、酵母の進化の過程で染色体の重複が頻繁に起こったという強い証拠です。実際、重複はほとんどのゲノムの半分に及ぶほど広範囲にわたっているため、全ゲノムが重複したという可能性さえ無視できません。分子時計を使ってこの重複がいつ起こったかを調べた結果、1億年前に起こったと示されました。

同様な解析は、ヒトでも行われました。ヒト22番染色体の長腕の過去3500万年前に起こった重複については、34Mbのうち3.9％を占める部分は同一染色体内での重複で6.4％はほかの染色体への重複です。個々の重複は1kbから400kbの範囲にあり、平均的には20から25kbでゲノム全体に散在しています。

2.3 多重遺伝子族の集団としての進化

大規模な遺伝子ファミリーの進化と嗅覚受容体遺伝子ファミリー

ゲノムの大規模な進化的変化の中には、同一の機能を担当する遺伝子ファミリーが、環境条件や生命体制の大規模な変化に合わせて集団的に進化的変化をしていく過程はシステム進化生物学から見ても重要な課題です。このような遺伝子ファミリーは、多数の遺伝子によって、生命の大きな機能領域を担当するもので、生物のボディプランを担当する Hox 遺伝子ファミリー（5章）、免疫グロブリンファミリーなどがあり、個々の遺伝子ではなく集団としての遺伝子ファミリーの分化や編成の変化が生命の体制的進化を反映あるいは規定するものとして注目に値します。Hox などのほかの遺伝子ファミリーについては、別のところで触れることとして、ここでは生命の環境検知の受容体の遺伝子ファミリーである嗅覚受容体の遺伝子ファミリーの集団としての進化について、少し詳しく私どもの教室の研究を紹介しましょう。

嗅覚受容体 (olfactory receptor, 以下 OR と略します) は、匂い分子を検出するためのタンパク質です。環境中に存在する多様な匂い分子を識別するために、ゲノム中には非常に多くの OR 遺伝子が存在しています。哺乳類の場合、その数は約 1,000 個にもおよびます。哺乳類がゲノム中にもっている遺伝子の総数は約 25,000 個ですから、全遺伝子の約 4% は OR 遺伝子なのです。OR 遺伝子は知られている最大の多重遺伝子族（進化的に同一起源をもつ遺伝子の集まり）を形成していて、そのような巨大な多重遺伝子族がどのような進化のプロセスを経て形成されてきたかを知ることは、ゲノムの進化を知るうえでも興味深いといえます。

OR 遺伝子研究の歴史は比較的新しく、1991 年にアクセルらによってラットから OR 遺伝子が同定されたのがその始まりです。この 2 人は、この発見と、それに続く嗅覚システム解明の業績により、2004 年ノーベル医学・生理学賞を受賞しました。OR 遺伝子は膜タンパク質であり、7 本の膜貫通部位であるアルファ・ヘリックスをもっています。OR 遺伝子に匂い分子が結合すると、G タンパク質とよばれるタンパク質を介して情報が伝達されます。このような受容体は G タンパク質結合受容体 (G-protein coupled receptor, GPCR) とよばれ、OR 遺伝子以外にも、光受容体や神経伝達物質受容体などのさまざまな遺伝子を含みます。

先に、哺乳類の OR 遺伝子数は約 1,000 個であると述べましたが、実際は、その数は種によって大きく異なっています。表 2-2 は、ヒトとマウスの完全ゲノム配列から相同性検索によって同定された OR 遺伝子の総数です。ヒトの OR 遺伝子数は約 800 個ですが、実はそのうちの約半分は偽遺伝子（かつては機能してい

たが、今は機能をもたない遺伝子の残骸）なのです。一方、マウスの偽遺伝子の割合は約25%ですから、機能遺伝子の数で比較すると、ヒトとマウスでは3倍近く異なっています。このように、ヒトで機能遺伝子の数が少なくなっていることは、ヒトをはじめとする霊長類が、嗅覚よりも視覚に依存した動物であることと関係しています。霊長類のおもな種は、ヒト・チンパンジー・ニホンザルなどを含む旧世界ザルと、マーモセットやオマキザルなどの新世界ザルの2つのグループに分けられますが、旧世界ザルでは、新世界ザルに比べ、OR遺伝子の偽遺伝子の比率が高くなっています。旧世界ザルは、赤・青・緑からなる3色型の色覚をもっていますが、新世界ザルの多くの種の色覚は赤・青の2色型です。このことから、旧世界ザルは、3色型の色覚の獲得と引き換えに嗅覚遺伝子を失ったのだと考えられています。ただし、われわれの推定によると、ヒト・マウスの共通祖先のもっていたOR機能遺伝子の数は約750個であり、この数値は現在のヒトとマウスのOR機能遺伝子数のちょうど中間です。したがって、ヒトの系統における遺伝子の消失と、マウスの系統における遺伝子の獲得の両方のプロセスが起こったと考えられます。

　図2-5は、ヒトゲノム中のOR遺伝子の分布を示したものです。このように、OR遺伝子は、ヒトゲノムの大部分の染色体（20番染色体とY染色体以外のすべての染色体）に散在しており、多数の遺伝子クラスターを形成しています。このような遺伝子クラスターは、進化的にどのようなプロセスを経て形成されてきたのでしょうか？　染色体上で近くに位置している遺伝子同士は、進化的にも近縁だといえるのでしょうか。このことを調べるために、ヒトのすべてのOR機能遺伝子を用いて分子進化系統樹を作成し、OR遺伝子をAからSまでのグループに分類しました（図2-6A）。そして、それぞれの遺伝子クラスター上に位置するOR遺伝子が、どのグループに属するかを調べました（図2-6B）。その結果、つぎのことが明らかになりました［13］。

表2-2　ヒト、マウスのOR遺伝子数

	ヒト	マウス
機能遺伝子数	388	1,037
偽遺伝子数	414	354
合計	802	1,391
偽遺伝子の比率	52%	25%

(i) 同じグループに属する遺伝子（進化的に近縁な遺伝子）同士がクラスター内で縦列に並んでいる。
(ii) 異なるグループに属する遺伝子（進化的に遠い遺伝子）が1つのクラスター内に隣接して存在している。
(iii) 同じグループに属する遺伝子が多数の異なる遺伝子クラスターに散在している。

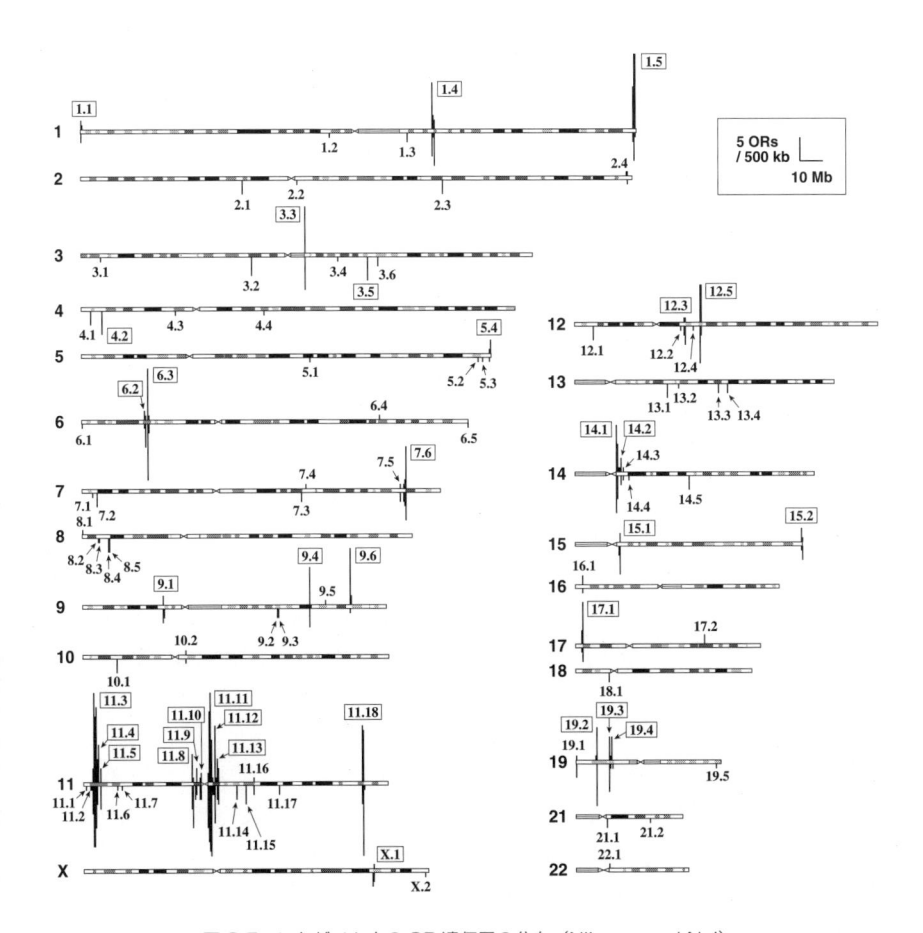

図2-5　ヒトゲノム中のOR遺伝子の分布（Niimura and Nei）

ヒトゲノム中のOR遺伝子の分布。染色体の上側の縦棒は機能遺伝子、下側の縦棒は偽遺伝子の位置をそれぞれ表す。縦棒の高さは、500kbのウィンドウ内のOR遺伝子数を表している。番号はORの遺伝子クラスターを示し、四角で囲まれたものは、5個以上のOR遺伝子を含むクラスターを表す。[13] より。

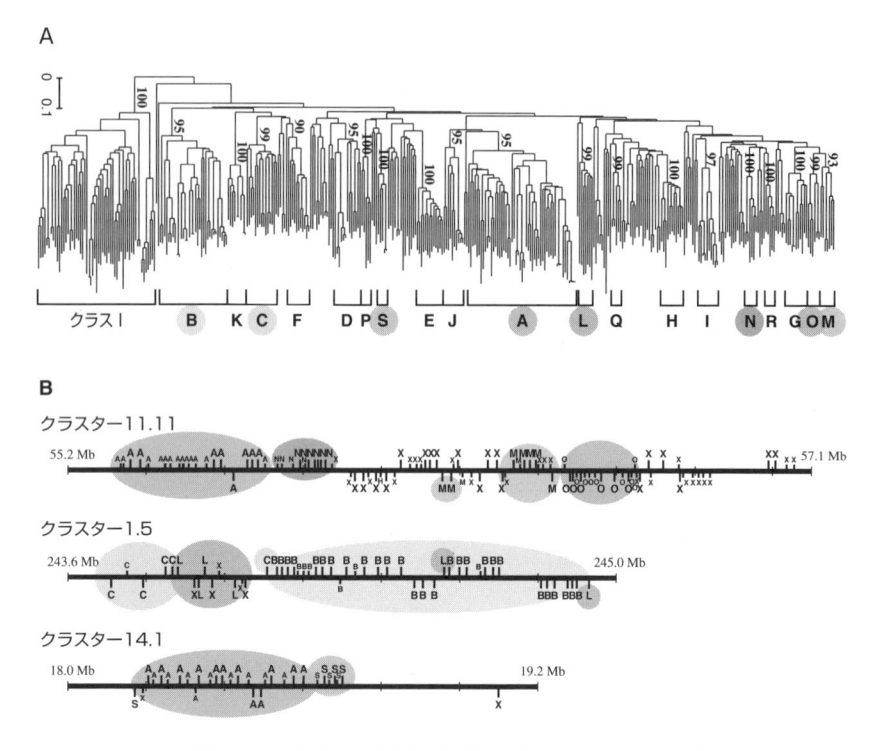

図2-6 ヒトゲノム中のOR遺伝子の分類（Niimura and Nei）

(A) 388個のヒトのOR機能遺伝子を用い、近隣接合法（NJ法）で作成した分子進化系統樹。哺乳類のOR遺伝子は、配列の類似性によって、クラスIとクラスIIの2つのグループに分けられることが知られている。系統樹に基づいて、クラスII遺伝子をさらに細かくした。系統樹上で、90%以上のブートストラップ値で支持され、5つ以上の遺伝子を含むクレード（単系統群）にAからSまでの名前をつけた。いくつかの遺伝子は未分類のまま残されている。(B) 3つのOR遺伝子クラスターの構成。縦棒はOR遺伝子の位置を表し、その遺伝子が属するクレード（A～S）とともに示してある。上下の縦棒は、遺伝子がコードされる向きが逆であることを示す。偽遺伝子は短い縦棒で示してある。また、"X"は未分類のOR遺伝子を表す。11.11という遺伝子クラスターは、いくつかのサブクラスターに分割され、それぞれのサブクラスター内では同じクレードに属する（進化的に近縁な）遺伝子がタンデムに並んでいる。しかし、クレードAの遺伝子からなるサブクラスターはクレードNの遺伝子からなるサブクラスターに隣接しており、この両者は進化的には遠い関係にある（A）。遺伝子クラスター1.5についても同様のことがいえる。また、クレードAに属するOR遺伝子は遺伝子クラスター11.11のみに存在するのではなく、異なる染色体上に位置するクラスター（たとえばクラスター14.1）にも存在している（[13]より改変）。

　図2-7は、OR遺伝子のすべてのグループ（A～S）と、すべての遺伝子クラスターについて、両者の関係を示したものです。このように、両者の関係は非常に複雑であり、上記の(ii)および(iii)はヒトのOR多重遺伝子族一般について成立することがわかります。(i)は、OR遺伝子クラスターは、縦列遺伝子重複によって形成されたことを示しています。しかしそれだけではなく、(ii)と(iii)は、進化の過程でOR遺伝子クラスターを介した不等交叉が多数回起こり、大規模なゲノムの再編成が起こったことを示唆しています。

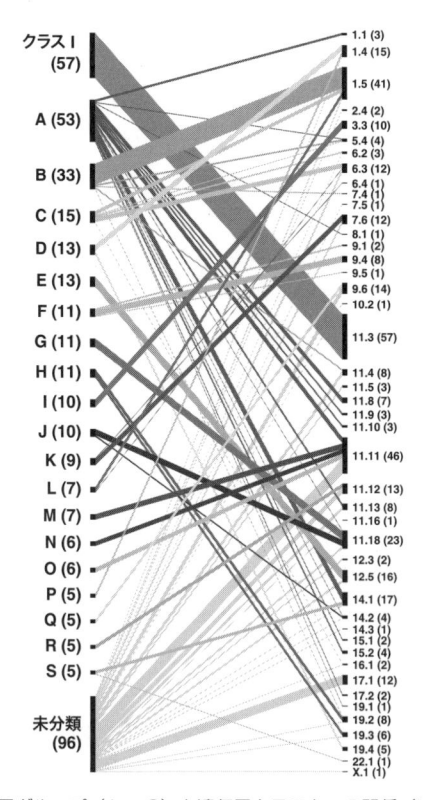

図 2-7 OR 遺伝子グループ（A〜S）と遺伝子クラスターの関係（Niimura and Nei）

進化的に近縁なクレード（左）と、染色体上の遺伝子クラスター（右）との関係。かっこ内の数値は、各クレードまたは遺伝子クラスターに含まれる OR 遺伝子の数。両者を結ぶ線は、そのクレードに属し、その遺伝子クラスターに位置している OR 遺伝子が存在することを示している。線の太さは、そのような遺伝子の数に比例している（[13] より改変）。

脊椎動物の嗅覚受容体遺伝子ファミリーの進化

　OR 遺伝子は脊椎動物に固有の遺伝子族です。もっとも下等な脊椎動物はヤツメウナギ、ヌタウナギを含む無顎類ですが、ヤツメウナギからはいくつかの OR 遺伝子が同定されています。ホヤは、脊索動物門に属していますが、脊椎動物ではなく、尾索動物とよばれるグループに属しています。ホヤの全ゲノムのドラフト配列はすでに決定されていますが、OR 遺伝子は見つかっていません。したがって、OR 多重遺伝子族は、尾索動物と脊椎動物が分岐してから、脊椎動物の系統で進化してきたと考えられます。なお、昆虫や線虫にも「OR 遺伝子」とよばれる匂い分子の受容体が存在します。そして、それらも 7 本の膜貫通ヘリックスをもつ GPCR の仲間です。しかし、脊椎動物・昆虫・線虫の三者の OR 遺伝子は

互いに配列の類似性が低く、進化的な起源は異なっています。そのため、ここでは脊椎動物のOR遺伝子に限って話を進めます。

　それでは、脊椎動物のOR多重遺伝子族全体の進化のプロセスはどのようなものだったのでしょうか？　そのことを知るためには、さまざまな脊椎動物の間でOR遺伝子族のレパートリーを比較すればよいでしょう。そこで、全ゲノムのドラフト配列がウェブ上で公開されている、ゼブラフィッシュ・フグ・カエル（ニシツメガエル）・ニワトリのゲノム配列から全OR遺伝子を同定し、分子進化的な解析を行いました。その結果、魚類と四足動物（両生類、爬虫類、鳥類、哺乳類を含む）の共通祖先は少なくとも9個のOR祖先遺伝子をもっており、有顎脊椎動物（無顎類を除くすべての脊椎動物）のOR遺伝子は、各祖先遺伝子に由来する9つのグループに分類されることが明らかになりました（図2-8）。たとえば、図2-8でεと名づけたグループは高いブートストラップ値（シミュレーション再現値：99%）で支持される単系統群であり、魚類と四足動物のOR遺伝子を含み、かつ魚類と四足動物の遺伝子はそれぞれ別々のクレードを形成しています。このことから、グループεに属する遺伝子は、魚類と四足動物の共通祖先がもっていた1つの祖先遺伝子に由来すると考えられます。また、グループαの遺伝子は魚類に特異的ですが、グループαと姉妹群の関係にあるグループβは魚類・四足動物両方の遺伝子を含むため、グループαとグループβの分岐は魚類と四足動物の分岐よりも古いと考えられます。このことから、魚類・四足動物の共通祖先はグループαの祖先遺伝子をもっていたと考えられます。グループαの遺伝子が四足動物から見出されなかったのは、この遺伝子が四足動物の系統ですべて失われてしまったか、データの不足によりまだ見つかっていないかのどちらかでしょう。なお、哺乳類、鳥類、両生類のOR遺伝子の大部分はグループγに属しています（表2-3）が、図2-8では、グループ間の系統関係を示すためそれらの大部分は除外してあります。また、図2-8の系統樹は、脊椎動物のOR遺伝子がタイプI、タイプIIの2つの大きなグループに分けられることを示しています。タイプIのクレードは無顎脊椎動物であるヤツメウナギの遺伝子を含むため、上と同様なロジックにより、無顎脊椎動物と有顎脊椎動物の共通祖先（全脊椎動物の共通祖先）は少なくとも2個のOR祖先遺伝子をもっていたことが示唆されます。

　表2-3は、6種の脊椎動物について、各グループに属するOR機能遺伝子の数を示したものです。まず、魚類のOR遺伝子は9個中8個のグループに属しているのに対し、哺乳類および鳥類のOR遺伝子は、ごく少数の例外を除いてαとγという2つのグループに属しており、とくに、全体の90%近くがグループγに属しています。すなわち、OR遺伝子の総数は、魚類は哺乳類に比べずっと少ないのですが、その多様性は、逆に哺乳類よりもずっと大きくなります。おもしろ

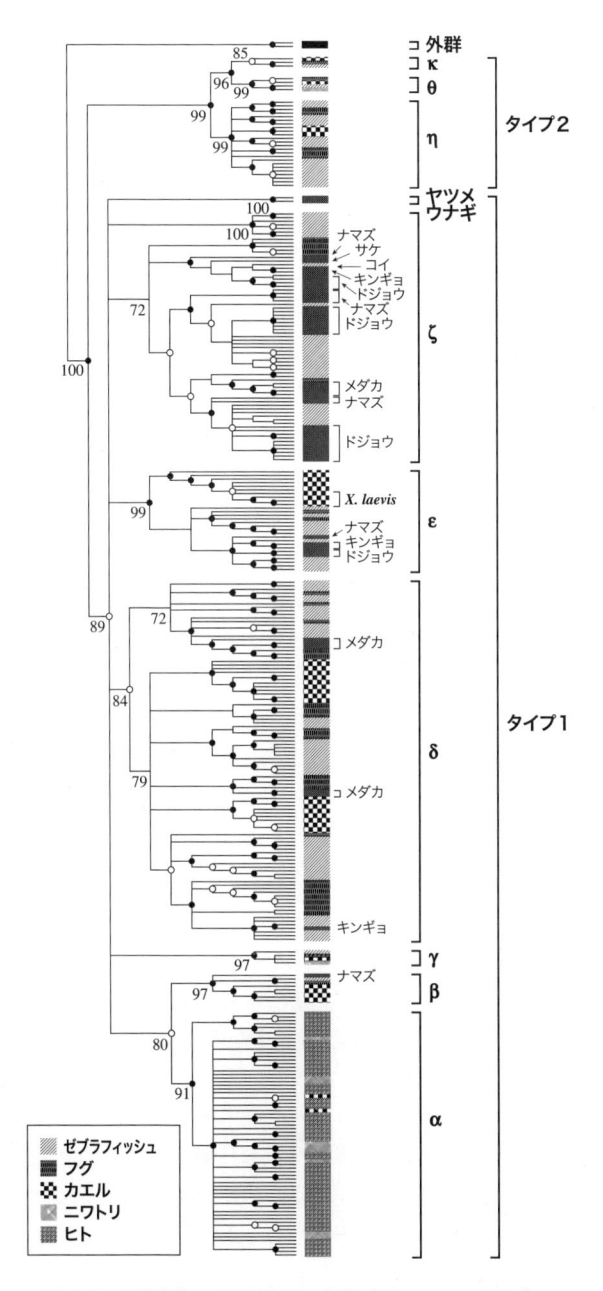

図 2-8 脊椎動物の OR 遺伝子の分類（Niimura and Nei）

脊椎動物の 310 個の OR 遺伝子の系統樹。2 個の GPCR 遺伝子を外群として用いた。ブートストラップ値が 70% より高い系統関係のみを示してあり、枝の長さは進化距離を反映していない。グループγに属する遺伝子は非常に数が多いため、代表的なものを残してすべて除外してある。黒と白の丸は、それぞれブートストラップ値が 90% 以上、80% 以上のノードを表す（[14] より改変）。

表2-3 6種の脊椎動物における、各グループに属するOR機能遺伝子の数

	ゼブラフィッシュ	フグ	カエル	ニワトリ	マウス	ヒト
α	0	0	2	9	115	57
β	1	1	5	0	0	0
γ	1	0	370	72	922	331
δ	44	28	22	0	0	0
ε	11	2	6	0	0	0
ζ	27	6	0	0	0	0
η	16	5	3	0	0	0
θ	1	1	1	1	0	0
κ	1	1	1	0	0	0
合計	102	44	410	82	1,037	388

グループ β, θ, κ に属する哺乳類の遺伝子も見出されているが、ここには記していない。

いことに、哺乳類・鳥類のOR遺伝子の大部分を占めるグループ α と γ の遺伝子は、魚類からはほとんど見出されません。反対に、魚類の主要な4つのグループ（δ、ε、ζ、η）は哺乳類・鳥類ではまったく見られません。それでは両生類はどうかというと、哺乳類や鳥類と同様に、大部分（～90%）の遺伝子はグループ γ に属しており、グループ α の遺伝子も存在します。同時に、魚類の主要な4つのグループのうち3つをもっています。すなわち、カエルのOR遺伝子のレパートリーは、哺乳類・鳥類の特徴と、魚類の特徴の両方を兼ね備えているといえます。このような、種ごとに特徴的なOR遺伝子の分布により、グループ α と γ の遺伝子は空気中の匂い分子を検出するためのものであり、δ、ε、ζ、η の4つのグループは水中の匂い分子を検出するためのものであることが示唆されます。それ以外のグループについては、今のところ機能は不明です。

以上のことから、脊椎動物のOR遺伝子の進化について、つぎのようなシナリオを考えることができます（図2-9）。まず、無顎脊椎動物と有顎脊椎動物の共通祖先は、タイプⅠとタイプⅡに対応する2つの祖先遺伝子をもっています。また、有顎脊椎動物の系統において、魚類と四足動物の共通祖先は、α～κ の各グループに対応する少なくとも9個の祖先遺伝子をもっていました。魚類と四足動物が分岐した後で、魚類の系統では、両者の共通祖先とあまり変わらない、多様なOR遺伝子が生き残りました。それは、共通祖先は海に棲んでおり、現在の魚類の生活環境とそう大きく変わらないためであると考えられています。一方、四足動物の系統では、進化の過程で陸上生活への適応というイベントが起こりました。そのときに、何らかの理由により、グループ α と γ に対応する遺伝子が、空気中に存在する匂い分子を検出する能力を獲得したと考えられます。陸上生活では、匂い情報のもつ重要性が水中生活よりも高かったため、この両者、とくにグ

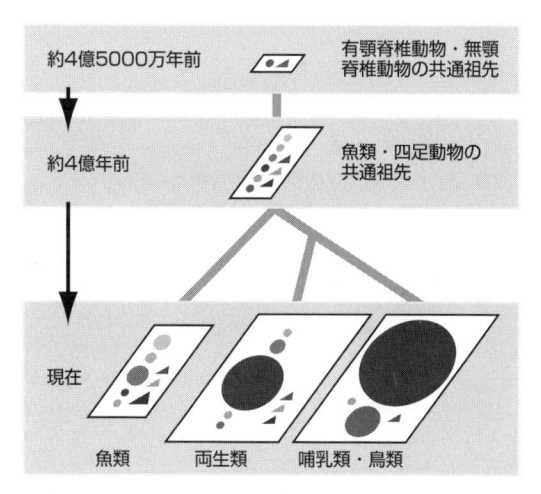

図2-9 脊椎動物のOR遺伝子ファミリーの進化のシナリオ（Niimura and Nei）
脊椎動物のOR多重遺伝子族の進化のシナリオ。有顎脊椎動物と無顎脊椎動物の共通祖先は少なくとも2個のOR祖先遺伝子をもっており、魚類と四足動物の共通祖先は少なくとも9個のOR祖先遺伝子をもっていた。陸上への進出に伴って、両生類や哺乳類の系統では、グループγ遺伝子の数が爆発的に増加した（[14]より改変）。

ループγの遺伝子の数が爆発的に増加しました。そして、陸上生活に完全に適応した哺乳類と鳥類では、水中用のOR遺伝子は不要となったため、それらはすべて失われてしまいました。一方、両生類においては、陸上生活への適応の過程でグループγ遺伝子の爆発的な増加が起こりましたが、水中生活も維持し続けたため、現在でもほかのグループの遺伝子を保持していると考えられます。

このように、それぞれの生物が棲む環境の変化を進化的な文脈で考えることにより、今日ゲノム中に存在する遺伝子のレパートリーをうまく説明することができます。多重遺伝子族の進化のダイナミクスは、1つの統合的なシステムとしての進化であるといえます。ゲノム情報は1次元ですが、そこに時間軸を導入することによって、われわれの主張するシステム的な進化原理が浮かび上がってくるのです。

2章 参考文献

- [1] 田中博『生命と複雑系』(2章、4章)、培風館、2002
- [2] 大島泰郎『生命は熱水から始まった』、東京化学同人、1995
- [3] 丸山茂徳、磯崎行雄『生命と地球の歴史』、岩波新書、岩波書店、1998
- [4] アンドルー・H・ノール『生命 最初の30億年－地球に刻まれた進化の足跡』、斉藤隆央訳、紀伊國屋書店、2005
- [5] 池原健二『GADV仮説－生命起源を問い直す』、京都大学学術出版会、2006
- [6] 大谷栄治、掛川武『地球・生命－その起源と進化』、共立出版、2005
- [7] T.A.Brown『ゲノム 第2版』、村松正實監訳、メディカル・サイエンス・インターナショナル、2003
  T.A.Brown : Genomes, 2Rev Ed edition, Bios Scientific Publishers Ltd., 2002.
- [8] IHGSC (International Human Genome Sequencing Consortium) : Initial Sequencing and analysis of the human genome, Nature 409 (6822), pp. 860-921, 2001. (邦訳『ヒトゲノムの未来―解き明かされた生命の設計図』、ネイチャー編、藤山秋佐夫 訳、徳間書店、2002)
- [9] Venter, J.C., Adams, M.D., Myers, E.W., et al. : The sequence of the human genome, Science 291(5507), pp. 1304-1351, 2001.
- [10] Mushegian,A. and Koonin,E.V.: A minimal gene set for cellular life derived by comparison of complete bacterial genomes, PNAS, 93(19), pp.10268-10273, 1996.
- [11] Glass,John.I. et al.: Essential genes of a minimal bacterium, PNAS, 103(2), pp.425-430, 2006.
- [12] Watanabe,H. Mori,H., Itoh,T., Gojobori,T.: Genome Plasticity as a Paradigm of Eubacteria Evolution, Journal of Molecular Evolution, 44, Suppl.1, S057-S062, 1997.
- [13] Niimura,Y. and Nei,M.: Evolution of olfactory receptor genes in tne human genome, PNAS, USA 100(21), pp.12235-12240, 2003.
- [14] Niimura,Y. and Nei,M.: Evolutionary dynamics of olfactory receptor genes in fishes and tetrapods, PNAS, USA 102(17), pp.6039-6044, 2005.

3章　生命はダイナミックなネットワークだ

3.1 生命のしくみを明らかにするネットワーク理論

1章で述べたように、生命は、遺伝子発現調節ネットワークやシグナル伝達経路など、さまざまな情報のネットワークによって、「構造」を形成し維持しています。1章では、これらを生命の「情報ネットワーク」とまとめてよびました。ここからは、具体的に遺伝子発現調節ネットワーク、シグナル伝達系、サイトカイン系などのパスウェイ／ネットワークにおける、生命の構造を支えるさまざまな情報や「生命らしい」性質について見ていくことにします。

その前にまずはネットワークの形や結合の仕方について、理論的な立場から解明する「学問」であるネットワーク理論の基礎を紹介しましょう。すなわち、ネットワークがどのように数学的に取り扱われているのか、そして、どのような理論がその構造を明らかにするのか、ネットワーク理論から見ると生命の情報ネットワークはどのような形式に属するのかについて触れていくことにしましょう。

グラフ理論の発祥の地──ケーニヒスブルグの7つの橋

ネットワークの結合の仕方を普遍的に論じる分野は、数学的には「グラフ理論」とよばれます。グラフやネットワークに関する研究は、クイズのような問題から端を発して、今日まで発展してきたものが多くあります。グラフやネットワークの構造に「一般的な法則」を見出そうとする考え方は、ドイツ北方の地ケーニヒスブルグで古くから伝わるある問題にさかのぼります。この問題は、「ケーニヒスブルグの7つの橋」とよばれ、1700年代の大数学者オイラーが関心をもち解決しました。ここからグラフ理論が始まったのです。

ケーニヒスブルグは、第2次世界大戦で激戦の舞台となり完膚なきまでに破壊された都市として有名ですが、1700年代当時は、プロイセン（プロシア）の東部に位置する花咲き誇る平和で美しい町でした。また大哲学者カントが毎日規則正しい時間に散歩を行い、町の人は彼が散歩をする姿を見て時計を直したと伝えられています。当時のケーニヒスブルグのブレーゲル川には、図3-1のように7つの橋がかかっていました。「ケーニヒスブルグの7つの橋」の問題とは、この7つの橋を1回ずつ渡ってすべての区域を訪れる周回路があるか、という問題です。出発地点はどの区域でもかまいません。この問題は、かなり前から知られていましたが、なかなかの難問でずっと解けないままとなっていました。そのうち懸賞金までつくようになり、多くの人が挑戦しましたが、やはり誰も解答できませんでした。また、なぜ解けないのかということも説明できなかったのです。数学者レオンハルト・オイラーは、この問題に関心をもって取り組み、この問題に

3.1 生命のしくみを明らかにするネットワーク理論

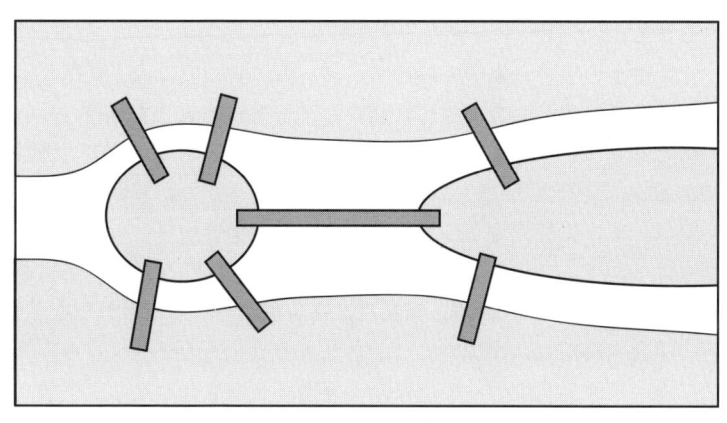

図 3-1 7つの橋

は本来解答がないこと、すなわちこのような条件を満たす周回路は原理的にありえないことを示し、この問題に最終的に決着をつけました。そして現在ではこの問題は「オイラー閉路」の問題といわれています。

問題を少し詳しく見てみましょう。ケーニヒスブルグの橋のまわりは、2つの島が直列に並び、その1つの島には両岸に2つずつ橋がかかり、もう1つの島は両岸に1つずつ橋がかかっています。また島どうしも橋で連結されています。オイラーは、この問題の本質を、島や地区を4つの「点」で、7つの橋を「線」で表した図に描き直して、「この図の線をなぞって一筆書きができるかどうか」という問題と同一であると見抜きました。要するに、経路の具体的な長さや角度は関係なく、「点と線がどう繋がっているか」だけが問題だったのです。この考え方が数学におけるグラフ理論、ひいては今日のトポロジーという数学の分野の始

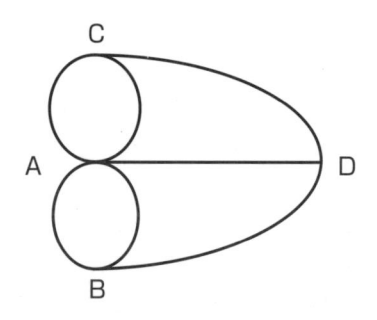

図 3-2 ケーニヒスブルグの橋のグラフ構造

まりとなりました。

　さて、一筆書きの場合、途中で通過するノードについては入る経路と出る経路の数が等しくなります。したがって、途中のノードに出入りする枝（リンク）の総数は偶数となります。このことから「奇数のリンクをもつノード（奇数点）は出発点であるか、終着点でなければならない」ということが導かれます。一筆書きにおいては、まず出発点が1つで終着点が1つの場合が考えられます。すなわち、奇数点は2つであとはみな通過ノードになります。つぎに、一筆書きで一巡してもとに戻る経路を考えますと、出発点と終着点が一致しなければなりません。この場合、出発／終着点は出ていくリンクと入るリンクの2つになってこのノードは偶数になります。したがって、ほかの通過ノードも合わせると奇数点はなくなります。このことからオイラーは「一筆書きが可能であるため、奇数のリンクをもつノードが0か2でなければならない」という定理を得ました。図3-2から明らかなように、4つのノードすべてが奇数のリンクをもつケーニヒスブルグの橋では一筆書きは不可能なことがわかります。

　グラフは、その構造の中に隠れた特性をもち、これによって表される具体的な関係を制約します。ケーニヒスブルグの問題が2世紀以上も解決されなかったのは、橋が表す結合関係の根底に横たわるグラフ構造、すなわち奇数点が4つという構造のためです。

　のちに新しく図のノードBとCを繋ぐ1つの橋が架かったため、このグラフ構造の制限がなくなって一巡する散歩道が可能となりました。オイラーによってこの問題は解答不可能であることが証明され「ネットワーク構造などを表すグラフ理論は、この世界における関係の構造を理解するのに有効な新しい理論である」という考えが打ち出されました。これは、われわれが本書で生命の構造を見るときの基本ともいえる概念です。

　グラフ理論は、オイラーによって生み出された後、コーシー、ハミルトン、ケイリー、キルヒホッフ、ポリヤといった数学のほかの分野でも大きな業績をもつ大数学者たちによって、さらに発展をとげました。彼らによって「規則的な秩序をもった」グラフすなわち規則的グラフ（regular graph）については、現在知られていることはほとんどすべて見出されたといえます。規則的グラフの応用には、原子が作る結晶格子や蜂が作る6角形の巣などがあります。ケーニヒスブルグの7つの橋の問題から生み出されたグラフ理論ですが、その後も具体的な問題の解決を目標に進歩し、近年になると、与えられたグラフの性質を調べるという研究からグラフ自身の形成の過程を調べることにも関心が移っていきました。この流れの中に、有名な数学者エルドスによるランダムグラフ理論が出現しました。

数学者エルドス

「数学者とはコーヒーを定理に変える機械である」。20世紀の代表的な数学者の1人であるポール・エルドスが述べた言葉です。エルドスは、数論、組み合わせ論をはじめ多くの数学の分野で活躍し、生涯1500余の論文を書いたハンガリーの数学者です。またエルドスは、一定の居を構えず放浪するライフスタイルをもち、「数学の巡礼者」ともよばれいろいろなエピソードでも有名な数学者でもありました。彼は、数々の数学の賞を受賞し、その中には多額の賞金を伴うものも多かったのですが、いつも持ち歩いていたスーツケースに入るだけの服しかもっていなかったといわれています。

エルドスは多くの数学の分野で今後の発展の鍵となるような問題をいくつも提案し、それによって新たな分野を切り拓いたことでも有名です。エルドスの提案した問題は美しく単純な外見を備えていましたが、取り掛かると難しい問題ばかりでした。提示した問題で興味のある問題は、彼自身が取り組んでほとんど解決しましたが、そのほかの問題には懸賞をかけて解答を募ったりもしました。簡単だと思われた問題には5ドル、難しいと思った問題には、500ドルを懸賞とし、問題を解決した数学者や証明に成功した数学者に、エルドスは喜んで賞金を払ったのでした。しかし、懸賞を受け取った人の多くは、エルドスからもらった小切手を換金せず、それを額に入れて飾ったといいます。20世紀の天才エルドスによって自分の解答が認められたことこそが、貴重なことであり、それに比べれば、現金などに換金することに何の価値があるというのでしょうか [1]。

ランダムグラフ

さて、本章のテーマであるネットワークに関する理論においてもエルドスは革新的な役割を果たしています。ナチスへのレジスタンス運動でも有名な同郷ハンガリーの年下の友人である数学者のレニーとともにグラフの形成について有名な8つの論文を書きました。これらの論文は、これまでの「規則的なグラフ」とは違って、与えられたノード（節点）の集まりの中から、ランダムに2つのノードを選び、それらを枝（エッジ）で繋ぐような操作で形成されるグラフ、すなわちランダムグラフに関する理論です。

ここで問題をより具体的にするために、節点のことを「ボタン」、枝のことを「糸」とよびましょう。何千というボタンが床に散らばっている情景を考えてみてください。そこからランダムに2つのボタンを選んで、それらを糸に繋ぎ、繋ぎ終わるとまた床に戻す。しばらくするとランダムに2つのボタンを取りあげたときに、その片方はすでに選ばれていて、糸を繋げたボタンである場合が現れます。このとき、今回の操作では、糸は連なって結局3つのボタンが結ばれます。このよう

な操作を繰り返していくとやがて、お互いに糸で繋がった塊があちこちに現れてくるでしょう。この塊、すなわちクラスターは、ランダムグラフ論ではコンポーネント（成分）とよばれます。

さて、エルドスとレニーは、ノード（ボタン）の数Nに対して枝（ボタンを結ぶ糸）の数Eが半数になるとき、すなわち

$$\frac{E}{N} \approx 0.5$$

のとき、あるいは、「ノードあたりの平均枝数が1」を超えると、1種の相転移が出現して、「巨大なコンポーネント」（giant component）が突然形成されるというランダムグラフの重要な性質を明らかにしました。図3-3はこれを図示したもので、わずか20個のボタンですが、この過程が一目瞭然となっています。

この現象と少し観点が違いますが同様な現象に、物理学者がいうパーコレーションとよばれる現象があります。たとえば山火事などで、木の間隔が空いていて火が移りにくい場合は、自然に鎮火して、森全体が焼け尽くすことはありませんが、木の間が密で、隣の木へ火が移りやすい状態の森の場合は全面的な山火事になり、森林全部が焼け尽くすことが起こります。これをグラフで考える学問であるパーコレーションの理論でもやはり同じような関係が得られます。この場合、枝は木の間に火が移る浸透関係を表しますが、上のエルドスの定理と同じように、この浸透確率が0.5を超える場合、すなわち、結果としてみたとき伝染した木間の関係数（枝）と木の数（ノード）の比率が1.0になると、ほとんどすべての節点が結ばれ、森林火災は限界なく広がっていくことになります。このような理論は、水が氷となって広がっていく現象に見られる物理の相転移にも広く応用されました

さて、この1957年に発表されたエルドス–レニーの定理は、グラフ理論に画期的な分野を拓いたといわれています。そしてその影響は、今述べたように相転移やパーコレーションの理論におよぶ広範なものだったのです。

カウフマンによるエルドスの定理の生命起源への利用 [2][3]

エルドスの「巨大なコンポーネントの出現」についての理論は、多くの生命の理論研究たちを刺激しました。とくに、生命という系がどのようにして非生命的な分子の集合から出現するかという、困難な問題に取り組んでいた幾人かの学者に大きなヒントを与えたのです。その中には、理論生物学分野の代表的研究者であるスチュアート・カウフマンがいました。カウフマンはスタンフォード大学の医学部を卒業した医者でしたが、神経モデルや遺伝子調節モデルなど数理的なモ

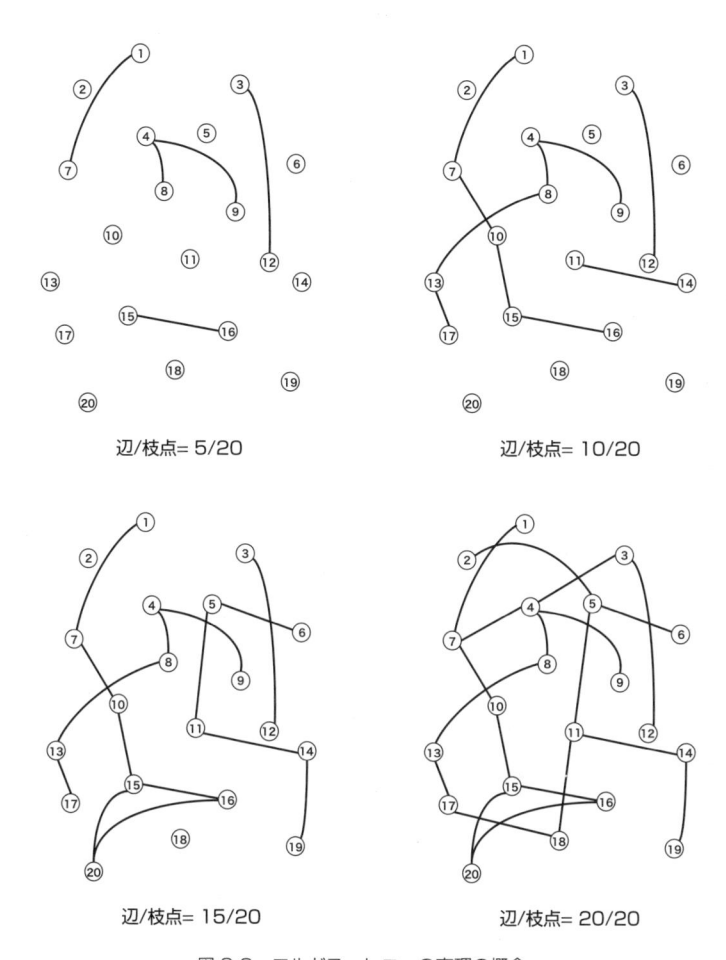

3.1　生命のしくみを明らかにするネットワーク理論　　85

辺/枝点= 5/20　　　　　　　　　　　辺/枝点= 10/20

辺/枝点= 15/20　　　　　　　　　　　辺/枝点= 20/20

図3-3　エルドス−レニーの定理の概念

デルを生命に応用することに学生時代から強い関心をもっていました。医学生時代にも、プログラムを渡せば実行してくる町のコンピュータ屋に頻繁に通い自分の小遣いを使って、遺伝子発現調節ネットワークをシミュレーションしたという逸話があるくらいです。

　1章や2章で述べた始原的ポリマーが相互に触媒しあって不正確ながら自己再生産を行う過程についても、カウフマンの有名なモデルがあります。カウフマンは、生命の最初の起源となる核酸やタンパク質などのマクロ分子ポリマーが、同じ分子単位が繋がった鎖状分子であることから、ポリマー間の結合や開裂の反応でお互いに反応を助け合っているポリマー集合を考えました。たとえば、核酸ポ

リマーの場合で考えてみましょう。生命の起源のときには核酸は厳密には DNA ではなくて RNA とされていますが、ここでは簡単のため 4 種類ある RNA の塩基が 2 種類から成り立つとして a と b とします。たとえば、5 塩基のポリマーであれば aaabb のように鎖状ポリマーが表せます。ある長さまでのポリマーがすべて含まれる集合を考えた場合、結合反応は、たとえば

$$aabb + abb \rightarrow aabbabb$$

という反応式で表され、逆方向の反応、

$$aabbabb \rightarrow aabb + abb$$

は、開裂する反応を表すとします。このポリマー集合において、それぞれのポリマーを「ノード」と考え、反応関係を「枝」で表すことができます。それぞれのノードと枝は、結合や開列の「反応」によってグラフのように繋がっていると考えることができます。ただ、この生命の始原反応系においては少し複雑になっています。それは、それぞれの反応を触媒する分子もポリマーの集合内に存在することです。したがって、反応は、たとえば

$$aabb + abb \xrightarrow{bab} aabbabb$$

という形になります。ポリマー間の反応関係を表す枝であるリンクも反応リンクと触媒リンクに分かれます。しかし原理的には、最初に述べた「ボタン」と「糸」の場合と同じです。ポリマー集合の大きさを決めるポリマーの鎖の最大長を大きくしていくと、必然的に反応関係（枝数）は組み合わせ的に増加し、エルドス-レーニーの定理と同じことが起こります。すなわち、集合内にあるポリマーのすべてが何らかの反応関係で繋がった巨大クラスターが出現します。それぞれが核酸あるいはポリペプチドとすれば、これは反応で繋がった生命の情報マクロ分子ネットワークの出現を意味します。生体のポリマーの「集合として自己触媒」するポリマー集団から「お互いに反応系で連結した全体」としての集団としての再生系が出現したわけです。カウフマンの生命系の出現の理論はその意味ではエルドス-レーニーの定理を生命系ポリマー反応にそのまま応用し、一種の相転移と考えたものです。

　カウフマン以外にもエルドス-レーニーの定理を使って生命系の創発について理

論を構成した研究者も多く存在します。生命が自己触媒反応するポリマー集合の中から1種の相転移として、互いに化学反応で連結し、閉じたポリマー集合として出現したという理論は魅力的といえます。

3.2 友達の友達は友達だ——スモールワールドの理論

"it's a small world" の理論へ

　エルドスのランダムグラフ理論のインパクトは大きく、ネットワークの生成という点で多くの具体的問題を扱うことができるようになりました。しかし、ランダムグラフ理論では、すべてのノードについて、リンクが同じ確率でランダムに割り当てられます。その意味では各ノードは対等となっています。すなわち、ノード間の結合の様子はグラフ全体で一様になっています。これは果たして、現実の関係を正しく表しているのでしょうか。

　人々のネットワークを例に考えてみましょう。人々は知り合い関係で繋がっています。私のある知人Aは、私も含めた、ある「友人のサークル」に属し、その仲間たちはお互いに顔なじみとなっています。一方で、まったくこのサークルに属さない知人Bもいます。知人Bは、私の「友人サークル」には属していませんが、その知人B自身は、自分たちで別の「友人サークル」を作ってそれに属していると考えられます。したがって、私は知人Bを介してその知人がもつ違うコミュニティとも間接的に繋がっていると考えられます。このように社会の知人関係を見ても、お互いに知り合いである友人クラスターが〈掛け橋〉となる知人関係で繋がっているといえます。これは知人関係などのような社会的な関係性が、一様なランダムネットワークとは違って疎密な関係性になっていることを示すものです。

　ランダムグラフにこのような現実の様相をつけ加え、より現実のネットワークの性質に迫ろうとするのが、1990年代後半に「ネットワーク理論の革命」の最初のインパクトを与えた**スモールワールド**（small world）**理論**です。この理論は、当時大学院生であった2人の青年によって開かれました [1]。

　その一人であるマーク・グラノベッターは、当時ハーバード大学の社会学の大学院生で、「人はどのようにして職を得るか」について、研究をしていました。普段顔見知りの友人たちはお互いにコミュニティを共有しているので、就職について、自分が知っている情報以外に新しい情報をもっていません。しかし上で述べたように、異なったコミュニティと繋がっている知人は「異なった世界」の情

報をもっていて、それを介して就職の情報を得ることが多くなります。このような「弱い絆」のほうが、実は求職にとって重要であることをグラノベッターは示したのです。上で述べたように社会の結びつきは、緊密に結合し互いに知り合いであるコミュニティが点在する中で、それらを「弱い絆」の友人関係が繋ぐ世界です。これは上で述べたように均一な結合確率のランダムグラフ理論が描いたネットワーク像とは異なるものでした。

　もう一人の青年は、ダンカン・ワッツです。彼はコーネル大学の応用数学の大学院生でした。彼は「コオロギがどうやって鳴き声をそろえるか」について、関心を抱いていました。この問題を考えるために、当時カオスや同調現象の物理ですでに著名であったストロガッツに応援を求めました。ワッツは、自分の友人たちがお互いにどれほど知り合っているか、調べようとしました。彼はこれをネットワークの部分的な密集の程度、すなわちクラスター構造で表すことにしました。そこで発見したのはグラノベッターと同じような構造でした。ネットワークにはいくつかの密集構造があり、そのようなクラスターの間に「弱い絆」があり、それが〈掛け橋〉となって全体のネットワークを繋げ、世界を狭くしているのです。グラノベッターの論文のタイトルのように社会にまとまりを与えているのは「弱い絆の強さ」なのです。実はこの構造はかなり以前から知られていたものでした。

6次の隔たり

　パーティや集まりで初めて会った人が実は知人の「友達」であることを経験することはよくあることです。このことは、欧米では「6次の隔たり（Six degree of separation）」という名前でよばれています。すなわち、地球上のどの人とも6人の知人を介すれば繋がるという経験的な「法則」なのです。もちろん正確に6人でないかもしれません。10年ほど前にブロードウェイで大成功したミュージカルに「6次の隔たり（邦題：あなたまでの6人）」という題名のものがありました。そこでは、母親が娘につぎのように語るシーンがあります。「この地球上に住む人はみな、たった六人の隔たりしかないの。私たちと地球上に住むほかの誰もが、たった六次の隔たりでつながっているのよ。アメリカの大統領も、ベニスのゴンドラ乗りも。……有名人だけじゃなく、誰とでもそうなの。熱帯雨林の原住民。フエゴ島人。エスキモー。この地球上の誰とでも、私たちはたった6人を介してつながっている。ここに深い意味があるわ……。人は誰も、別の世界へとつながる新しいドアなのよ」[4]（邦訳はアルバート＝ラズロ・バラバシ著　青木薫訳『新ネットワーク思考』日本放送出版協会より [1]）。

　深い意味があるかどうかは別にしても、実際これは事実らしいのです。ドイツの新聞が、フランクフルトのトルコ人のシェバブ店主と映画スターのマーロン・

ブランドとの間にどれだけ隔たりがあるか、気楽な調査を募りましたが、その結果は実際6人であったのです。このトルコ人店主はカリフォルニアに友人があり、この友人が一緒に働いた男のガールフレンドが、マーロン・ブランドの映画を制作したプロデューサーの娘と同じ大学の女子学生クラブに属していました。

　この経験的な「法則」は、だれが最初にいいだしたかも定かではありません。1930年頃のハンガリー人作家カリンティの『鎖』という短編小説にも言及されていることからも、かなり以前からいわれていたと考えられます。また「6次の隔たり」を実証した研究も行われています。それは、ハーバード大学の社会学者スタンレー・ミルグラムが1960年代に行った社会的な実験です。

　ミルグラムは、中西部のカンザス州やネブラスカ州の小さな町のランダムに選んだ住人に、ボストンに住む株式仲買人の友達に手紙を送ってもらうという実験を行いました。この実験では直接に友人に手紙を送るのではなく、村人が個人的にもよく知っている人で、その株式仲買人により近い、あるいは直接知り合いかもしれないと思われる人に手紙を送ります。もちろん村人の知人が、1回目からその株式仲買人を個人的に知っているということは通常はありえないので、村人から受け取った人はまた仲買人に近いと思われる自分の知人に手紙を送ります。この手紙のバケツリレーのような実験では、村人の出した手紙は平均6回で仲買人に到達しました。この事実は高校の友達関係、宗教団体などでの実験でも確認され、「6次の隔たり」という「法則」がある意味で実証された実験として広く知られるようになりました。[注1]

　このように、ある中心的な人物といくつのステップで繋がるかを調べるものには、ほかにもいくつかの例があります。先に述べたエルドスは、「エルドス数 (Erdos number)」でも有名です。エルドスは生涯500以上の共著論文を書きました。エルドス自身のエルドス数を0として、エルドスと共著で論文発表した研

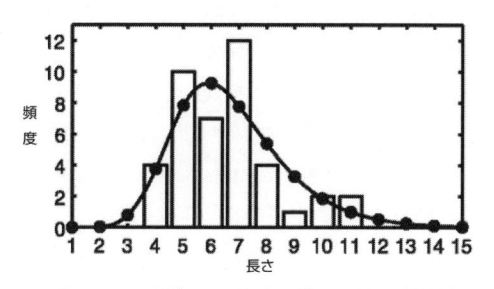

図3-4　ミルグラムの実験における手紙の連結数

(注1)　ただ現在ではさまざまの議論があって追試には成功していません。

究者はエルドスナンバーを１とします。さらに、エルドスの共著者と論文を一緒に書いた研究者はエルドス数２として、つぎつぎとエルドス数を定義します。この数が少ないほど数学の世界の中心近くに位置することになりますが、ほとんどの世界の数学者は、５以内に存在するといわれています。たとえばアインシュタインのエルドス数は２であり、ワットソンのエルドス数は５、チョムスキーのエルドス数は４です。ちなみに著者のエルドス数は３です。

また、ハリウッド映画の共演関係に基づくケビン・ベーコン数というのもあります。ケビン・ベーコンと共演した映画俳優はケビン・ベーコン数が１であり、その俳優と共演したものはこの数が２というように決めていきます。すると大概のハリウッドスターは６どころか３つのリンクで繋がるのです。ムービーデータベースという外国も含めたほとんどの映画スターが登録されているデータベースで検索しても最大のケビン・ベーコンナンバーは８でした。もちろんケビン・ベーコンはエルドスのようにハリウッド映画界の本当の中心ではありませんが。ハリウッドの共演リンクの中心は「夜の大捜査線」で主演男優賞を貰ったロッド・スタイガーだそうです。これは、たまたまペンシルバニアの３人の学生がケビン・ベーコンとほかのハリウッドスターを３つの共演リンクで繋げる特技をテレビで披露したことから始まったからだそうです。

スモールワールド

このネットワーク構造の特徴はインターネット上でも見られます。インターネットでは、ウェブ(World Wide Web)のリンクの結合の様子が調べられました。インターネットの場合も社会的ネットワークと同じで、アダミックが調べた結果によると、平均でおよそ４つのクリック（正確には、4.2）でランダムに選んだウェブのサイト間をリンクすることができます。ページ間だと19ステップという統計も出ています。これは5000万ページと26万サイトを調べた結果からもわかっています。最短経路では、それぞれのウェブ間は、４ぐらいで繋がっているとのことです。もっとスモールワールド性が強いのはインターネットのドメイン名の間の隔たりです。（ドメインとはインターネットアドレスの@より後に記されている部分です）。この場合の平均最短経路は3.6程度で、インターネットのルータ間の平均最短経路は3.7程度です

このようにスモールワールド現象（"smal world phenomena"）はいろいろな現実のネットワークで見られることがわかっています。このことからスモールワールドになるためのネットワークの性質やスモールワールド上で近道を探す戦略などが精力的に研究されはじめました。その中で、ワッツーストロガッツは、規則グラフからスモールワールドを生成する方法を示しました。

これは、規則グラフの一部をランダムにするとスモールワールドができること

を示したものです。たとえば、まず規則グラフとしてノードは自分のまわりの4つの近傍のノードに結合するグラフから出発して、確率pで、その近傍と結合している枝をつけ替えて遠くのノードと繋げるとスモールワールド性をもったワッツーストロガッツのグラフができます。

このようにスモールワールドは単なるランダムグラフではありません。非常に高いクラスター度をもっているからです。ランダムグラフはクラスターを形成していませんし、各ノード間は、短いパスで繋がっていません。規則的な格子ではクラスターが現れにくく、ノード間は長い距離をもちやすいのです。

3.3 生命はインターネットだった —スケールフリーネットワークと生命

スケールフリーネットワークの発見

スモールワールドは、エルドスのランダムグラフが描く世界とは違ったより現実の関係のあり方に近いネットワークの概念を提案しました。しかし、現実のネットワークはスモールワールド性だけではなく、さらに強い非一様性があることがわかっています。それは、各ノードの枝数の分布について統計をとると明確になる現象です。周知のように、1つのノードに連結する枝の統計的分布は、規則的グラフでは、決まった値ですが、ランダムグラフでは、正規分布やポアソン分布で表されるように、平均値のまわりに塊となり、平均値から離れると急速に減衰する分布となっています。しかし、現実のネットワークの枝数の分布は、このように平均値を中心として左右に減衰する分布というよりも、もっと極端な分布をしている場合が多くあります。分布はある意味では非一様で、きわめて多くのノードと連結しているノードもあれば、ほかのノードと1つだけしか繋がっていないノードもあります。これは、知人を非常にたくさんもつ人もいれば、ほとんど友達をもたない人もいるのと同じといえます。また数少ない極端な金持ちが存在する一方で、国民の大半が貧しい人で占められているというのはよく見受けられる社会形態です。さらに、飛行機の航路を見るとすべてのノード間が均等に繋がっているわけではなく、多くはいくつかのハブ空港を経由しています。確かに航路は直行便に比べ乗り換えが1つほど増えますが、全体の便数はオーダがn^2からnへ1オーダ減少するので、少ない経路ですべてを繋げることができます。中心となる空港がハブ空港といわれているのと同様に、

このようなノードはハブとよばれます。ハブは非常に多くの枝が密集して繋がっているノードで、多くはこのようなハブに枝数が少ないノードが繋がっている構造になっています。このような**ハブーブランチ構造**のネットワークはどのような枝数の分布を示すのでしょうか。実は、よく臨界的な現象で観測される**べき乗の分布**を示すのです。べき乗則とは、枝数がrをもつノードの頻度が枝数のべき乗r^dに従うような分布のことで、べき乗で枝数の分布が減少していく分布です。このような分布は、多項式次数で減少していくので正規分布やポアソン分布のように指数的に減少してく分布と違い減少の速度が遅く太い尾（fat tail）をもつ分布といわれています。またこの形の分布の両対数をとると、傾きが$-d$の直線になります。したがってスケールを変えても同じ形になるので、スケールフリー（scale free）とよばれています。

いろいろなところで現れるべき乗則とスケールフリー

インターネットのホームページのページ数の分布やそれがリンクする数に関する分布もこのスケールフリーに従うことがわかってきました。ウェブサイトには非常に多くのページ数をもっているサイトが存在します。一方で少数のページからなるサイトも存在します。また非常に多くのリンクをもっているウェブサイト、少数のリンクしかもたないサイトも存在します。すなわち、ハブ構造となっています。このリンクの様子は、それぞれのノードからどれほどの枝の数が繋がっているかで表すことができます。エルドスのランダムグラフの場合は、枝数の分布は正規分布の離散版であるポアソン分布で、中心に平均枝数の高い度数があり、両端は急速に減衰します。これに対して、ハブとなるノードが存在するネットワークでは、ノードあたりの枝数の分布が、非常に枝数が多いノードでも存在した、

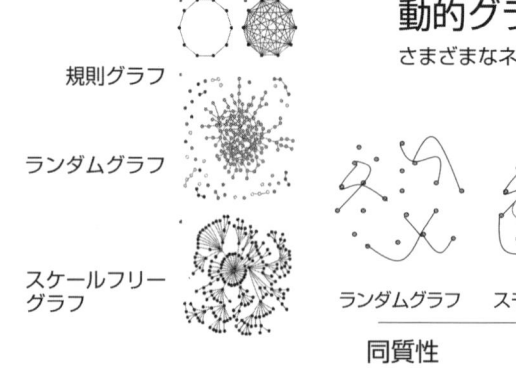

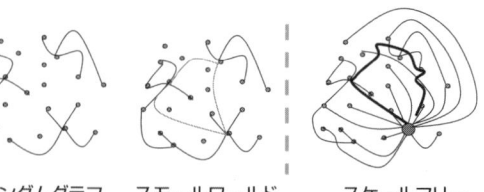

図 3-5　グラフと枝数の分布

延々と続く分布になります。すなわち、「太い尾」の分布です。この分布は、両対数をとると、直線状になり、ノードの数が、枝数のべき乗にしたがって分布します。このような分布に従う現象は、「べき乗則」とよばれます。これは正規分布より長い尾をもっています。

ここで現れるべき乗則は実は特別な場合に現れてくる分布なのです。このような分布になるためには成長はランダムで乗算的な成長でなければなりません。また出現の時間が異なったり、成長率が異なったりするものの総和として現象が出現します。一般に平衡に向かって現象が収束する場合は、ポアソン分布を示しますが、これに対してべき乗則は、差が極端化する非平衡系で多く見られる現象で、差異化が進んで臨界性をもった場合に出現します。これに関しては、バックが「自己組織化的臨界性」という概念を提案しています。系の形成に関する内部メカニズムがなんらかの臨界状態に達したときに現れる分布です。

カオスの縁に見受けられる「べき乗則」

この概念は、複雑系の中心概念である「カオスの縁（Edge of Chaos）」と同じ概念です。カウフマンやラングトンなどによって、1990年代の複雑系や「人工生命」が盛り上がった時代に、中心的な概念としてこの「カオスの縁」が提唱されました。ここでは、生命や経済などが示す「複雑な振る舞い」は、時間によって変動するシステムの振る舞いとして、周期的で規則的な振る舞いから系の複雑性が増加、境界を越えると系がランダムになりさらに無秩序性が大きくなってカオス状態に陥ります。しかし、系によってはこの転移状態で、周期的でもなく、まったくでたらめではない「複雑な振る舞い」を示す領域が出現します。このような領域は、ある意味では決定論的な因果性から逃れて、固有の自由さに従って運動しているように見えます。ラングトンは、物質の状態が温度をパラメータとして固体から気体へと、状態遷移するときに液体という状態をとることに注目してこれを一般化しています。液体は固体ほど規則的でなく、また気体ほど自由飛遊しませんが、分子間の緩い結合で複雑なダイナミクスを形成できます。生命も本質的には液相の状態にあり、水との緩い水素結合で繋がれ脂質の疎水性を利用して区画を作りで秩序を形成しています。

この概念では、規則的な秩序とランダム（カオス）的な無秩序はいずれも、生命が出現する場ではないとして、「情報」を生み出す「複雑な領域」としてカオスと秩序の中間領域、多少修辞的な概念として「カオスの縁」を考えます。

生命とは固定（決定論的）でもなく、また無秩序（確率的）でもなく、その「中間」の系なのです [5]。

「カオスの縁」と進化可能性

　カウフマンも、独自のモデルを開発し、生命系が「ゴチゴチ」の系でもなく、また「でたらめな系」でもなく、ちょうど中間の拘束性のシステムでなければ生命系は進化しないことを、複数の遺伝子（N個の遺伝子）がお互いに拘束しあう（お互いに影響を与えるほかの遺伝子数をKとする）遺伝子ネットワークの総合適応度から論じました。そこで拘束性Kが大きくてもまた小さくても進化が可能でないことを示しています。

　さらに、これらの種が複数（C種）存在し、お互いに適応度に影響を与えながら、共進化するとします。このような共進化は、結局は生態系をもっとも「複雑で、情報の高い状態」へと進化させます。これが「カオスの縁」です。この状態は臨界的であり、べき乗則が成り立ちます。Kを生態系内で自由に選択できるようにしたカウフマンのシミュレーションでは、種の絶滅の頻度が低いレベルへ移行するように進化し、べき乗則を満たしました。すなわち、生命は「カオスの縁」へと進化し、そこで自己組織化的臨界状態となって、べき乗則を満たすのです。

　自己組織化的臨界性は、この概念をさらに明確にしたものです。秩序的な系が複雑化していき、カオスの直前で示す状態で、系が臨界的なものの崩壊現象として現れるので、「自己組織化的臨界性」[6]とよばれています。バックらの例では、砂山を造っていくとやがて臨界状態になって、大小さまざまな砂の雪崩が発生しながら大きくなっていきます。このとき雪崩の大きさと頻度のグラフを描くと、べき乗則が成り立ちます。カウフマンはこのようなべき乗則が成り立つ状態を臨界状態と考えました。

　自然の変化は漸進的ではなく破局的であり雪崩のほかにも、似たような現象に、地震があります。地震の年間頻度とマグネチュード分布は、グーテンベルグ－リヒター法則とよばれ、両対数で直線となります。これも地震がある意味では臨界現象であることから理解される法則です（図3-6）。また生物の絶滅の相対的な大きさを頻度6億年について400万年間隔で見た場合も、その頻度サイズ分布はべき乗則になることが知られています。さらにパルサーとよばれる星の放射光の周期と頻度や地球の温度周期などにもべき乗則が成り立ちます。

　このべき乗則は、古くから知られている概念で、たとえばフラクタルを提案したマンデルブロトは株の価格の相対％変化（30カ月）の分布がべき乗則に従うことを発見しました。さらに、この概念には自己相似性が存在し、フィヨルドの海岸などの複雑な地形について、物差しが微細になれば、測られた測量線の長さは長くなります。この物差しδ（1次元）に対しては、測られた距離はべき乗則で長くなり、そのべき乗がdであるなら測量線はフラクタル次元Lがdであるといわれました（図3-6）。さらにもっと古くは都市の規模や英単語の出現率ジッ

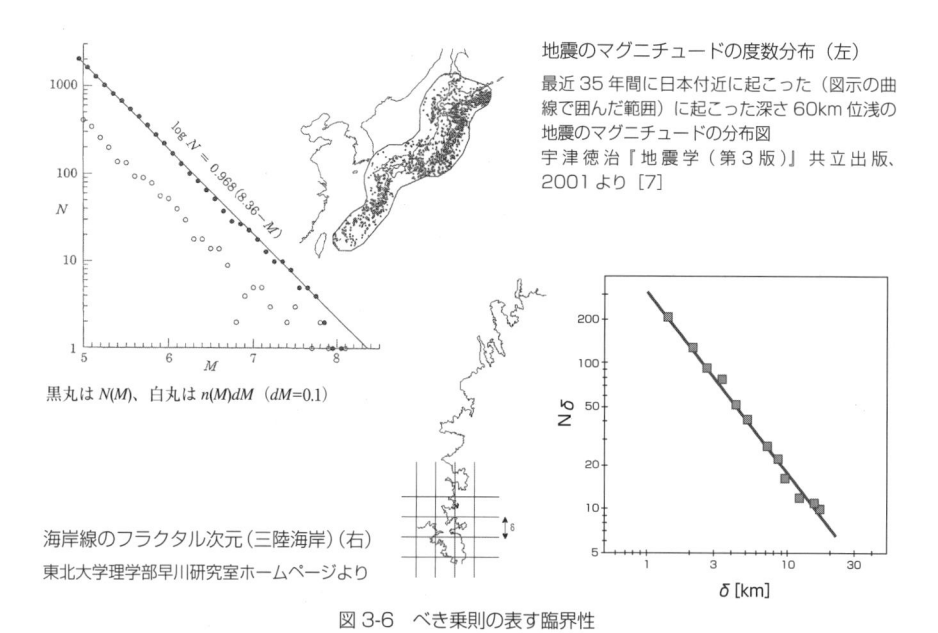

地震のマグニチュードの度数分布（左）
最近35年間に日本付近に起こった（図示の曲線で囲んだ範囲）に起こった深さ60km位浅の地震のマグニチュードの分布図
宇津徳治『地震学（第3版）』共立出版、2001より [7]

黒丸は$N(M)$、白丸は$n(M)dM$ （$dM=0.1$）

海岸線のフラクタル次元（三陸海岸）（右）
東北大学理学部早川研究室ホームページより

図3-6　べき乗則の表す臨界性

プの法則や心地よい音の周波数が周波数の逆数分布である$1/f$ノイズの発見などがあります。いずれにしても、べき乗則は、正規分布やポアソン分布と違って臨界的な現象で出現する分布で、一種の「普遍性のクラス」なのです。

スケールフリーネットワークの理論──金持ちはますます金持ちに

　ネットワークにおける枝数のべき乗則の発見、すなわちスケールフリー理論の登場は、複雑系や非平衡系の理論の1つの画期的な発見でした。このようなネットワーク理論は、ネットワークの形成、進化についての視点を含んでいるので「動的ネットワーク理論」ともよばれています。ネットワークの構築過程についての研究からスケールフリーネットワークには非平衡で何らかの臨界的なメカニズムが背後に働いていると考えられています。

　インターネットなどのネットワークが、規則的グラフとランダムグラフの間にあって、べき乗則を満たすことは何らかの臨界性を示すことです。すなわち、規則性を次第に壊していくとまずスモールワールドが出現しますが、それ以後になるとスケールフリーが現れ、さらにランダムなグラフへと変化するとも見られます。そういう意味ではスケールフリーは「複雑な」グラフであるといえます。

　スケールフリーネットワークの概念を提案したバラバシたちのグループがこのようなスケールフリーネットワークがどのような過程で、構築されるかについて

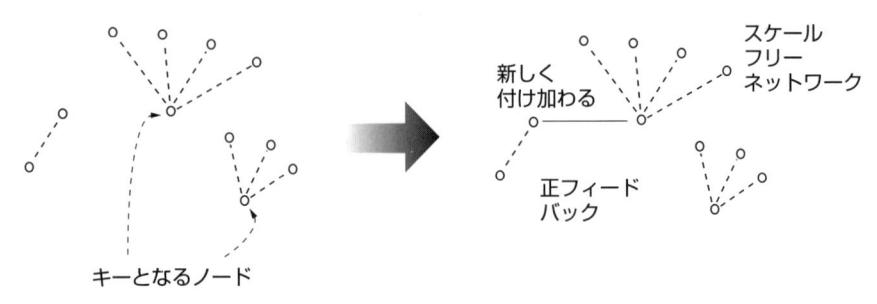

図 3-7 選好的付加によるスケールフリーネットワークの構築

も画期的な発見を行いました。それは、選好的付加（prefential attachment）とよばれる過程です。

この過程では、いま新たに現れたノードが、より多くの枝を繋げている既成のノードに選好的に付加して、木を拡張していくと、スケールフリーネットワークになります。これは、これまでの平衡系やランダムネットワークと違って、平衡状態や均質的ネットワークへと収束するのではなく、「差」をますます顕著にするようにフィードバックがかかる方式、すなわち複雑系でよく現れる「差異化フィードバック」によって系が形成される方法です。いわば、「金持ちはますます金持ちに」なる方式、あるいは知人が多い人はますます知人が多くなる方式です。この意味ではある種の臨界性が成り立っていることがわかります。

生命のネットワークもスケールフリーである

近年、このようなスケールフリー型ネットワークは生命系の「構造」形成においても見出されています。最近は、ゲノムをはじめとする網羅的アプローチの広がりによって、多くのネットワークがデータベースに公開されています。

ネットワーク革命の後、これらの生命のネットワークのデータベースに対して、構造分析が適応されました。まずは、これまで長い研究の歴史をもち、すでに非常に精巧に経路がわかっている代謝経路についてネットワークの結合特性が検討されました。バラバシたちのグループが明らかにしたところでは、43種の生物における、代謝系のそれぞれについて枝数分布を調べたところ、すべてにべき乗則が成り立ちました。これに刺激されて調べられた多くの生物系ネットワークがスケールフリーであることが報告されました。

たとえば、線虫は、全体で1000足らずの細胞しかなく、また脳の神経細胞は300程度しかありません。線虫の神経細胞間の結線も明らかになっていて、この神経回路網もスケールフリーとなっていることが明らかになりました。神経回

3.3 生命はインターネットだった——スケールフリーネットワークと生命

のネットワーク構成もべき乗則だったわけです。

最近の話題はむしろ、プロテオームに対する関心から、タンパク質間相互作用（PPI：Protein-Protein Interaction）に移り、網羅的データが蓄積されています（図3-8）。これは、酵母2ハイブリッド法という実験方法が考案されたことが大きな要因となっています。これは、お互いに結合する酵母の2つのタンパク質（これをたとえばAとBとします）を、蛍光を発色するレポータ遺伝子の転写因子に結びつけます。このとき転写因子をDNAに結合する部分とリガンドと結合する側の2つの部分に分け、たとえばAをDNA結合側の転写因子部分、Bをリガンドと結合する転写因子の部分とに分けて繋げます。AとBが相互作用でくっつくなら、2つに分かれた転写因子は、それによって結合するわけですから、転写因子として働いて蛍光を発するレポータ遺伝子を発現調節部分に結合して発光させるので、両者がくっついたことがわかります（図3-9）。

このことによってそれぞれのタンパク質間で相互作用するかどうかを網羅的に調べることができます。これらのタンパク質間相互作用をすべて繋げて構築した大規模なPPIネットワークがどのような枝数分布になるかが調べられました。これもやはりスケールフリーだったのです。ピロリ菌でも同じような傾向が見られました。すなわち、タンパク質間相互作用は情報伝達に関係する、酵母でのタンパク質-タンパク質ネットワークのトポロジーでのスケールフリーなのです。

タンパク質の相互作用であるタンパク質-タンパク質ネットワーク（PPI）ではこれ以外にもその後、ショウジョウバエや線虫など多くの種でも観測された例が存在しますが、その構成はすべてスケールフリーであることがわかっています。しかし、多くのネットワークではスモールワールドであって、しかもスケールフリーでもあるのです。生物ネットワークのこの特徴が今後の解明の目標となります。

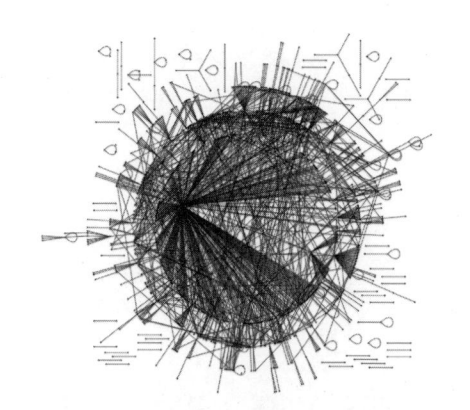

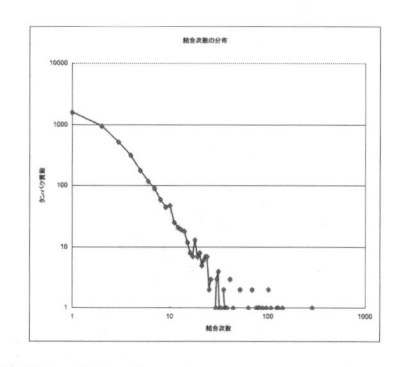

図3-8　タンパク質間相互作用ネットワーク
（左図はネットワークの図　右図は結合次数の分布図）

3.4 タンパク質間相互作用のネットワークの構造解明へ
──タンパク質インターアクトームの構造

　生命のネットワークは2つのタイプのネットワークを合わせたような構造をもっていることがわかりました。その1つは先にも触れたようにスモールワールド性です。すなわち、平均的なパスがランダム結合と同じくらいかそれ以下でありながら、世界が密に結合している。もう1つは、スケールフリー性です。生命に限らず現実に存在する大規模なネットワークであれば、インターネットにしろ、多くはこのような2つの性質をもっています。全体として統計をとると、スケールフリー性が成り立ちますが、各部分も密接に結合しているのです。スモールワールド性は、枝数の分布で明らかになるのではありません。スモールワールドだけのネットワークの場合、枝数の分布をとればいわゆる平衡状態に収束する正規分布となります。すなわち、平均の枝に非常に多く集まり、両端は急速に減衰します。この場合、平均からの分布は揺らぎのようなものであり、揺らぎを除けば、みな同じような形になるということです。スモールワールド性はこのような平衡分布の内部における局所結合の非一様性を意味します。

　これに対して、スケールフリー（べき乗則）が成り立つ現象では、代表としての平均値には意味がありません。非常に大きな規模の出来事はまれに、小さな規模の出来事はつねに起こっていますが、それらの間を埋める中間的な規模の出来事も連続的な頻度で起こっています。スケールによらない現象です。このような分布は先に述べたように特殊な機構が支えていないと成り立たない現象であり、通常は非平衡系で現れます。この機構が外れれば、平衡分布へと戻るはずです。

　われわれは、スモールワールドであって全体として枝数分布がスケールフリーになる分布はどのようなものか、これまでの研究と同じタンパク質間相互作用ネットワークで調べました。そこで重要な特性として「階層」が存在することが

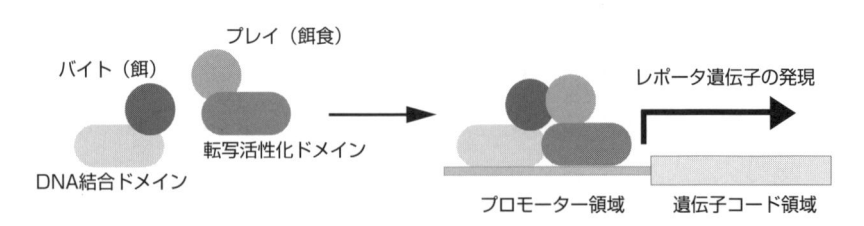

図3-9　タンパク質間相互作用の実験スキーマ

わかったのです。人の世界でも金持ち間のネットワークや貧しい人のネットワークがあると同時に金持ちと貧しい人との連結も存在します。このような階層内ネットワークと階層間ネットワーク結合が社会の結びつきを決定するのです。全体として「貧富の差のある社会」でも階級間にどのような連絡構造があるかは、社会の活性化に繋がっています。このような構造の詳細を調べるためにわれわれが作り出した方法は、「移動層別化」法です。このことによって社会や生命の繋がりにどのような構造が現れるかを検討しました。その結果、重要な性質を発見しました。本節ではわれわれの研究をご紹介したいと思います。

タンパク質間相互作用のデータベース

今まで述べてきたようにネットワークの構造解析に十分な情報を与えてくれるのは、タンパク質間相互作用のデータベースです。なかでも、最初に網羅的にタンパク質の間の相互作用を調べる方法を提供したのは、酵母の2ハイブリッド（Yeast Two Hybrid）法です。

この酵母2ハイブリッド法は、最初は1対1の相互作用の解析に用いられ、さらに1対多の解析に用いられました。そして、酵母の6000以上のタンパク質間のすべての相互作用を網羅的に調べるプロジェクトが、この方法の発明者であるワシントン大学のフィールズらとバイオベンチャーのキュラゲン社の共同開発で始まりました。わが国では東大の伊藤がこれに続いてタンパク質間相互作用の網羅的解析に着手しました。

網羅的解析の結果は、相互作用をネットワークとして表現すると、6000あるほとんどの酵母のタンパク質を相互作用で繋げた巨大なネットワークになります。このような網羅的相互作用ネットワークには現在、出芽酵母についていくつ

表3-1　PPIのデータベース

DIP	相互作用数	14489	タンパク質	4694
核内	相互作用数	3386	タンパク質	1027
細胞質	相互作用数	2413	タンパク質	1248
MIPS	相互作用数	8546	タンパク質	4476
核内	相互作用数	1430	タンパク質	825
細胞質	相互作用数	1268	タンパク質	978
複合体なし	相互作用数	5833	タンパク質	3916
そのほかに免疫沈降反応などもいれてもっとも包括的である。				
伊藤	相互作用数	3066	タンパク質	2255

かのデータベースがあります。

　タンパク質間相互作用のデータベースは、しばらくの間、出芽酵母のタンパクについての相互作用データベースしか存在しませんでした。出芽酵母のデータベースは、現在ではさまざまなものが開発されています（表3-1）。最初のデータベースは、もちろんこの方法を発明したワシントン大学のフィールズやウテズ（Utez）らが始めた Yeast Protein Interaction Data（YPD）ですが、現在では、有料のデータベースとなっています。

　現在もっとも精度が高いとされているのは、ドイツのミュンヘンタンパク配列情報センター（MIPS：Munich information center for protein sequences）が作成した統合酵母データベース（CYGD：Comprehensive Yeast Genome Database）で、ここには酵母2ハイブリッドシステムだけのデータだけでなく免疫沈降反応等による相互作用データも含まれてもっとも信頼性があるとされています。

　これらの相互作用を繋げていくと数個だけのタンパク質が相互作用する孤立した塊もありますが、2800以上のタンパク質が巨大なクラスターを形成します。これらは共通因子が結合していると思われます。

　出芽酵母のタンパク質間相互作用ネットワークの代表的データベースは、表のとおりです。タンパク質間相互作用ネットワークについては、さらに最近では、キイロショウジョウバエ（Drosophia）や線虫（C.Elegance）、ヒトなどがあり、タンパク質間相互作用は、タンパク質インターアクトーム（Protein Interactome）の名前でよばれています。

ネットワークの特徴量
　ここでネットワークの性質としてこれから重要になる項目を掲げていきましょう。

(1) 結合度数（degree）
　タンパク質間相互作用ネットワークで1つのタンパク質が結合するタンパク質の数は、ネットワークでは枝数にあたり、これを「度数」（degree）とよびます。この度数でタンパク質間相互作用ネットワークの結合状態を調べることができます。

　ネットワークの特徴量として、まずはタンパク質のノード間で結合度数の頻度分布があります。かなり当初からこの分布について、ランダムグラフでは正規分布、生命系ではべき乗則が成り立ち、対数尺度でのスケールフリー性が指摘されたことはすでに述べました。

(2) 大域クラスター係数
　つぎに重要なのは、やはりネットワークとしての構造的特徴を現すグラフ理論

に基づく諸指標です。

まず結合係数として大域クラスター係数（GCC）があります。これは、ネットワークが全体の何パーセントのノードを結合しているかを表します。ランダムグラフの場合、すべてのノードが繋がることはないので、巨大クラスターが生じた場合の全体への占有率が問題になります。すなわち、どれだけが繋がっているのかということです。数式は以下の表現になります。

$$GCC = \frac{\sum_{N} \sum_{i \neq j} e_{ij}}{N(N-1)}$$

ここでe_{ij}はノードでiとjが繋がっている場合1、繋がっていない場合0

(3)（近接）クラスター係数

自分のまわりのノードがお互いにどれだけ繋がっているか、近接構造の密さ加減を表します。これにはいわゆるクラスターの結合係数CCがあります。これはネットワークの粗密の程度、そのネットワーク内分布を示す尺度です。ネットワークの各ノードがお互いに繋がっている指標は数式にすると以下となり、その意味は図3-10のようになります。これは、あるノード間の結合関係の度合いを示しています。単にクラスター係数といえばこの係数を指します。

$$CC_i = \frac{2e_i}{k_i(k_i-1)} \quad \begin{array}{l} e_i : i \text{ノードの最近接ノードの数} \\ k_i : i \text{ノードの最近接ノード間のリンク数} \end{array}$$

クラスター係数は各ノードに対して決まる指数ですが、ネットワーク全体の特徴について述べる際には、ノードすべてに対して平均値を取ります。

(4) 平均最短経路長

各ノードについてほかの結合しているノードに対して、両者を繋ぐすべての経路について最短距離を計算し、それを最短経路長とします。そして、この最短経路長をすべてのノードに平均して、ノード間の最短距離を平均最短経路長SPL (Shortest Path Length)とします。これらは、ネットワークの直径のようなものです。全体としてのネットワークの大きさに目安を与えるものとなっています。

タンパク質インターアクトームのネットワークの階層構造

タンパク質間相互作用ネットワークの結合の度数がべき乗則に従うスケールフリー分布であることはすでに述べましたが、より詳細にはどのような構造になっ

C=1　　　　　　　C=0.5　　　　　　C=0

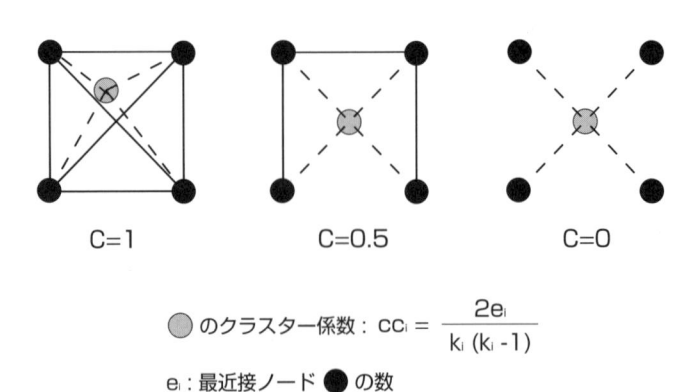

●のクラスター係数：$cc_i = \dfrac{2e_i}{k_i(k_i-1)}$

e_i：最近接ノード●の数
k_i：最近接ノード間──のリンク数

図 3-10　タンパク質間相互作用ネットワークの結線のトポロジー

ているのでしょうか。タンパク質の結合の様子の詳細構造を調べる方法として、タンパク質結合ネットワークの大域的な性質が、ネットワーク特徴量を指標にして、階層化したときに、どのような違いが存在するかを調べる方法があります。以下われわれがネットワークの内部的な階層構造を見出す方法として提案している方法を述べていきます。

　最初にどのネットワーク特徴量で層別化するかですが、もっとも基本的なのは、相互作用が非常に多いタンパク質と相互作用が少ないタンパク質のグループで分けることです。そのようなグループで、結合数すなわち度数以外にどのようなネットワーク結合上の違いがあるかを調べてみましょう。度数以外のグラフ特徴量は、大域クラスター係数、クラスター係数、平均最短経路です。

　まず、相互作用数が少ないタンパク質である低結合層を取り出します。低結合層は、本来、ほかのタンパク質と相互作用がないか、あるいはごく少数としか作用しないタンパク質です。低結合層から高結合層への違いは、グループでの相互結合度の違いです。相互に疎な状態を示すグループとして低結合層を考えれば、エルドスーレニーの転移が起こって相互に一挙に結合する段階へと相転移する結合数までを低結合層と考えるのが自然です。

　そこで結合ノード数を度数が1の低結合ノードから度数を増やして、ノードを低結合層からグループ化していきます。当然のことですが、参加するノードの数が増えてきますが、度数を増やすと同時に次第に多くのノードが繋がってきて、そのネットワーク間の繋がりも密になっていきます。

　ちょうど7から8の結合度数の場合には、一挙に全体が繋がってきます。図3-11にこの様子を描いたものを示します。ここでランダムと書かれているのは同

3.4 タンパク質間相互作用のネットワークの構造解明へ——タンパク質インターアクトームの構造

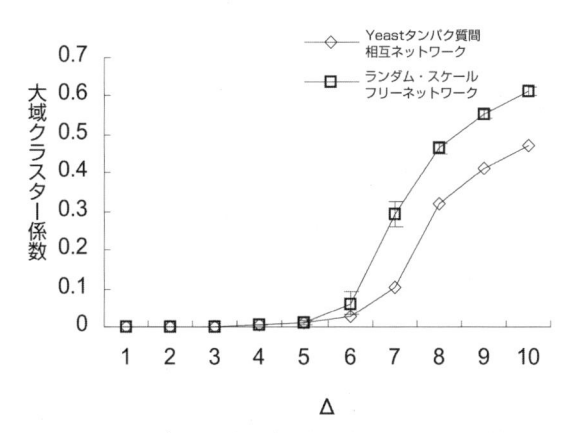

図 3-11 結合ノード数の高次化に伴うクラスターの増大

じ結合数の分布ですが、内部構造をランダム化したネットワークを意味します。

これを見るとランダムネットワークより、低く立ち上がっていますが、ネットワークが繋がって巨大クラスターが出現する 7 までの結合度数のタンパク質は、お互いに疎であり、転移の前なので低結合層と考えることができます。

移動平均法による中間結合層の同定

つぎにそれ以降の高結合層は、単一のものと考えてよいでしょうか。これについては、これまでのように低結合層から累積的に考えるのではなく、詳細にグループ間の結合状況を見てみましょう。ここでは、ある範囲の結合範囲について「窓 (window)」を定め、それに該当するノード集合による部分ネットワークを切り出し、そこでいくつかのグラフに関する係数を算出します。

ここで難しいのは、あまり詳細に見ると性質を見失うため、できるだけ大局的に見る必要があることです。低結合層を 1 から 6 までとしたために、高結合層が始まる結合数 7 から、採用できる最大のウィンドウ幅としては 7 以下となりますので、ここでは 7 を採用しました。

それでは度数が 7 以上の層ではどのようなことが観測されるのでしょうか。図 3-12 は、移動ウインドウ法で計算した、(局所) クラスター係数です。

これに対する結果は、図 3-13 のようになります。菱形を結んだ線がタンパク質間相互作用の結果で、横棒を結んだ線で表したランダムグラフとの差で、クラスター係数の差が明確です。グラフから見ると、7 から 32 までの間は、局所クラスター係数が非常に高くなっています。32 のところでいったん 0 になっていますが、これは互いに相互作用する 3 つのタンパク質があることによる局所的現

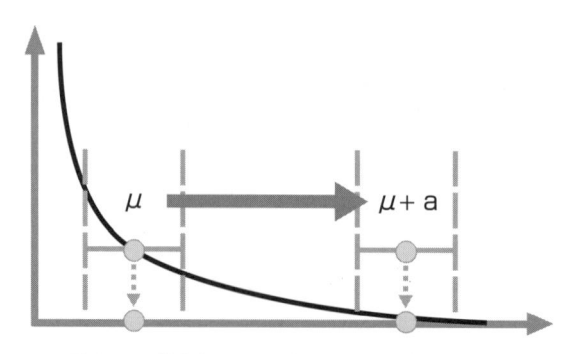

図 3-12　移動ウィンドウ法による PPI の階層的分析

象で、問題ありません。また、32 から 42 までのところが再び上昇していますが、それ以後、局所クラスター係数は、きわめて低いので、高結合層のネットワークを 1 つに扱うことはできません。

「中間結合層」が密に結合するバックボーンを形成している

　ここで比較の基準としてのスケールフリーモデルについて、述べてみましょう。スケールフリー・ランダムモデルは、タンパク質間相互作用のスケールフリーの結合度の分布で、総ノード数、総枝数がタンパク質間相互作用ネットワークと同じという拘束条件で生成したランダムネットワークの 1000 シミュレーションについて、統計をとっています。これから現実のタンパク質間の相互作用ネットワークがどれだけ（スケールフリー・ランダムな場合と）離れているかの基準として

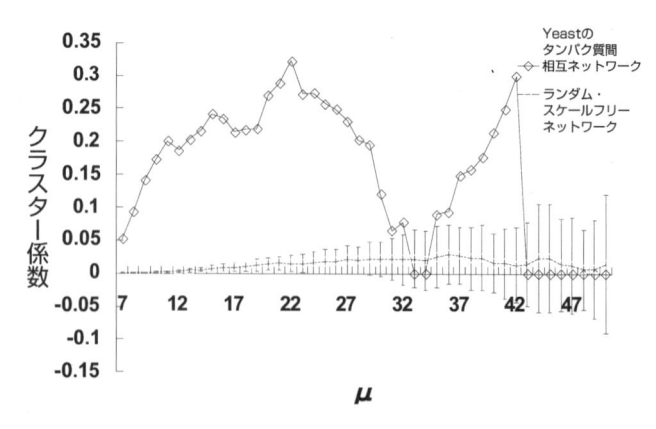

図 3-13　度数による結合層の出方

3.4 タンパク質間相互作用のネットワークの構造解明へ——タンパク質インターアクトームの構造

使用するものです。

図 3-14 のように平均最短経路長 (SPL) では差がありませんが、(局所) クラスター係数には差が大いに存在します。さらに、クラスター係数の中間結合層での変化を見ると中間結合層ではクラスター係数は非常に上昇しています。生命ネットワークの枝数で階層化したクラスの「中間の層」に、互いにほかと密結合している層が存在しました。このスモールワールドとスーパーハブが結合すると、「密結合していて全体としてスケールフリー」なネットワークが出現したと考えられます。

相互作用の強さをランダムなスケールフリーネットワークを基準モデルとして、比率を計算しますと相互作用が大きな領域は、顕著な相互作用があると考えられます。これに関してはすでにマスロフがスーパーハブと孤立ノードの間に非常に多数の相互作用があることを述べていますが、中間結合層については、お互いに密な結合をしていることは、図 3-15 でも明らかです。これに関しては、われわれが指摘しました。10 から 30 ぐらいの相互作用があるタンパク質に関しては、お互いの相互作用が非常に高くなっていることがわかります。

図 3-16 は中間結合層を上層に、スーパーハブの高結合層を真ん中に低結合層を一番下に描いてタンパク質間相互作用ネットワークの結線状況をみたものです。タンパク質の相互作用数に着目した〈移動層別化〉を行った結果、タンパク質間相互作用ネットワークが、中間的な機能数・相互作用数のタンパク質同士が形成する密構造がネットワーク統合のバックボーン（backbone）を担う、多層構造を示すことが見出せます。これをよりわかりやすく表示したのが図 3-17 です。

タンパク質間相互作用に関しては、バラバシらが酵母 2 ハイブリッド法のタンパク質ネットワークについて、少数のタンパク質に相互作用が集中するスケールフリーネットワーク構造を見出していますが、われわれが見出した中間相互作用

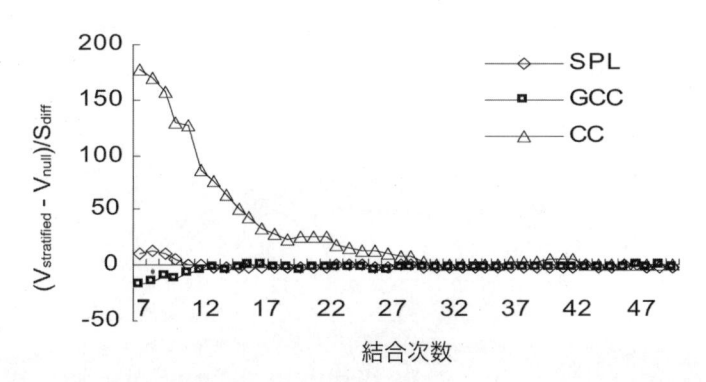

図 3-14 タンパク質間相互作用ネットワークとスケールフリー・ランダムネットワークとのネットワーク指標の相対的な違い

図 3-15　相互作用の強調度数
両軸とも目盛はノードの相互作用数（度数）。
図の濃淡はランダムネットワークに比して相互作用が相対的に大きいかを表す。

数タンパク質のバックボーン構造やその進化的構築過程に関しては国内外のどの研究グループもまだ論じていません。

このことからタンパク質間相互作用ネットワークは中間結合層にバックボーンがあることがわかります。

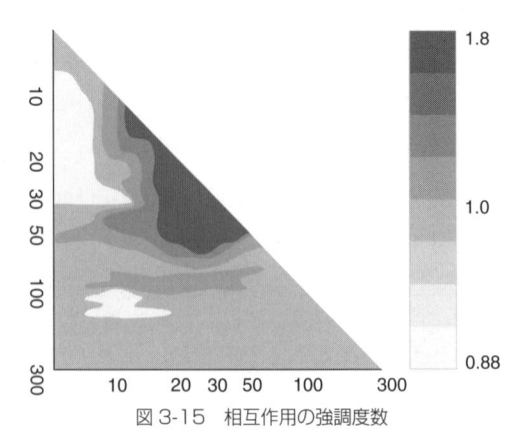

詳細に調べますと、図 3-18 のように中間結合層のタンパク質はそれぞれのタンパク質がまた集まって、タンパク質複合体を形成していることがわかりました。複合体は発現を調節する転写調節因子などを形成して重要な役割を果たすものです。すなわち中間結合層はある意味では生命機能の根幹を担っています。中間結合層のネットワークは非常に興味深く、形成されたタンパク質複合体をさらにノードとするネットワークを考えますと、その間の結合数の分布もスケールフリーなのです。このようにフラクタル的な構造あるいは階層的な入れ子構造が中間結合層のネットワークです。

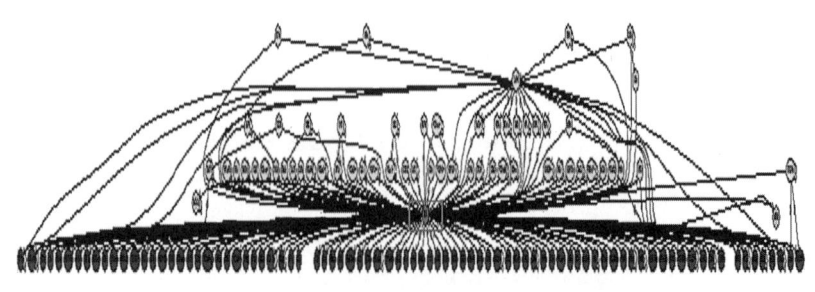

図 3-16　yeast のタンパク質間相互作用の詳細階層図

3.4 タンパク質間相互作用のネットワークの構造解明へ——タンパク質インターアクトームの構造

用いたデータ
MIPS（無向グラフ化）
4476　Proteins
8540　Interactions

Hubとなるタンパク
相互作用が極めて多い
40程度

コンプレックスを形成する層
中程度の相互作用
300程度

相互作用が少ないタンパク
4000程度

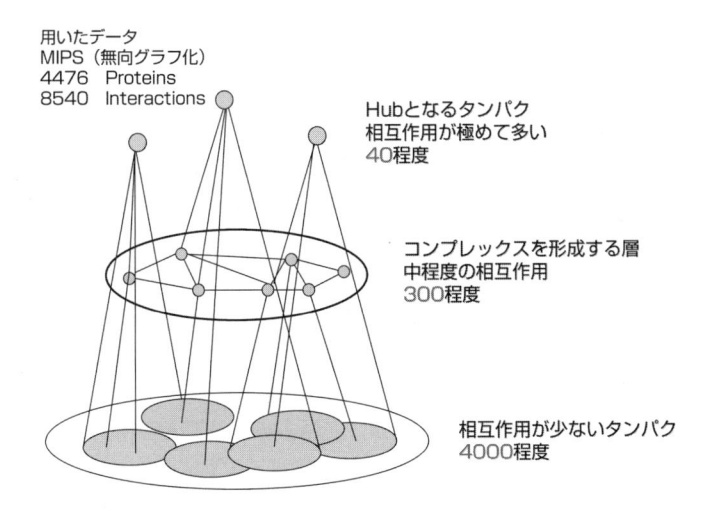

以上の構造は数理的な解析から得られました。

図 3-17　タンパク質間相互作用ネットワークのバックボーン構造

スプライシングに関わるsnRNP関連

関連するタンパク質の機能から機能推定へ

中程度結合性のタンパク質PPIネットワークをアノテーションで見る

ミトコンドリアリボソームタンパク質

タンパク質分解関連

セリン／スレオニンキナーゼ

Translation initiation factor

アクチン細胞骨格系

核膜孔を介した核-細胞質間輸送

DNA修復

機能未知

密に関連するタンパク質は複合体を形成している傾向がある

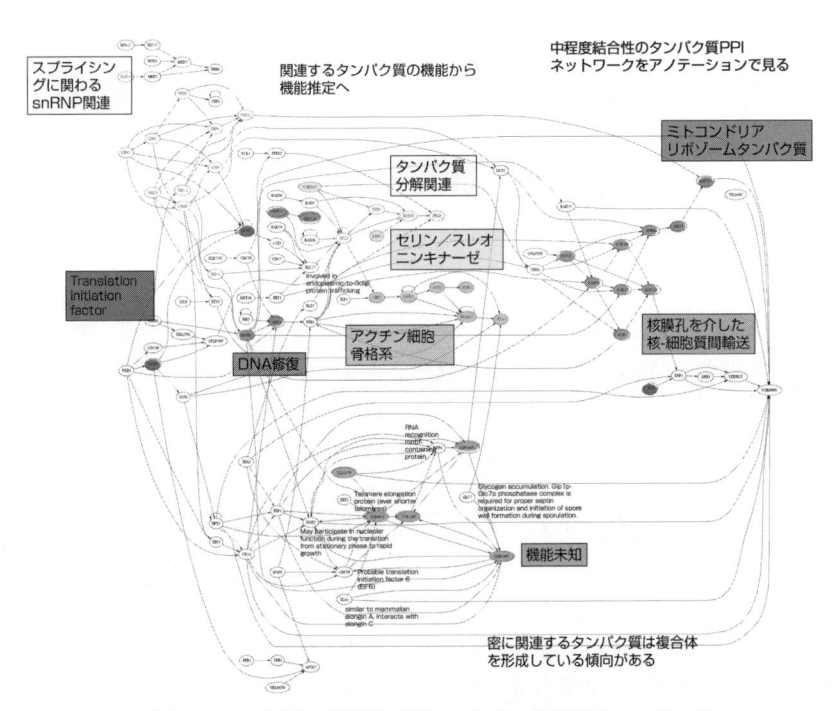

図 3-18　具体的な中間結合層のタンパク質と相互作用ネットワーク

非常に多数のタンパク質と相互作用するタンパク質が重要な機能をもつのではなく、また少数のタンパク質と相互作用するタンパク質に重要な機能が存在するのではなく、「中間」の相互作用数のタンパク質同士が、より機能が高度な複合体を構成し、それらの複合タンパク質間のネットワークがまたスケールフリーになり生命のネットワークを支える「コア」の部分をなしていることがわかりました。

タンパク質間相互作用ネットワークのシステム進化の解明へ

近年、大規模なタンパク質間相互作用ネットワークの構造は詳しく解析されており、多数のトライアングル（クリーク）とよばれる局所的に密な部分構造を含んでいることも明確になっています。これらは特定の生体内機能を担う部品であり進化的にもよく保存されています[10]。これらの密構造の存在はネットワークのクラスター係数の平均値を測定することで確認できます。クラスター係数は各ノードに対して測定される値であり、その定義は先に述べました。このようにタンパク質間相互作用ネットワークは高いクラスター係数を示すネットワークですがまた、内部にこれらのような密構造を多数有するのにも関わらず、その平均2点間最短距離——この値はネットワークの情報伝達の効率性を測る値と考えられます——は、スケールフリー・ランダムグラフと同程度の値を示しています。これら、2つの特徴をもつネットワークは、これまで述べたようにスモールワールドネットワークでもあります。

近年、大腸菌、シロイヌナズナ、分裂酵母、ショウジョウバエ、ヒトなど、タンパク質の相互作用がどんどんわかってきました。進化とともに遺伝子数に対応するタンパク質数やそれらの相互作用の数は、複雑化しますが、それらがほとんどグラフ理論的に同じ構造をもっていることが見出されています。

タンパク質間相互作用ネットワークの生成モデルとしては、最初はバラバシなどのモデルのように原理的な選好的付加法による形成がありましたが、遺伝子重複を原理としてその後の新規相互作用獲得と相互作用の消失を確率的に与えたモデルが広く試みられました。しかし、スケールフリーなどの基本的な性格は再現できましたが、タンパク質間相互作用ネットワークに含まれている密構造を再現することはできませんでした。具体的にいうと、そのクラスター係数の高さを再現することができませんでした。このような密構造は3ノードが互いに相互作用するトライアングル（クリーク）が多く存在することで実現できます。

この問題に取り組んだものにバスケス（Vazques）の研究があります。彼のモデルは遺伝子重複のモデルに加え、自己相互作用を組み込んだもので、以前のモデルでは再現できなかった密構造（high clustering）が出現して、現実のタンパク質インターアクトームにおける密さ加減をよく表しました。しかし、バスケス

のモデルを用いて現実の CC を再現するためには、実際の PIN で観測されたよりも非常に多くの自己相互作用が必要であると指摘されます。このことから、まだ必要な機構が存在すると思われます。われわれは、遺伝子重複したタンパク質が前のタンパク質と相互作用するタンパク質と、さらに相互作用するタンパク質にまで相互作用するとした2次近傍モデルを提案することによって、われわれのモデルは、全体的な構造のクラスター係数、最短経路、モジュラリティなどを実際に観測可能な量をもとにして推定したパラメータを用いて、非常によい再現精度を実現できました。

以下に少し詳しく述べます。

遺伝子重複によって同機能を有するタンパク質同士は、相互作用をすることが多く見られます。この特徴から追加されたタンパク質は自らと同機能をもつタンパク質と新たな相互作用を構築すると推測されます。そこで、われわれは同機能を有するタンパク質同士のネットワーク中における位置関係を調べました（図3-19）。測定した値は、ステップ d 離れた関係にあるタンパク質同士が同機能を有する確率 $R(d)$ であり、点線はランダムに選んだ2つのタンパク質が同機能を有する確率を表しています。この図からわかることは、直接結合するタンパク質同士、および2ステップ離れた関係にあるタンパク質同士は同機能を有する確率が高いのですが、3ステップ以上離れたタンパク質同士が同機能を有する確率はランダムな場合と変わらないことです（図3-19）。このことから、新たな相互作用は3ステップ以上離れた関係にあるタンパク質間ではなく、2ステップ離れた関係までにあるタンパク質同士に構築されると推測されます。

そこで、われわれは先に述べましたように従来のモデルに対し、新たな相互作

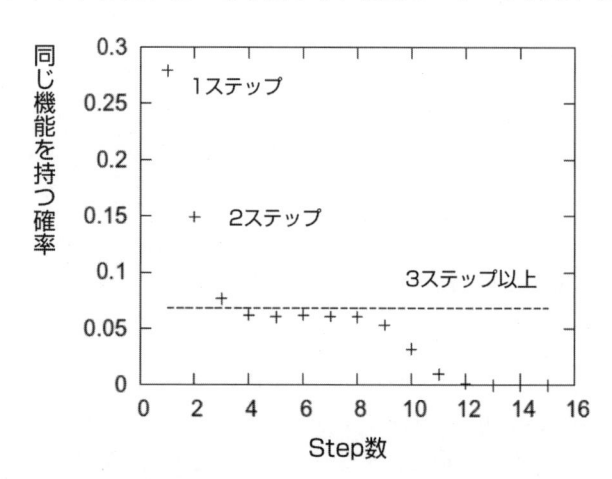

図 3-19　機能類似性とネットワーク中における距離との関係について

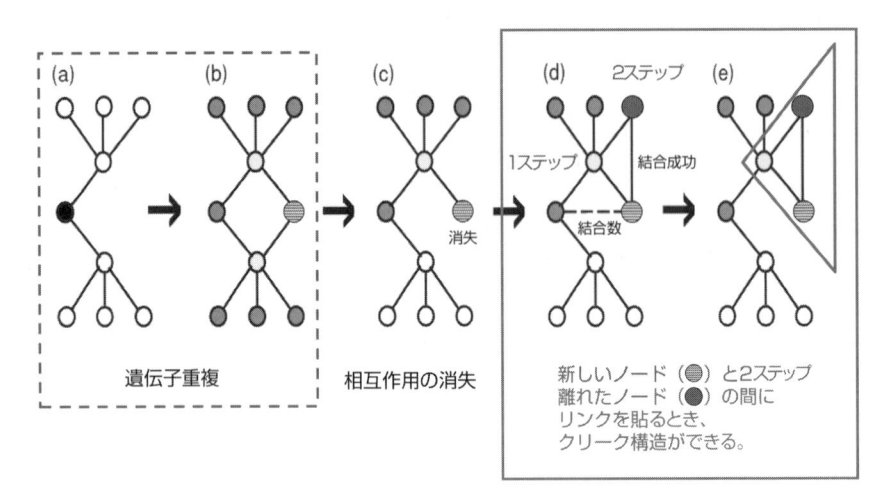

図 3-20 　2 次近傍遺伝子重複モデル

用を 2 ステップ離れたタンパク質間につけ加える過程（図 3-20）を導入してネットワークを作成した（2 次近傍遺伝子重複モデル）ところ、それらは酵母のタンパク質間相互作用のクリーク構造をよく再現することができました。また、平均 2 点間距離もタンパク質間相互作用ネットワークとほぼ同程度の値をとっています。

さらに精度をよくするために 10%ランダム化してランダムネットワークの性質をいれたところ、表 3-2 のようにほぼ酵母のグラフ係数をほとんど説明できました。

われわれのモデルは、これまで明らかではなかったクリーク構造を再現して、スモールワールドネットワークの構築原理についても重要な示唆を与えるものと考えられます。[11]

表 3-2 　シュミレーションの結果

	平均最短 2 点間距離	クラスター係数
Yeast タンパク質間相互作用ネットワーク PIN	6.81	0.071
2 次近傍遺伝子重複モデル	6.60 ± 0.50	0.075 ± 0.008

このような理論的に進化過程をモデル化する研究と、いろいろな種にわたって現在収集されつつある相互作用ネットワークのデータに基づく比較ゲノム研究が一緒になって進展しているので、タンパク質間相互作用ネットワークの進化過程が理論的にも比較ゲノム学的にも明らかになる日が近いと考えられます。

タンパク質間相互作用ネットワークを例にとって、遺伝子重複と近傍までの相互作用の保存を原理とするとネットワークの複雑化の進化を再現しました。この再現ではまだ中間結合層には言及できていませんが、密構造は十分再現されています。もう1つの課題である「入れ子」的階層進化に関しては、進化的形成原理はまだ明確にはわかっていませんが、原核生物、真核単細胞生物、多細胞生物の代表的なタンパク質間相互作用ネットワークを比較しますと、段階ごとに新しく加わったタンパク質があり、同段階のタンパク質はネットワークを形成して外側から加わっていったことがわかります。

　このように遺伝子重複をおもなメカニズムにして、生命分子のネットワークは連続的に複雑化していると同時に、生命の体制的進化では非連続に階層的な「入れ子」構造で進化しているようです。

3章 参考文献

[1] アルバート=ラズロ・バラバシ『新ネットワーク思考―世界のしくみを読み解く』、青木薫訳、日本放送出版協会、2002
[2] Kauffman, S.A. : The Origins of Order, Oxford University Press, 1993.
[3] スチュアート・カウフマン『自己組織化と進化の論理―宇宙を貫く複雑系の法則』、米沢富美子訳、日本経済新聞社、1999
[4] Guare,J. : Six Degrees of Separation, Random House, 1990.（本文中の翻訳は文献 [1] に従った）
[5] 田中博『生命と複雑系』(6章)、培風館、2002
[6] Per Bak : How Nature Works, The Science of Self-Organized Criticality, Springer-Verlag, 1996.
[7] 宇津徳治『地震学（第3版）』、共立出版、2001
[8] Jeong,H. et al.: The large-scale organization of metabolic networks, Nature 407(6804), pp.651-654, 2000.
[9] Jeong,H. et al.: Lethality and centrality in protein networks, Nature 411(6833), pp.41-42, 2001.
[10] Wuchty,S. et al.:Evolutionary conservation of motif constituents in the yeast protein interaction network, Nature genetics 35(No.2), pp.176-179, 2003.
[11] Hase, T., Niimura, Y., Ogishima, S., Kamimura, T., Tanaka, H. : Modeling the emergence of the high cluster coefficient in protein-protein interaction networks, submitted.

4章　単細胞生物が脳をもつ？

4.1 単細胞生物の脳としてのシグナル伝達系

　生命は「細胞」という最小の単位から、たとえばヒトは60兆個の細胞から構成される多細胞生物です。一方、1つの細胞からのみ構成される生物は、細菌や酵母、アメーバなどで、単細胞生物とよばれています。生命は、地球上に誕生してから現在に至るおよそ38億年の歴史のうち、最初の17億年間を原核生物の単細胞生物として、続く10億年間を真核生物の単細胞生物（原生生物）として生きてきました。すなわち、生命はその誕生から、今からわずか10億年前までの30億年もの長い間を単細胞生物として生きてきたわけです。単細胞生物がこれほど長い間を生き残ることに成功したということは、周囲の環境に対して十分な適応力をもっていたということを意味しており、単細胞生物としての「知」を発達させていたことは確かなことでしょう。

周囲の環境に適応的に行動する単細胞生物
　われわれが、生物を「生きている」とみなす1つの要件に、周囲の環境に対して適応的に行動することがあります。代謝や増殖も生命らしい性質で、たとえばバクテリアは顕微鏡下でみるみるうちに増殖し、いかにも「生きている」ように見えますがそれぞれの行動を観察すると、栄養素や光源に近づくように、あるいは忌避すべき対象から離れるように遊泳していきます。その行動はかならずしもスムーズではありませんが、観察していると大げさにいえば意識や思考をもっているのではないかと思わされます。しかし、われわれが思考を担うものとして、まず思い浮かべる神経系は多細胞生物になって出現するものです。実際、思考は電気信号を伝導し、中継するニューロン（神経細胞）が連なった神経線維によるもので、そもそも1つの細胞のみから構成される単細胞生物では望むべくもないメカニズムです。しかし、単細胞生物にも、栄養素を探し出し、光を感受し、それに近づくように遊泳するなど、少なくとも周囲の環境からの情報を処理し、適応的に行動するメカニズムがあるはずです。それでは、それはどのようなメカニズムなのでしょうか。

生命における情報処理の典型例としての神経系
　単細胞生物の情報処理のメカニズムについて考えてみる前に、多細胞生物で情報処理を担当している神経系を少し復習してみましょう。神経系の末端には、まず感覚器が存在して、外界あるいは生物の内部環境の状態を感受します。感覚器は、たとえば眼では網膜にある視細胞、耳では内耳の蝸牛にある聴覚細胞など、

一般に受容器(receptor)あるいは受容細胞とよばれている細胞です。これらの受容細胞が、外界の物理的刺激を電気的な興奮状態と静止状態からなる信号に変換し(transducer)、この電気信号が受容細胞に繋がる神経線維により伝達されます。神経は、下等動物では、単に電気信号を中継する細胞ですが、高等生物では、中継だけでなく神経細胞は絡まり合い結合し神経節を形成し、さらにそれが発達して脳となります。ここで情報処理された信号は神経により、筋肉や内臓などの効果器(effector)へ伝達され、反応や行動が起こるのです。このように、受容器−処理系−効果器の信号伝達が神経の基本となる情報処理モデルであり、「AならばB」というルールで表現できる情報処理は、このように単純な反射的反応で実現できます。情報処理系が、過去の経験に基づいて応答を「学習」するようになると、刺激に対する反応や行動が高度になり、すなわち「知的」になります。そして、この受容器−処理系−効果器の情報処理モデルは、一般的にいえば、認識−行動サイクルとよばれるものの基礎となっています。

情報と信号伝達の基礎

ここで神経系を例にあげながら、情報と信号伝達の一般的な性質について少し論じていきます。すでに述べた神経系での信号伝達の例でも明らかなように、外界の物理的刺激は、感覚器などの受容細胞で感受された後、神経細胞の電気的な興奮状態と静止状態の2状態(情報)に変換され、電気信号となって伝達されます。もちろん、この2状態(情報)のほかに、物理的刺激の強さと興奮状態の頻度などの追加的情報がありますが、基本となるのは電気的興奮と静止状態の2状態です。外界からの物理的刺激とその刺激に対する反応には実にさまざまなものがありますが、刺激が神経細胞の興奮と静止という2状態(情報)に変換され、電気信号が神経細胞という媒体(メディア)によって伝達されることには変わりありません。ここに、情報と信号伝達の基礎となる一般的なメカニズムを見出すことができます。

この情報が伝達される物理的媒体を、情報理論では「チャンネル」といいます。さまざまな形で物理的に表現された信号を、物理的媒体を通して伝達しますが、この物理的信号を担っている情報から捉え直したとき、物理的媒体もどれだけの情報量をどれだけの時間で流せるかという観点から捉え直すと「チャンネル」と捉えられます。たとえば、神経において、情報は電気的興奮と静止の2値信号として神経繊維を通して伝達されます。この原理は、あらゆる情報の伝達に共通するものです。私たちが人とコミュニケーションするとき、私たちが発する言葉は、空気という振動媒体を「チャンネル」として、相手の鼓膜へと伝達されます。ここでは、情報は音の振動数によって区別されコード化されています。また、最近

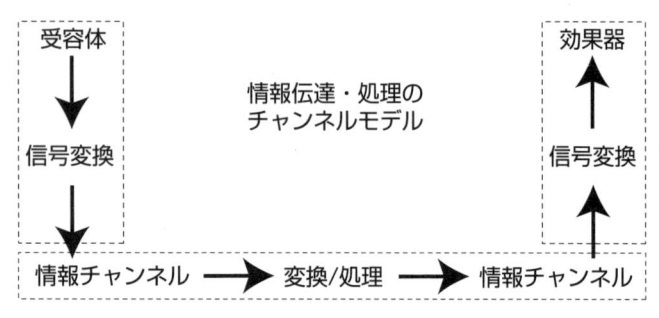

図 4-1　情報の信号伝達の基礎モデル

の高速デジタル通信では、情報は光のオンとオフの信号として、光ファイバーという媒体をチャンネルとして伝達されています。

分子シグナル系での情報伝達

ところで、単細胞生物では、多細胞生物の神経系のような、多数の細胞から構成されるシグナル伝達および情報処理のしくみは実現しえません。それでは、単細胞生物では、どのようにして情報伝達を実現しているのでしょうか？　実は、単細胞生物において、情報伝達を担う媒体、すなわち情報チャンネルを構成する単位はタンパク質分子なのです。このようなタンパク質分子は、シグナルの伝達を担うため、「シグナル伝達分子」とよばれます。タンパク質のシグナル伝達系も、神経線維のようにタンパク質分子が繋がって、情報の伝達経路を構成しています。いわば「単細胞生物における神経系」というべきものです。とはいっても、神経系のように物理的に連結しているのではなく、シグナルを受容したタンパク質がつぎつぎに、そのシグナルを伝達すべきタンパク質分子と相互作用して、情報を伝達していく、いわば「玉突き」状態での情報伝達です。そこで、こうした情報伝達の形からカスケードともよばれます。カスケードとは、滝が何段にもなって繋がっていく様(さま)を意味する言葉です。

さて、情報と信号伝達の一般的な性質でも述べたように、情報は、伝達媒体、すなわちチャンネルの上で「コード化」されなければなりません。神経細胞では電気的に興奮した状態が、情報がオンになっている状態であり、このオンの状態が神経線維の上をすべり、情報が伝播していきます。これは、計算機が電子スイッチのオンとオフを情報のコードとしているのと同じです。

タンパク質分子のオン・オフシグナルとしてのリン酸化

タンパク質分子は、どのような状態変化で情報のオンとオフをコード化して

いるのでしょうか。もっとも代表的な方法は、特定のアミノ酸に高エネルギーリン酸結合を付加して（リン酸化）、シグナルタンパク質をオンの状態とするというものです。このリン酸化とは、「リン酸（基）がつく」ことで、リン酸基とは簡単にいえばリンという元素（P）に酸素（O）が3つ結合したものです。リン酸結合は分解するとエネルギーを放出するため、リン酸結合が付加している状態は高エネルギー状態です。したがって、リン酸化により、シグナル伝達分子が活性化された状態となります。ここでのリン酸化は、特定の生化学的な性質を意味するわけではなく、オンの状態であることを示す「符号」を意味するだけなのです。神経の電気的興奮は数10ミリボルトの電位差を1ミリ秒間の変化するスパイク状の反応で、神経の「発火」とよばれています。シグナルタンパク質のリン酸化も高エネルギー状態になることですから、シグナルタンパク質の「発火」といえるでしょう。ところで、リン酸化の標的となるアミノ酸は、個々のシグナル伝達系で決まります。同じシグナルタンパク質であっても、シグナル伝達系によって、リン酸化されるアミノ酸が変わり、それに伴い符号的意味が変わることがあります。

　このように、単細胞生物の細胞の中では、リン酸化されているか、いないかを情報のコードとして、タンパク質がつぎつぎにリン酸化されていくことで情報伝達が行われています。すなわち、単細胞生物での情報伝達とは、シグナルタンパク質のリン酸化のカスケードにより実現しています。標的のタンパク質のアミノ酸をリン酸化するタンパク質、すなわちリン酸化酵素は「キナーゼ」とよばれます。これはkinaseのドイツ語読みで、英語では「カイネ（ィ）ス」とよばれます。リン酸基を付加させ（リン酸化）、オンの状態にする酵素があるということは、リン酸基を除去し（脱リン酸化）、オフの状態にする酵素もなければなりません。そうでなければ、シグナルタンパク質はオンの状態、すなわちスイッチが入ったままになってしまいます。後で詳しく述べますが、細胞増殖のシグナル伝達において、オンの信号がオフにならず、オンになったままになるのが「がん」の原因の1つと考えられています。したがって、オンの状態になったシグナルタンパク質をオフの状態にする脱リン酸化は、リン酸化におとらず重要です。ここでは、情報をコードする状態変化として、リン酸化と脱リン酸化を取りあげましたが、これはあくまでも代表的な例で、このほかにもさまざまな状態変化を利用して情報の符号化がなされています。

細胞内シグナル伝達系の基本形

　さて、情報がシグナルタンパク質の状態変化によりコードされ、伝達されることを見てきました。そもそも、まずは細胞が外的環境からの物理的刺激や情

報を受容する受容器（receptor）が必要です。これも、やはりタンパク質分子が担っています。受容体タンパク質は、膜を貫通していて細胞表面からセンサー部分を突き出した受容体部をもちます。ここに、情報分子が結合すると、その情報は、膜を通過して細胞質部分の状態を変化させます。この状態変化は、リン酸化をはじめとした状態変化です。こうして細胞質部分がリン酸化されると、この部分に集まるシグナル伝達分子によりつぎつぎと、細胞内に情報が伝達されます（transduction）。これが、シグナルカスケードとよばれるシグナル伝達系です。細胞内では、伝達された情報により、特定の反応が起こり、目的の効果（effector）がもたらされます。たとえば、シグナルタンパク質は核内に移行し、標的となる遺伝子の発現を誘導して、目的の効果をもたらします。あるいは、標的となる酵素を活性化させて、目的とする効果のための反応を起こさせます。このように、シグナル伝達のもっとも単純な形は、信号の受容、伝達、効果なのです。そこで、このような基本形をとる、もっとも原始的なシグナル伝達系から見てみることにしましょう。

受容ー処理（伝達、変換）ー効果
receptor　transduction　effector

図4-2　シグナル伝達系の基本形

4.2　シグナル伝達系の原型としての2成分制御系

"Think like a bacterium"―バクテリアの「神経ネットワーク」

　もっとも原始的なシグナル伝達系は、受容体タンパク質と応答調節タンパク質の2成分からなる系で、2成分制御系とよばれます。原核生物、とくにバクテリアではありふれたシグナル伝達系で、さまざまな外的環境からの刺激への応答の調節を担っています。2成分制御系では、浸透圧に対する応答（osmoregulation）、栄養素に近づき、忌避物質から遠ざかる化学走性（chemotaxis）、栄養の悪条件に耐えるための胞子形成（sporulation）をはじめ、大腸菌では40以上もの系が知られています。この2成分制御系は、バクテリアだけでなく、原核生物では古

細菌に、真核生物では、酵母などの菌類の単細胞真核生物、さらにシロイヌナズナなどの植物にも見られますが、動物には見られません。いずれにせよ、この2成分制御系はバクテリアの「脳」にあたります。表題に掲げた"Think like a bacterium"は、2成分制御系の国際学会で使われたスローガンです。

　受容体タンパク質（コンポーネントI）はセンサータンパク質で、細胞膜に存在し、外界の環境の情報をモニターし、その情報を細胞内へと伝達するタンパク質です。一方、応答調節タンパク質（コンポーネントII）は、細胞質に存在し、応答を調節するタンパク質で、標的となる酵素を活性化したり、また標的となる遺伝子の発現レベルを調節したりすることで、適応的な応答を調節します。応答調節タンパク質には、進化的に非常によく保存されている領域があり、この領域を介して、系の上流の受容体タンパク質と相互作用します。そして、受容体タンパク質は外界からの刺激を受け、細胞質内の自らのアミノ酸残基をリン酸化し（自己リン酸化）、そのリン酸基を調節タンパク質に転移しますが、このような受容体タンパク質の存在が見出されて、2成分制御系の概念が確立したのです。

受容体タンパク質と応答調節タンパク質

　受容体タンパク質（センサータンパク質）は、細胞膜に埋め込まれて存在し、細胞外からのシグナルを細胞外にあるN末端のセンサードメインが受容すると、細胞質領域のキナーゼが、自らのヒスチジン領域（H-boxとよばれる）を自己リン酸化します（正確には、受容体タンパク質を構成するホモ2量体の一方の細胞質部のキナーゼが、もう一方のヒスチジン領域をリン酸化します）。さらに、センサータンパク質の細胞質にあるヒスチジンキナーゼのドメインは、このリン酸基を、調節タンパク質のアスパラギン酸というアミノ酸に転移し、リン酸化します。応答調節タンパク質は、細胞外からのシグナルについて、そのレベルに応じて応答を調節します。センサータンパク質のキナーゼドメインは、外界からのシ

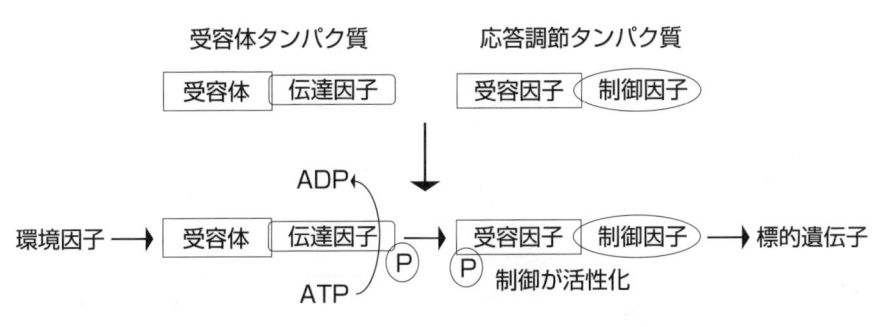

図4-3　受容体タンパク質（センサータンパク質）と応答調節タンパク質

グナルがあるときは調節タンパク質をリン酸化し、ないときは調節タンパク質を脱リン酸化します。リン酸化するキナーゼ作用と脱リン酸化するホスファターゼ作用を同時にもつセンサータンパク質が、調節タンパク質のリン酸化量を調節することで応答を調節しているのです。

リン酸化サイクル

　受容体タンパク質（センサータンパク質）の細胞質側、すなわちC末端側には非常によく保存されている240アミノ酸のドメインがあります。これがヒスチジンをリン酸化するキナーゼドメインです。キナーゼは、大きく2つの種類に分かれます。1つは、2成分制御系で、細胞膜で外界の刺激を受容する受容体をもつセンサータンパク質です。大腸菌の浸透圧調節（EnvZタンパク質）や周囲のリン酸基を検出するPhoRタンパク質とよばれる受容体キナーゼがこれに相当します。もう1つは、大腸菌の化学走性を導くCheAや硝酸基を検出するNtrBです。これらは古典的な2成分制御系が複雑化したリン酸化リレーの系で働きます。たとえば、CheAは、誘引物質や忌避物質を検出する受容体と相互作用する、入力側のキナーゼですが、受容体そのものではありません。これに対してEnvZのN末端の膜貫通領域あるいは周辺領域は、直接外界の刺激を感受するようになっています。

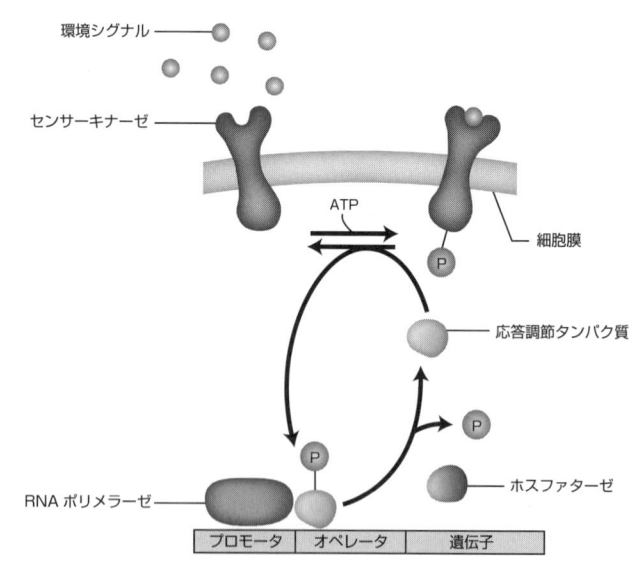

図4-4　2成分制御系の形式

応答調節タンパク質は、特定の受容体キナーゼと対となって働きます。応答調節タンパク質は2つのドメインをもっています。N末端の受容領域はレシーバ・ドメインと呼ばれ、タンパク質を折り畳んで、活性化部位を形成します。レシーバ・ドメインは、受容体のリン酸化されたヒスチジンからのリン酸基の転移を触媒します。一方、C末端側の効果領域は、遺伝子の発現調節領域に結合して転写調節を行い、適応的な応答へと導きます。ほとんどの応答調節タンパク質は、ヘリックス-ターン-ヘリックスというDNA結合モチーフをC末端にもっています。

古典的2成分制御系としての大腸菌の浸透圧調節系

もっとも古典的な2成分制御系の1つが、大腸菌の浸透圧調節系です。大腸菌の浸透圧系は、これまでによく研究されてきました。この2成分制御系のセンサータンパク質は膜貫通型タンパク質EnvZ、応答調節タンパク質は、遺伝子発現調節因子OmpRです。通常の環境ではバクテリアは外部環境より高張です。したがって、外部から水が浸透して圧勾配を作り、これが細胞の膨張力を形成します。バクテリアの浸透圧調節機構は外部環境の変動に対してこの膨圧を一定に制御するものです。なかでももっとも「迅速な」応答は、カリウムイオン濃度の調節による応答機構です。外部環境の浸透圧が高くなると、水が外界に流出して細胞が収縮してしまいます。そこで、これに対抗するため、カリウムとプロリンを細胞内に蓄積させます。逆に、浸透圧が低くなると水が浸入して細胞が膨張します。このときには、細胞内の浮遊分子、とくにカリウムイオンやグルタミンを外界に放出することで、細胞内の浸透圧を下げるのです。

(1) 細胞外膜とポーリンタンパク質

少し遅い応答として、ポーリンという小孔をもったタンパク質の細胞外膜上での数を増減させる機構があります。大腸菌などのグラム陰性菌では、細胞壁のさらに外側に細菌外膜が存在します（図4-5参照）。これに対応して、本来の細胞質膜は内膜とよばれ、その間の空間は細胞周辺腔といわれています。

細胞外膜は、内膜に比べてリン脂質に富み、その主要な膜タンパク質は、ポーリンといわれる3量体タンパク質です。ポーリンタンパク質は、細胞外膜上に10万個程度あるとされています。ポーリンは内部にチャンネル（小孔）を形成して、おもに水溶性低分子を通過させます。ほとんどのポーリンは通過分子に対して特異性をもちません。大腸菌は、OmpFとOmpCという2つのポーリンタンパク質をもち、OmpFは低い浸透圧の環境で発現されるのに対し、OmpCは高い浸透圧の環境で発現されます。

(2) EnvZ/OmpR 系による浸透圧調節

　OmpF と OmpC は、EnvZ というセンサータンパク質と OmpR という応答調節タンパク質よりなる 2 成分制御系のシグナル伝達タンパク質によって制御されます。まず、EnvZ が膜タンパクで細胞周辺腔での浸透圧変化を感知します。すると、OmpR に信号（リン酸基）を送り、これが膜タンパク質 OmpF や OmpC を発現する遺伝子の発現を調節します。OmpF や OmpC は、ほかのさまざまな機構によっても、制御されていて、たとえば、環境の温度によっても制御されています。

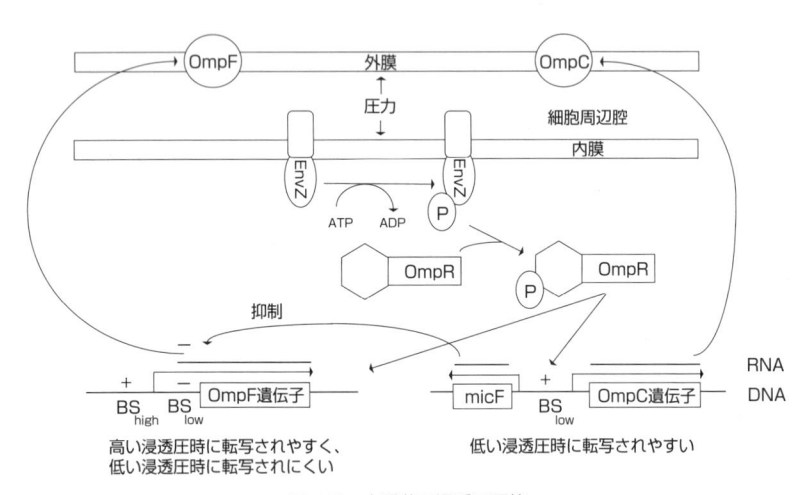

図 4-5　大腸菌の浸透圧調節

2 成分制御系の拡張型として「リン酸リレー系」と化学走性

　今まで見てきたのは典型的な 2 成分制御系でした。細菌のシグナル伝達系による環境反応は、この 2 成分制御系を基本としつつも、中継するリン酸化タンパク質、受容体周辺のキナーゼタンパク質が増えることで、拡張されているものも多くあります。しかし、基本的な機構は保存されています。ヒスチジンというアミノ酸にリン酸基を付加すること（ヒスチジンキナーゼ）、これをアスパラギン酸へリレーする機構は不変であり、2 成分制御系の拡張と考えられます。少し拡張されていて複雑であるので、区別する場合は「(多段) リン酸リレー系 (multi-step phospho-relay)」といわれる場合もあります。

　そのような拡張の例としては、枯草菌での栄養環境が悪化したときに行われる胞子 (spore) 形成 (sporulation) に関するシグナル伝達系があげられます。この胞子形成のシグナル伝達系は、4 つのタンパク質が中継し、ヒスチジン→アスパラ酸→ヒスチジン→アスパラ酸というリン酸リレーでシグナルが伝達されます。そ

(1) 化学走性

さて、拡張化した2成分制御系の例としてもっともよく知られている例としての化学走性(chemotaxis)があります。これは、バクテリアの栄養(attractant)に対して向かっていく性質や毒物（repellent）を忌避する行動に見られるものです。

化学走性の場合、信号が効果を起こす対象が、遺伝子発現調節ではなく運動タンパク質の活性化であり、これは速い応答に関係する2成分制御系の効果側としてよく存在します。

この走化性に関しては、大腸菌やサルモネラ菌でよく調べられ、受容体で濃度変化を感受して、フラジェリンというタンパク質よりなる鞭毛を回転させることがわかっています。鞭毛は巻き方に方向性がありますから、その方向にあった回転を与えると束となってスクリューとなり、これまでに進んでいた方向と同じ方向に継続して進みます。逆方向に回転させると、鞭毛がばらけて方向性のない動きを行い、逆の方向に進みます（タンブリング）。細菌は、通常はこのタンブリングとスムーズな運動を交互に繰り返してランダムな運動をしており、栄養素などの誘引物質が見出されると、タンブリングは抑えられて、ほぼ一直線で進むのです。受容体は、ランダムな走行を通して、誘引物質や忌避物質の空間的な濃度差を時間的な信号の差として認識しているわけです。

走化性のシグナル伝達系は、2成分制御系の基本形に従いつつも、少し複雑化しています。CheA, CheW, CheY, CheZ の4種類です。忌避物質が受容体に結

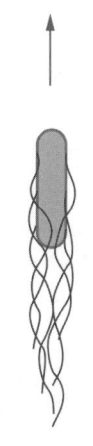

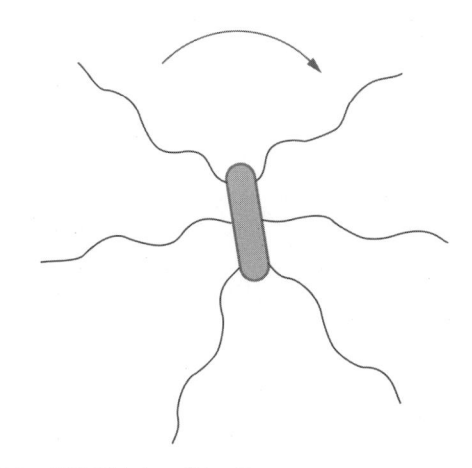

図 4-6　直進運動とタンブリング

合すると、まず、受容体が活性化されます。それによって、CheA が活性化して、これが効果器側の CheY を活性化してタンブリングするように鞭毛を回転させます。誘引物質の場合は、受容体が不活性化して、束ねる方向のまま回転させます。すなわち、受容体が活性化されるのは、むしろ方向転換を起こさせる忌避物質の場合なのです。受容体側（受容体 − CheA − CheW 複合体）と効果器側（CheY）そして脱リン酸化酵素（CheZ）と信号伝達は少し複雑化していますが、2 成分制御系の基本形が見て取れます。CheY の役割は、鞭毛モータのスイッチの役割を果たしています。これは後で述べるより高級な多細胞系で現れる Ras などのシグナル伝達系の基点となるタンパク質と同じ役割を果たし、構造もよく似ていることが知られています。

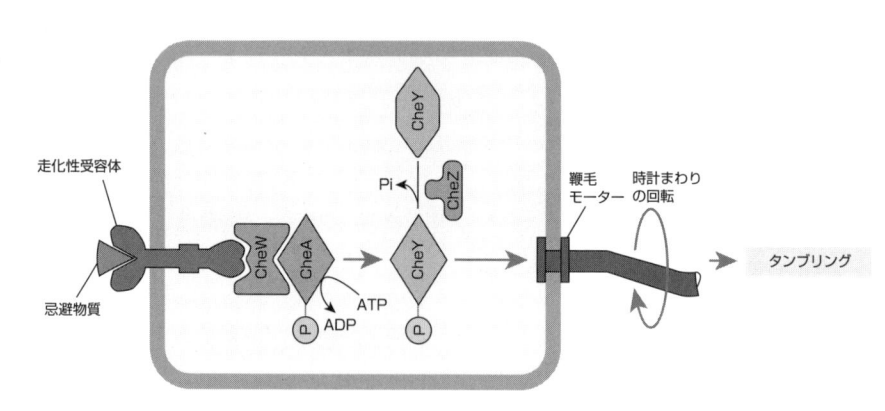

図 4-7　化学走性の機構

（2）走化性の適応現象

さて、細菌が誘引物質に近づくとそこから離れずに留まろうとします。走化受容体と誘引物質が結合すると、受容体の活性が速やかに低下して、すなわち CheA と CheY の活性が低下して、タンブリングが抑制されて、一直線に進みます。そして、受容体が誘引物質と結合すると同時に細胞内の酵素が受容体をメチル化して低下していた活性を上昇させます。したがって、誘引物質が結合したままでも、過度に一方向に進行せず、タンブリングが始まり、ランダム運動を行って、誘引物質の場に留まることができるのです。メチル化される場所は 8 カ所あり、誘引物質の濃度に従ってメチル化の程度も変化します。誘引物質が取り除かれると脱メチル化酵素が作用して、メチル化が減少します。メチル化の量は細菌が適応すると一定のレベルに留まります。これはメチル化と脱メチル化が均衡しているためで、このようにして、適応するのです。このため、この受容体タンパク質は、

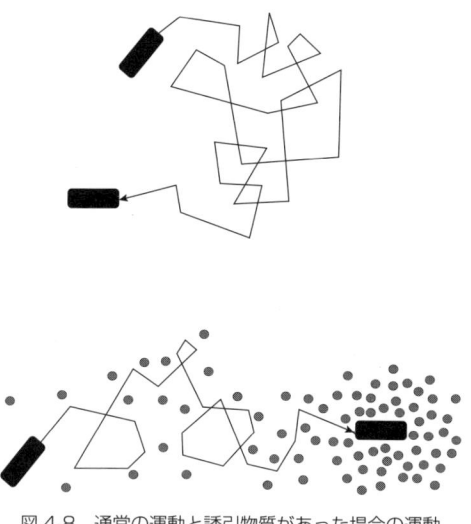

図4-8 通常の運動と誘引物質があった場合の運動

メチル基結合走化性受容体（methyl-accepting chemotaxis protein; MCP）と呼ばれます。

　このように比較的速い応答が必要とされる単細胞の反応に関しては、受容体タンパク質、信号伝達リン酸化タンパク質、効果器運動タンパク質のカスケードが「情報準拠型活性化」（information-based activation）として認識−行動サイクルを動かしています。

　このほかにも多くの2成分制御系が存在します。最初に述べたように大腸菌では、40以上の系が発見されています。その代表的なものを表4-1に示します。これは原型としての2成分制御系が遺伝子重複して、さまざまな機能をもつ2成分制御系としてレパートリーを増やしたものと考えられます。とくにヒスチジンキナーゼ領域や応答調節タンパク質のレシーバ領域や出力領域では配列の相同性が高く、染色体での遺伝子の位置などが進化的に保存されることから、共通の祖先2成分制御系の存在が強く示唆されます。たとえば、浸透圧のOmp-R関連の2成分制御系の15システムなどがあげられます。しかし、受容体の入力領域は非常に多様でなんらの相同性もありません。このような多様性は超可変領域であるといえます。

表4-1 大腸菌の2成分制御系

系	生物種	センサータンパク質	応答調節タンパク質	作用
浸透圧応答	E. coli	EnvZ	OmpR	DNA結合
リン酸化	E. coli	PhoQ,R	PhoB,P	DNA結合
繊毛合成	E. coli	PilB	PilA	DNA結合
酸素検出	E. coli	ArcB	ArcA	DNA結合
走化性	E. coli	CheA	CheY,CheB	タンパク質間相互作用
窒素代謝	E. coli	NtrB	NtrC	DNA結合
病原性	B. pertussis	BrgS	LemA	DNA結合
	A.tumefaciens	VirA	VirB	DNA結合
飢餓応答	B. subtilus	DegS	DegU	DNA結合
胞子形成	B. subtilus	KinA	Spo0F(B,A)	DNA結合

4.3 2成分制御系から多様で複雑なシグナル伝達系へ

2成分制御系の限界

　このように単細胞生物のシグナル伝達系は、ほとんどが単純な2成分制御系のシグナル伝達系です。真核生物といえども酵母などの単細胞生物（原生生物）では、接合行動などを引き起こすのは、2成分制御系が基本になっています。このような2成分制御系は、きわめて簡明な伝達系であり、構築も簡単で生物学的なコストも少ないものとなっています。しかしこのヒスチジンキナーゼを基本とする2成分制御系は、細菌だけでなく菌類、植物などにも見出されますが、動物細胞には見出せません。後生動物では、2成分制御系ではなく、非常に発達した高度なシグナル系が取って代わるのです。

　ヒスチジンキナーゼを基本とする2成分制御系は、機構としては簡単で生命にとって実現しやすいのですが、以下に述べるようないくつかの欠点もあります。

(1) ヒスチジンリン酸化の不安定性
　単細胞生物が広く採用しているヒスチジンのリン酸化をオン信号とする方式は、ヒスチジンリン酸のアミノ基と燐酸基との結合（ホスホルアミド）は強いリン酸基の転移能力があることから、不安定であることが知られています。したがって、すぐにリン酸基は、アスパラギン酸に転移します。真核生物以降に見られるセリン／スレオニンあるいはチロシンは比較的結合が安定で、タンパク質のコンフォーメーション変化をするだけ長く結合しています。

(2) 真核化による細胞膜と核との長距離化

原核細胞は、核と細胞質が核膜によって隔てられていませんが、真核細胞は、核が核膜に囲まれているだけでなく、細胞そのものの大きさが原核生物に比べ長さで10倍、体積で1000倍になっています。そのため、細胞膜の受容体と遺伝子を発現する細胞核内との間の距離が顕著に長くなっており、2つのタンパク質のリン酸リレーで、伝達できる範囲を超えています。

(3) 変異に対して弱い

2成分制御系では、リン酸化サイクルを担う応答調節タンパク質が基軸となる役割を担いますが、このタンパク質が変異して機能しなくなるとシグナル伝達系が機能しなくなります。したがって、副側路など冗長な経路が必要となります。

(4) 複雑な認識ができない

2成分制御系のもう1つの弱点は、1つの受容体の情報をそのまま中継するために、認識する外界の内容すなわち情報量が、yes/noの2つしかなく、情報量でいえば1bitの情報しか伝達できないことにあります。量だけでなく、情報のカテゴリーとして豊富な内容をもった外界の情報を伝達し、その内容に応じて、細菌の行動を変えなければなりません。

このような困難を解決するために、酵母などの真核単細胞生物から、2成分制御系より発展し複雑で本格的な細胞内シグナル伝達系が進化したと考えられます。すなわち後生動物では、頑強性をもつため冗長性をもつような複数の並列回路が用意されています。ほかに複雑な信号に対処するために、多くの受容体からの信号を中継して加算します。また、信号を膜上の受容体から核まで伝達するため、信号を多段階に増幅するなどの戦略がとられたと考えられます。

シグナル伝達系は進化を通してより高度な情報を処理できるように発展したといえます。これは進化によってシグナル系は学んで高度なものになったといってもいいかもしれません。

複雑化したモデルとしてのニューロン結合の階層化

シグナル伝達系を複雑にする1つのメカニズムは、まずシグナルの情報中継タンパク質を増加させるとともに、外界の信号をたくさんの受容体で捉え、そのon/off信号を総合して処理する集積的なタンパク質を作ることです。これも多細胞生物の脳、すなわち神経細胞であるニューロンの結線の複雑化に対応しているといえるでしょう。

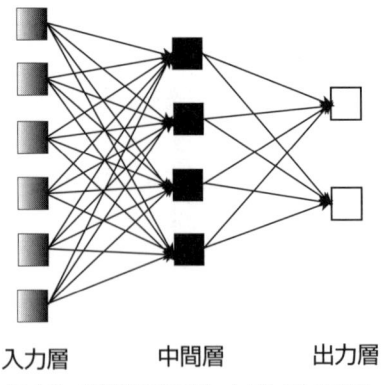

図4-9 神経網の多層パーセプトロンモデル

　脳のニューロンのネットワークは、とくに小脳や大脳などでは、多層構造を形成しています。最初は入力層で、多くの受容細胞から中継された信号を受け取る層です。これがつぎの層に移行する間に、さまざまな種類に識別され、加重されてつぎの層のニューロンに導かれます。その階層でまた処理されて、つぎの層に引き継がれるというように層別化したニューロンによる多段階情報処理が行われています。その基本は、大きく抽象化すると、加重総和と閾値処理です。多くの受容細胞からの信号はシナプスという伝達枝での通過しやすさという重みによる強調を受けて、中継神経細胞に加えられます。これらが時間加算あるいは空間加算され、その和が一定の閾値を越えると、この信号を受けた神経細胞が発火します。このように重みづけと加算と閾値処理によってネット

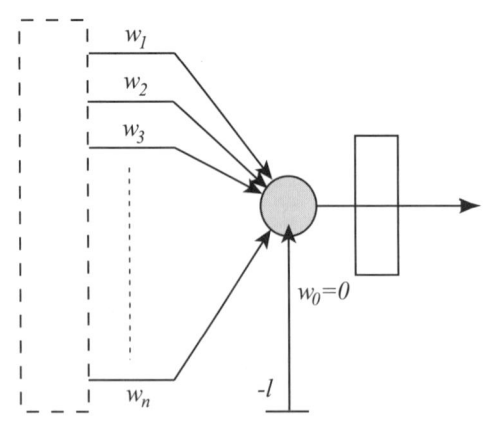

図4-10 神経細胞の情報処理モデル（加重総和と閾値処理）

ワークを構成して、受容細胞からの信号を処理しています。このような処理方式の原型は、パーセプトロンモデル［3］とよばれてさまざまに検討されています。多層のパーセプトロンでは、あらゆる種類の情報処理を可能にすることは、すでに理論的にも検証されています。

シグナル伝達系の高度情報化は、ニューラルネットワークのようなネットワーク型情報処理の原型を形成したといえます。シグナル伝達系は、現在精力的に調べられているために、まだその機構が十分に明確になっていませんが、おそらくその基本形は変わらないと考えられています。もちろん、ニューロンは細胞であり、シグナル伝達物質は、タンパク質で実現しなければならない点で機構上の違いは存在しますが、マルチドメインのタンパク質なども存在し、多種類の情報を受けて、構造変換をすることができるなど、情報伝達の担い手が違うことを超えた、共通の情報伝達機構をもっています。そのため、信号伝達系のことを「リン酸ニューロネットワーク」と比喩的によぶ学者もいます。

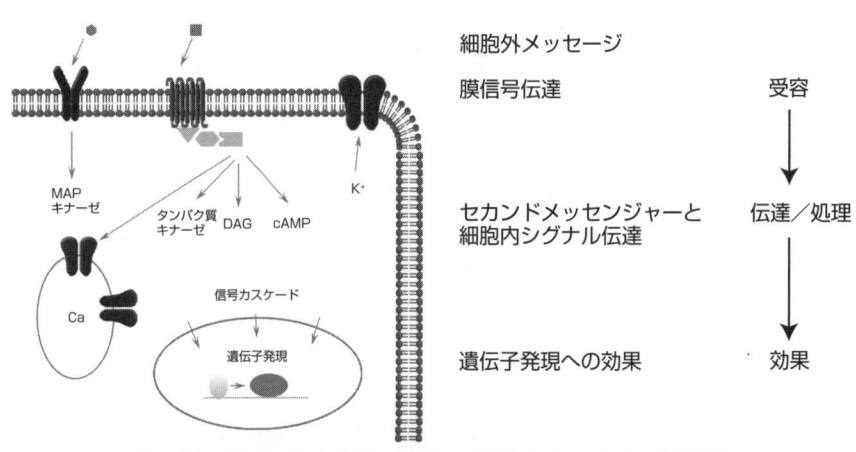

図4-11 「受容―処理（伝達、変換）―効果」よりなるシグナル伝達系
分子ネットワーク図版：KeyMolnet、株式会社医薬分子設計研究所、2006

進化の過程で出現した多くの高度シグナル伝達系

この階層の複雑化は進化の過程に伴って行われました。進化の過程において、多くの種類のシグナル系が出現しました。原核生物－真核生物－多細胞生物の段階に従い、それぞれの段階で初めて出現するシグナル伝達系もあります。

高次で多様なシグナル伝達系は、それに対応する高度な進化的段階にならないと現れない信号などが現れてきます。原核細胞から真核細胞への進化のところで大きくシグナル伝達系は発展しました。

> **主要な信号伝達系と出現する進化的段階**
>
> チロシンキナーゼ系　　襟鞭毛虫もしくは後生動物
> 　　　増殖・分化・免疫応答・神経機能
> 　　　サイトカイン・細胞接着　局所的シグナル伝達
> 　　　酵母にはない。SH2 領域が存在する
> 　　　├ 受容体型
> 　　　└ 非受容体型
>
> GTP 結合タンパク質系　　真核生物から
> 　　　ホルモン、神経トランスミッター
> 　　　低分子のセカンドメッセンジャー　ヒトゲノムで約 600 種類。
> 　　　リガンドは、ホルモン、味覚、臭覚や神経伝達物質、ペプチドも
> 　　　おおむね低分子。G タンパク質を活性化してシグナル伝達
> 　　　3 量体系 7 回膜貫通型受容体
> 　　　smallG タンパク質
>
> MAPK スーパーファミリー　　真核生物
> 　　　細胞周期などにも影響する。Cdk などとも同類である。3 種類のファミリーに分かれる。ERK（外部信号調節キナーゼ）、SARK（ストレス活性化調節キナーゼ）と MARK3 である。哺乳類には ERK と SARK に属する JUN、P38 がある。足場タンパク質によって混線を防ぐ。
>
> TGF β-Smad 系　　多細胞生物から
> 　　　発生での誘導作用、細胞増殖の抑制
>
> JAK-Stat 系　　脊椎動物から
> 　　　サイトカン受容体系、炎症性サイトカイン
>
> Notch シグナル系　　後生動物
> 　　　細胞増殖、発症とくに神経発生、体節形成の調節

　また、多細胞生物になると細胞1つではなく、多くの細胞が相互作用し結合して生命体ができ上がります。したがって、個体としての生命と細胞としての生命の2つの生命のレベルが存在するようになります。多細胞生物の細胞内シグナル伝達系は、外界のセンサーだけでなく、自分を構成するほかの細胞からの発せられた情報を受け取って多細胞コミュニティの中でのその細胞の振る舞いを決定します。すなわち、単細胞生物では、環境応答、すなわち自らの外界認知と行動のための大げさにいえば「意思決定機構」でありました。それは〈認識−行動〉サイクルを構成するものです。これに対して、多細胞生物における信号伝達系は、発生のような「自己形成」や免疫のような「自己維持」など、多細胞生物としてのまとまりを形成するための協同作業を行うためのものです。すなわち「協関性」を実現するための「細胞間コミュニケーション」を行います。

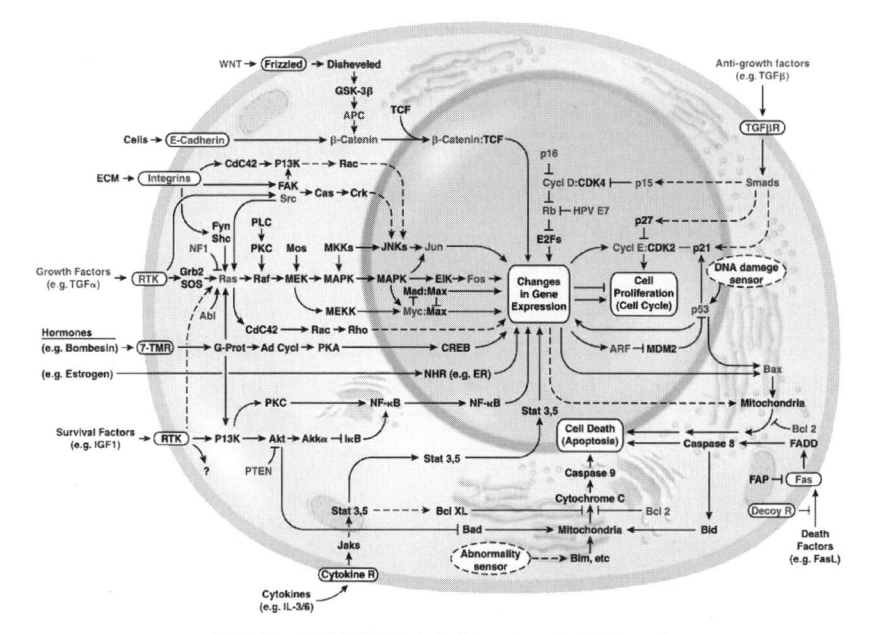

図4-12　信号伝達系の全容（Hanahan & Weinberg）

Reprinted from Cell, Vol.100(1), D.Hanahan and R.A. Weinberg, The Hallmarks of Cancer, pp. 57-70, © 2000, with permission from Elsevier. [4]

　これら信号系は、チロシンキナーゼ系のように多細胞生物の中心的なテーマである発生や免疫で大きな役割を果たします。それぞれのシグナル伝達系については、後で詳しく述べることにして、ここでは酵母系から始まったいくつかの代表的な系について見ていきましょう。

　Gタンパク質結合タンパク系も酵母から存在します。またMAPキナーゼ（mitogen-activated protein kinase）は酵母から脊椎動物まで比較的よく保存され、すべての真核生物に共通です。細胞増殖だけでなくさまざまな細胞の運命と機能制御に関わっています。哺乳類には複数のMAPキナーゼが存在します。最初に発見された増殖因子で活性化するシグナル伝達系を古典的MAPKといいます。セリン・スレオニンキナーゼは酵母から存在しています。これはTGF－βなどの受容体からの信号を受けます。

　しかし、チロシンキナーゼ（PTK）は酵母にはありません。細胞内リン酸化されたチロンシンの割合は、リン酸化された全アミノ酸の数パーセントに過ぎないのです。一方でタンパク質リン酸化の機能をもつがん遺伝子に限ると、チロシンキナーゼ活性をもつものが大半です。このことは、細胞増殖の制御にチロシン

キナーゼが中心的な機能を示していることがわかります。真核単細胞の酵母では、チロシンキナーゼが存在しないことから、多細胞に必須の高次機能を果たすことがわかりました。とくに多くの増殖因子受容体がその細胞内領域にチロシンキナーゼ活性をもつことが明らかになり、さらに細胞接着、免疫担当細胞の増殖と分化、神経のネットワーク形成可塑性などにおけるチロシンキナーゼの役割が明らかになりつつあります。

したがって、チロシンキナーゼと付随するシグナル伝達系は多細胞生物固有のものですが、多細胞でも線虫やショウジョウバエになく、脊椎動物に固有な免疫系や血液凝固系などのサイトカインは、脊椎動物以降で機能を発現します。

MAPK は保存されているので、配列を使って系統関係を作ることができます。

後生動物のより発達したシグナル系への中間的段階
酵母の浸透圧調節系—MAP キナーゼに繋がる 2 成分制御系

酵母の浸透圧調節系は、後生動物のシグナル系と 2 コンポーネント系の融合した形をとっていて中間形を現しています。

酵母は、高浸透圧環境に対しては、急激に縮み、内部の浸透圧を高めるためにグリセロール（通称グリセリン）の生合成を開始するとともに、その膜透過性を減少させます。酵母や後生動物では、ストレス活性化タンパク質キナーゼ（SARK）が浸透圧に対するおもなシグナル分子です。SARK は MAP キナーゼ（MAPK）のファミリーに属しています。MARK は、3 つのファミリー（SARK、ERK、MARK3）よりなっていて、SARK ファミリーはその 1 つです。酵母の場合、MAP キナーゼは YSAPK とよばれるタンパク質です。

酵母の YSAPK は HOG（high osmolarity glycerol）1 ともよばれ、上流は 2 つのキナーゼを経由する経路が浸透圧受容体に結合しています。それは Sln1 と Sho1 です（図 4-13）。これらが、高浸透圧グリセロール応答経路を構成しています。この 2 つの浸透圧センサーは異なった振る舞いをします。

受容体 Sln1 を経由するシグナル伝達系は、受容体から応答調節タンパク質まではバクテリアと同じヒスチジンキナーゼによる 2 成分制御系が働いていますが、それ以降は 2 成分制御系をつぎたすように信号を細胞核に伝達する過程のために新しく MAPK シグナル伝達系が使用されます。まず、受容体 Sln1 は、細胞外領域に、センサードメインをもち、細胞質領域にはヒスチジンキナーゼがあります。信号の受容とともに受容体 Sln1p のヒスチジンが自己リン酸化され、Sln1 内にあるアスパラギン酸にリン酸基が転移します。これが、中継タンパク質である Ypd1 のヒスチジンのリン酸化に導き、Ssk1 とよばれる応答調節タンパク質のリン酸化に繋がります。通常の多段階リン酸リレーでは、この Ssk1 遺伝子発

現の調節因子となって応答が完成しますが、酵母は真核生物で、細胞核までにはリン酸リレーではリン酸化信号が減衰して十全な伝達が保障されません。そのため、MAPキナーゼカスケードのシグナル伝達増幅系が、接木されたように接続されています。これが遺伝子を発現させてグリセロールを生成することによって外部の高浸透圧に対抗する応答をするのです。

　正常の等張の浸透圧環境では、Sln1が活性化され、それがSsk1までリン酸リレーで転移するとSsk1が不活性化して、信号は伝わりません。周囲の浸透圧が高張の場合は、Sln1が活性化されず、リン酸リレーが実行されないとなると、Ssk1が活性化して、MAPカスケードが発火します。すなわちMAPKKK（MAPキナーゼ・キナーゼ・キナーゼ）（Ssk2/Ssk22）がリン酸化され、それによってMAPKK（MAPキナーゼ・キナーゼ）（Pbs2）がリン酸化され、それがMAPK（Hog1）を活性化します。

　これに対してSho1受容体を経由する系は、2成分制御系を省略したシグナル伝達系で直接MAPKシグナル伝達系に繋がり、高浸透圧下で活性化し、MAPKKKとしては、Ste11を活性化し、後はMAPKK（Pbs2）へと繋げていきます。MAPK（Hog1）は、Pbs2によって活性化すると細胞外の高浸透圧に対抗する分子を産生するGpd1（glycerophosphate dyhydorogenase 1）などの遺伝子の発現を促進します。

　酵母に見出された2成分制御系とMAPキナーゼとの連動はその後の後生動物には見出せません。酵母ではSho1受容体は直接、MAPKシグナル伝達系に結合しています。次第にこちらの入力系が使われるようになって、2成分制御系が

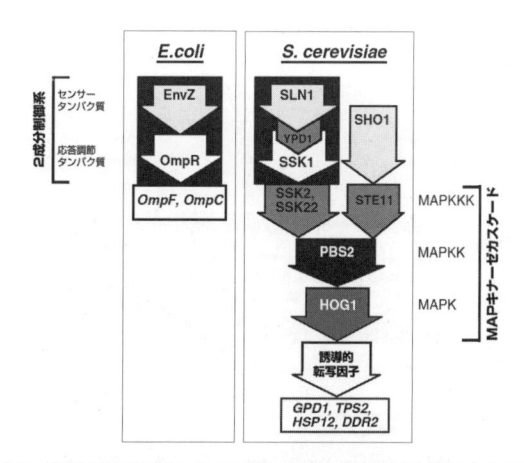

図4-13　酵母の浸透圧系と2コンポーネントシステム（Kültz & Burg）

Kültz, D., and Burg,M., : Evolution fo osmotic stress signaling via MAP kinase cascades, The Journal of Experimental Biology, 201(22), 1998. Reproduced with permission of the Company of Biologists.　[5]

使用されなくなったと考えられます。その意味では酵母の浸透圧調節系は原核生物のシグナル系の分子的痕跡であり、過渡的な〈始祖鳥〉であると考えられるでしょう [5][6]。

　MAPK シグナル伝達系は比較的早く、真核生物が誕生してすぐに現れたのではないかとされている起源の古い系です。MARK シグナル伝達系は細胞周期やアポトーシスなどにも関係するストレス応答シグナル伝達系であり、細胞的生命の根幹をなすと考えられています。

MAPK シグナル伝達系は真核生物から始まる古い後生動物型信号系

　MAP 系は真核生物から始まる高次シグナル伝達系のもっとも早い系として現れました。MAP 系は、まず細胞周期などの細胞の基本的機能について、真核生物化による膜と核との距離の長距離化に伴い、多段増幅装置として現れました。MAP 系には先にも述べましたように3種類あり、細胞外信号制御系（External signal regulatory kinasse）、すなわち ERK と、ストレス応答に対応する高浸圧応変などの SAPK（stress activated protein kinase）そして MARK3 です。ERK は植物などにも存在することから、SAPK とは違って、一番出現が早く、古典的な MAP 系といえます。ERK に対して後生動物に現れる MAPK3 は、ほぼ配列が相同であるところも多く、同じ分子を祖先とするものと思われます。これに対して SAPK は、酵母と後生動物にしか存在しないことから、後から現れたと思われます。SAPK にはストレス応答で現れる JUNK 系、p38 などの系があります。これらがまず高次系として現れ、その後、G タンパク質やさらに免疫

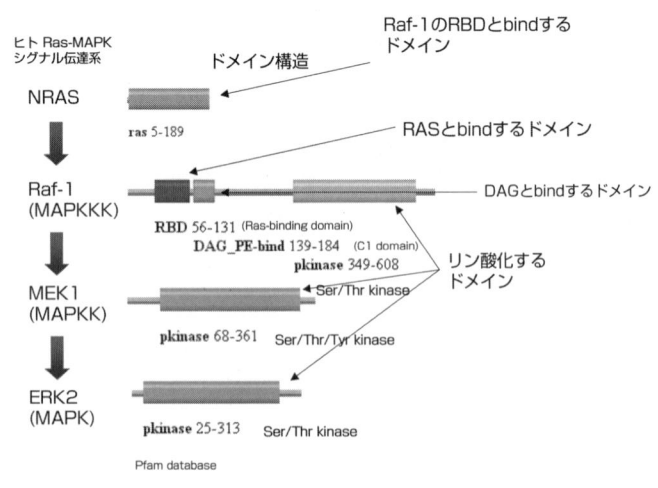

図4-14 MAPK シグナル伝達系を構成するタンパク質のドメイン構造

においてJAK系が現れたもと思われます。TGF-βなどは多細胞の発生シグナル伝達に現れた典型的な後生動物系です。

ドメインの組み合わせによるシグナル伝達系の複雑化

シグナル伝達は、その多くはタンパク質間相互作用によるものであり、その相互作用においては、たとえばリン酸化するドメインなど、シグナル伝達に関するドメインが大きな役割を果たします。図4-14は、ERKのMAPキナーゼシグナル伝達系です。この図の中で、Raf-1は3つのドメインをもち、1つはリン酸化する酵素活性をもつドメイン、そのほかの2つはほかのドメインと結合するため酵素活性をもたないドメインです。こうした複数のドメイン、とくに酵素活性をもたないドメインをもつシグナル伝達分子によりさまざまな分子間の相互作用の結合の仕方が可能になりシグナル伝達系は複雑化していきました。

このように、後生動物の複雑なシグナル伝達系では、複数のドメインが組み合わさったシグナル伝達分子が相互作用して起こります。では、こうしたシグナル伝達に関するドメイン（**シグナリングドメイン**）はどのようにして出現し、多様化し、広まっていったのでしょうか？

シグナリングドメインの進化的な出現時期についてはすでに解析がなされ、キナーゼドメインに注目すると、セリンキナーゼ、スレオニンキナーゼ、チロシンキナーゼのドメインは真正細菌、古細菌、真核生物のすべてに見られることがわかっています。

そして、この酵素活性をもつドメイン（たとえば、リン酸化ドメイン）と酵素活性をもたないドメイン（たとえば、SH3ドメイン）について、構成する生物の真正細菌（B）、古細菌（A）、真核生物（E）の割合をみると（図4-15）、酵素活性をもつドメインは真正細菌、古細菌、真核生物のすべてに見られるものが多いのに対して、もたないドメインは真核生物に見られるものが多いということがわかります。

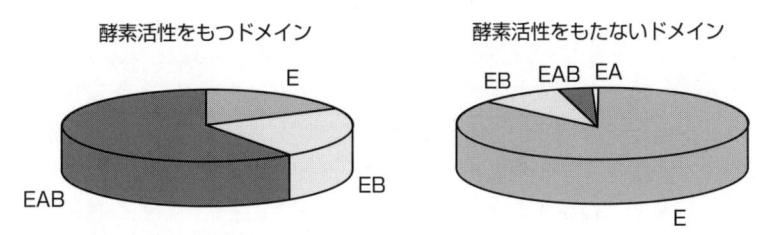

図4-15 酵素活性をもつドメインと酵素活性をもたないドメインの進化的構造（Pontingほか）

Reprinted from J.Mol.Biol., 289, C.P.Ponting, et al., Eukaryotic Signalling Domain Homologues in Archaea and Bacteria. Ancient Ancestry and Horizontal, pp. 729-745,
© 1999, with permission from Elsevier. [7]

酵素活性をもたないドメインには、たとえばSH3ドメインがあります。この、SH3ドメインはプロリンに富む配列を認識するドメインであり、リン酸化などの酵素活性をもちません。SH3をもつシグナル伝達分子としてはGrb2がよく知られていますが、Grb2はある2つのシグナル伝達分子の相互作用を仲介します。このように、こうした酵素活性をもたないドメインは、複雑なシグナル伝達をコーディネートすることができるドメインです。こうしたドメインが真核生物に圧倒的に多いということから、真正細菌、古細菌、真核生物の共通祖先ですでにある程度獲得された、基本的なシグナル伝達における酵素活性をコーディネートすることで、真核生物は複雑なシグナル伝達を実現していることかが窺い知れます。

後生動物の多様で複雑なシグナル伝達系の出現

真核生物になると、リン酸化は不安定なヒスチジンから、セリン・スレオニンあるいはチロシンのリン酸化が主流になり、細胞膜と核をリレーするMAPKカスケードが出現、ロバストネスを向上するためパスウェイが冗長化するなど、シグナル伝達系は大きく様変わりしました。ここでは取り扱いませんでしたが、真核生物では細胞膜表面の受容体の出し入れをラフトにより制御するようになったことも大きな変化です（コラム参照）。しかし、もっとも劇的な変化は単細胞生物から多細胞生物、すなわち後生動物への進化のときに起きています。

ラフトによる細胞膜表面の受容体の制御

細胞膜表面にある受容体は、どこにでもあるわけではありません。受容体は、細胞膜表面に浮かぶラフト（筏の意味）の中にあり、このラフトの周辺で細胞膜近くでのシグナル伝達が起きています。そして、ラフトは限りある細胞膜表面を有効に活用するために、受容体は必要に応じて、細胞膜表面に出現し、細胞外からの刺激に応答するように制御しています。こうしたラフトの構造をなす分子は、真核生物以降で見つかっており、真核生物に特有のものであると考えられます。

それでは、多細胞生物の複雑なシグナル伝達系への進化はどのように起きたのでしょうか？　おそらく先に述べたように、シグナリングドメインが用意された後、これらが遺伝子重複し、あるいはドメインシャフリングして、多細胞生物の多様なシグナル伝達分子が生み出されていったものと考えられます。なかでも遺伝子重複は、すでに存在するシグナル伝達系はそのままに、新しい遺伝子を生み出すことができ、ある1つの遺伝子が幾度となく遺伝子重複を繰り返し、遺伝子族を形成することがあることが知られています。それでは、シグナル伝達の遺伝子族の多様化はどのようにして起きたのでしょうか？

シグナル伝達の遺伝子族の爆発的な多様化

(1) Gタンパク質遺伝子族の多様化

　多細胞生物で細胞間シグナル伝達において重要な役割を果たしているGタンパク質の多様化を例に、シグナル伝達の遺伝子族の多様化について述べます。宮田らによるGタンパク質の分子進化解析によると［8］、後生動物のGタンパク質は1つの共通の祖先遺伝子から後生動物の系統だけで遺伝子重複を繰り返して作られたことがわかっています。そして、その多様化は、カイメンとそのほかの後生動物の分岐の前に、すなわちカンブリア爆発の前に起きていると考えられています。後生動物のGタンパク質は、さまざまなサブタイプが存在し、非常に多様ですが、これらは後生動物の進化のごく初期の時期にすでに完了していたのです。

　後生動物の系統で多様化を遂げた、シグナル伝達に関与する遺伝子ファミリーとして、ほかにチロシンキナーゼ族が知られています。これについても、カンブリア爆発の前に多様化が起きていたという同様の結果が得られています。

　ドメインシャフリングも、同様に、後生動物の進化の初期に起きています。宮田らは、ホスホジエステラーゼ族でこのことを確認しています。

　これらのことから、宮田らは複雑な後生動物のシグナル伝達系の出現に関し

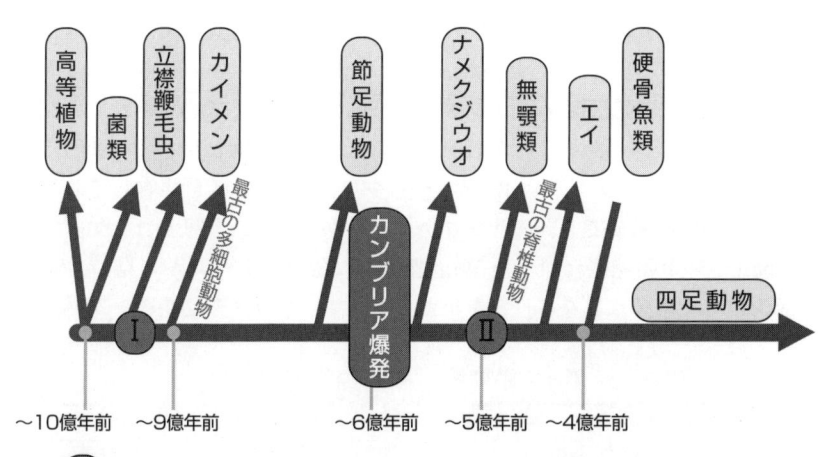

図4-16　多細胞動物特有の遺伝子族メンバーの断続的多様化（宮田）
JT生命誌研究館ホームページ「宮田隆の進化の話」［カンブリア爆発と遺伝子の多様性］より

て、以下のような仮説を提唱しています。10億年前に立襟鞭毛虫のような原生生物から多細胞動物が進化し、1億年も経たぬうちに多細胞動物特有の細胞間シグナル伝達系や形態形成に必須な基本遺伝子を作り終えました。この遺伝子の爆発的な多様化には、その前に起きたDNA領域での倍加で説明することができるでしょう。その後、この種の遺伝子はほとんど作られないまま2億年ほどが過ぎ、6-7億年前に、地球環境が整ったことから、「カンブリア爆発」を迎えました。カンブリア爆発がどのようにして起きたかは、ダーウィンも彼の漸進的な進化理論と相容れず、理由づけすることはできませんでしたが、実はそれ以前にカンブリア爆発が起きる素地となる遺伝子の爆発的な多様化が起きていたと考えられるのです（図4-16）。

(2) Wnt遺伝子族の多様化

この仮説を裏づける研究が最近発表されました [9]。Wnt遺伝子ファミリーは、動物の発生やヒト疾患で細胞の運命を支配する分泌型シグナル伝達分子をコードしています。その重要性にもかかわらず、後生動物に特異的なこのタンパク質ファミリーの進化はよくわかっていませんでした。脊椎動物では12群のサブファミリーが明らかになっていますが、対応する遺伝子が脱皮動物（ショウジョウバエや線虫など）にあるのはそのうち6群のみでした。この研究では、刺胞動物の中で原始的分類群に入るイソギンチャクの一種 Nematostella vectensis から12個のWnt遺伝子を単離したことが報告されました。刺胞動物は二胚葉動物であり、左右相称の後生動物の姉妹群にあたります。N. vectensis のWnt遺伝子群の系統発生解析から、そのWntファミリー内にはこれまで予想されていなかった祖先由来の多様性があることがわかりました。刺胞動物と左右相称動物は既知のWnt遺伝子サブファミリー12群のうち少なくとも11群を共有しており、どうやら旧口動物の系統で5群のサブファミリーが失われたと思われます。

N. vectensis の胚発生に際したWnt遺伝子の発現パターンから見て、Wnt類は原腸形成でそれぞれ異なる役割を果たしていて、プラヌラ幼生の一次軸に沿っ

表4-2 Wnt遺伝子族の進化的出現時期

	WntA	Wnt1	Wnt2	Wnt3	Wnt4	Wnt5	Wnt6	Wnt7	Wnt8	Wnt9	Wnt10	Wnt11	Orphan Wnts
刺胞動物	1	1	1	1	1	1	2	2		1	1	1	
冠輪動物													
多毛綱	1	1	1		1			1		1		1	
脱皮動物													
線虫	0	1	0	0	0	1	?	?	1	?	0	0	3
昆虫	1	1	0	0	0	1		1	1	0		1	0
新口動物													
ナメクジウオ		1	1	1	1	1	1	2	1	2	1	1	
ヒト	0	1	2	2	1	2	1	2	2	2	2	1	

て発現領域が連続的にオーバーラップしています。この予想外に複雑な一連のWntファミリーシグナル伝達因子群は、カンブリア爆発より少なくとも1億年前にあたるおよそ6億5,000万年前の初期の多細胞動物で進化しました。これにより、真正後生動物の体制の多様化にWnt遺伝子が重要な働きをしたことは明らかになったのです。

細胞膜受容体の進化－単細胞生物からの爆発的な多様化

単細胞動物から多細胞動物への進化では、細胞間コミュニケーション、環境応答、細胞外構造の認識を担う細胞膜表面の受容体の進化は、とりわけ重要です。ヒトゲノムをはじめとした、後生動物の各生物種ゲノムの解読完了を受け、昨今、こうした受容体の網羅的な解析、いわゆるレセプトーム（receptome）解析が急速に進んでおり、後生動物における受容体の進化も徐々に明らかになってきました。

図4-17は後生動物における、シグナル伝達系に関わる各受容体の進化的出現時期をまとめたものです。これは、ヒト、ゼブラフィッシュ（硬骨魚類）、ホヤ、ショウジョウバエ、線虫、酵母（アウトグループ）について、各ゲノムでの各受容体の存在の有無を配列検索することにより得られました。

7回膜貫通型受容体（7TM receptors）は、単細胞動物の中で最初に出現した

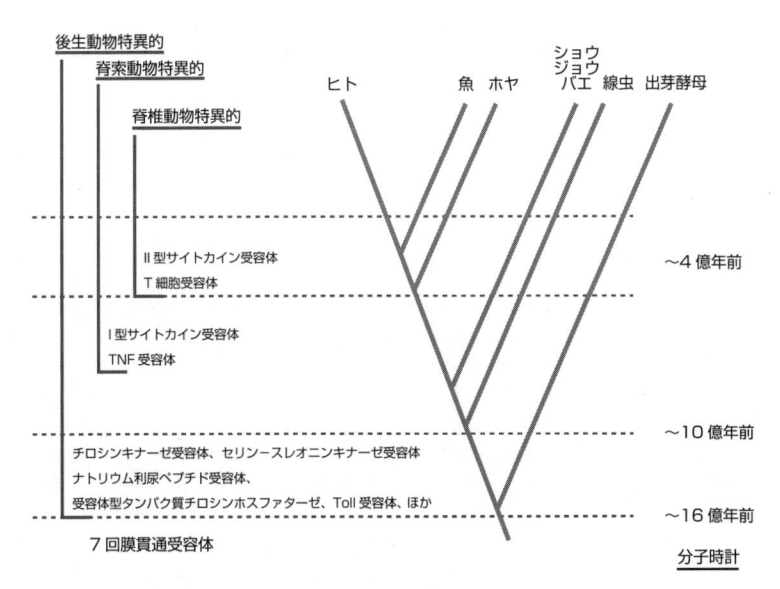

図4-17 7回膜貫通受容体の進化（Ben-Shlomoほか）

From Ben-Shlomo, et al., Signaling Receptome: A Genomic and Evolutionary Perspective of Plasma Membrane Receptors Involved in Signal Transduction, Sci. STKE 2003(187), re9, 2003, Reprinted with permission from AAAS. [10]

受容体であり、もっとも古い起源をもつものです。環境応答に関わり、光、単純なイオン、匂い、脂質、ステロイドなどの刺激に応答するための受容体です。粘菌は、単細胞生物でありながら、コロニーを形成する多細胞生物的な一面をもつ生物ですが、細胞外からのリガンドと cAMP とでは応答する7回膜貫通型受容体が異なることが知られています。これは、細胞外由来のリガンドと多細胞生物が自身で産生する cAMP とでは異なる受容体が応答しますが、その起源といえるでしょう。そして、表4-3からわかるように、酵母ではわずか3種類しかありませんでしたが、後生動物はさらに多様化させながら進化していったのです。この表で特徴的なことは、線虫のゲノムの大きさや体制の複雑さに比したときのGタンパク質結合受容体の数の多さです。これは、線虫が多くの環境応答のためのセンサーをもち、これをGタンパク質結合受容体が担っていることによると考えられます。

こうした7回膜貫通型受容体が出現した後、続いて、多細胞動物になってからは、チロシンキナーゼ型受容体、セリン・スレオニンキナーゼ型受容体、ナトリウム利尿ペプチド受容体などが出現しました。これらの受容体は、細胞内ドメインのリン酸化、下流のシグナル伝達分子のリクルート、細胞内ドメインの核内移行などの実にさまざまな方法でシグナルを伝達します。

さらに、脊索動物になってからはI型サイトカイン受容体、TNF受容体（TNFR）、最後に脊椎動物になってからはII型サイトカイン受容体、T細胞受容体が出現したのです。

表4-3 7回膜貫通受容体の遺伝子数（Ben-Shlomoほか）

GPSRs

	Type A GPCR	Type B GPCR	Type C GPCR	Frizzled receptors	Odorant and gestatory receptors	Estimated percentage in genome
出芽酵母	3					0.05
線虫	~150	4	7	4	~800	5.6
ショウジョウバエ	92	29	9	5	131	1.9
ガンビエハマダラカ	81	21	8	5	155	1.9
ホヤ	143	58	5	5	0	1.3
フグ	~420	42	20	11	~70	1.4
ヒト	310	50	20	11	~400	2.0

From Ben-Shlomo, et al., Signaling Receptome: A Genomic and Evolutionary Perspective of Plasma Membrane Receptors Involved in Signal Transduction, Sci. STKE 2003(187), re9, 2003, Reprinted with permission from AAAS. [10]

細胞接着分子の進化

　後生動物へのシグナル伝達系の進化で忘れてはならないのは、細胞同士の相互作用に必要な細胞接着分子の進化です。この細胞接着分子が進化的にいつ出現したかは非常に興味深く、このことを調べるのに、もっともよい生物が襟鞭毛虫です。

　襟鞭毛虫は単細胞ですが、群体を形成し、後生動物に近い生物として知られています。この襟鞭毛虫で、後生動物ではない生物では見られないはずの、シグナル伝達と細胞接着に関する遺伝子の非常に顕著な発現が見られました。具体的には、細胞接着に関与するカドヘリン、C型レクチン（糖結合タンパク質）、チロシンキナーゼ、そしてチロシンキナーゼによるシグナル伝達系の構成要素、たとえばGタンパク質結合受容体（GPCR）、それに上皮増殖因子（EGF）、SH2、TNFRのようなドメインをもつマルチドメインのシグナル伝達分子です。これらは細胞同士の相互作用に必要なタンパク質をコードする遺伝子であり、単細胞動物から多細胞動物、すなわち後生動物への進化を考えるときに鍵となる遺伝子なのです。

　細胞接着分子カドヘリンについては、襟鞭毛虫のカドヘリンが原始のカドヘリンであることが分子進化解析から明らかになりました。また、チロシンキナーゼは、襟鞭毛虫の発育に必須であることが示唆されました。このように、細胞接着に関与するカドヘリン、C型レクチン、チロシンキナーゼ、GPCRをはじめとした細胞間の相互作用に必要な遺伝子は単細胞生物である襟鞭毛虫からすでに存在していることがわかります。

4.4　まとめ

　このようにシグナル伝達系は、生物の体制変化に伴って階層的に複雑化してきました。単細胞原核生物であるバクテリアの2成分制御系から、大型化した真核生物に伴って発展したリン酸化カスケードによる細胞膜から核までの信号伝達の進化、さらには、多細胞生物化に伴い細胞増殖の協調的制御を司るチロシンキナーゼや接着分子関係のシグナル伝達などへと進化過程が次第に明らかになってきています。

4章 参考文献

[1] ブルース・アルバーツ、アレクサンダー・ジョンソンほか『細胞の分子生物学 第4版』、中村桂子、松原謙一監訳、ニュートンプレス、2004
[2] B.D.Gomperts, I.J.M.Kramer, P.E.R.Tatham『シグナル伝達―生命システムの情報ネットワーク』、上代淑人監訳、メディカル・サイエンス・インターナショナル、2004
[3] M.L.ミンスキー、S.A.パパート『パーセプトロン（改訂版）』、パーソナルメディア、1993
　　Minsky,M.L. and Papert,S.A: Perceptrons Expanded Edition, The MIT Press, 1988.
[4] Hanahan,D., Weinberg,R.A.: The Hallmarks of Cancer, Cell, 100(1), pp.57-70, 2000.
[5] Kültz,D. and Burg,M.: Evolution of osmotic stress signaling via MAP kinase cascades, The Journal of Experimental Biology, 201(22), pp.3015-3021, 1998.
[6] Ogishima,S., Tanaka,H.: Evolutionary analysis of yeast HOG-MAPK signaling pathway, The 2004 SMBE(Society for Molecular Biology and Evolution) conference.
[7] Ponting,C.P., Aravind,L., Schultz,J., Bork,P., Koonin,E.V.: Eukaryotic Signalling Domain Homologues in Archaea and Bacteria. Ancient Ancestry and Horizontal Gene Transfer, J.Mol. Biol., 289(4), pp.729-745, 1999.
[8] 宮田隆『DNAからみた生物の爆発的進化』、「ゲノムから進化を考える」1、岩波書店、1998
[9] Kusserow, A., et al.: Unexpected complexity of the Wnt gene family in a sea anemone, Nature 433 (7022), pp. 156-160, 2005.
[10] Ben-Shlomo,I., Yu Hsu,S., Rauch,R. Kowalski,H.W., Hsueh,A.J.: Signaling Receptome: A Genomic and Evolutionary Perspective of Plasma Membrane Receptors Involved in Signal Transduction, Sci.STKE, 2003(187), re9, 2003.

5章　形作りに働く情報のネットワーク

5.1 カンブリア紀のステキな怪物たち

5.1.1 多細胞化の戦略—多細胞生物の出現

　生命は，地球上に出現してから現在に至るおよそ38億年の期間のうち，ほぼ4分の3にあたるおよそ28億年を単細胞生物として過ごしました。細胞内共生によって細胞を大型化して真核単細胞生物も取り込んだ生命ですが，これ以上の大型化は，単一の細胞という枠組みの中ではきわめて困難でした。外的環境の変動に，より一段ときめ細かに適応し，また予備力をもつ生命の実現のために，生命は，これまでの生命そのものであった個々の細胞を多数集合させて，多細胞化するという戦略をとりました。

　こうして完成した多細胞の生命は，構成要素がそもそもこれまでの生命そのものであったこと，集合であるにもかかわらず生命として単細胞生物と同じ全一性をもっていることから，生命の階層的複雑化の階梯を大きく上昇させた生命体制です。実際，この体制を実現することが，単細胞生物にとってきわめて困難なことだったことは多細胞化に30億年もの年月がかかったことから推測されます。

細胞内共生の入れ子をさらに重ねる選択もあった？

　もちろん，この多細胞化による大型化の戦略は，何の躊躇もなくとられたわけではありません。今日の真核単細胞生物に多く見られる，さまざまな過渡的な形態は，多細胞生物への進化が試行錯誤を経たものであったことを物語っています。現存する生物を分類する生物分類学も困難とするところで，たとえば，有名なホイタッカーらの5界分類では，原核生物（モネラ），菌類，植物，動物の4つの生物界は問題がないにしても，真核単細胞生物をカバーする生物界，すなわち原生生物界については，多種多様な生物系統が混在しており，分類が困難な生物をすべてひとまとめにしたという印象があります。そのため，この原生生物界をさらに分類した8界説や7界説などが提案されており，生物分類学においても議論のある生物分類となっています。

　真核単細胞生物を大型化するということであれば，真核生物への進化を実現した細胞内共生をさらに多重に内容化していく戦略もありました。すなわち真核生物をさらに内に共生として含む高次真核生物です。たとえば，クロミスタなどの藻類では，葉緑体を取り囲む膜は4重であり，葉緑体の傍らにヌクレモルフといわれる核に似たオルガネルが存在します。これは，藍藻（シアノバクテリア）とすでに細胞内共生している真核紅藻類等を，鞭毛虫類がさらに細胞内共生した2

次的細胞共生であるという説明がなされています。

このような例はほかにもいくつか見出されます。たとえば、渦鞭毛藻などでは、このクロミスタをさらに細胞内共生させた形になっており（3次的細胞共生）、細胞内共生の高次化が進んでいます。しかし、この共生の多重内包化による大型化は、藻類にのみ見出されるだけで、それ以降の大型化への進化のおもな戦略にはなりえませんでした。細胞内共生を入れ子構造的に繰り返すよりも、細胞内共生は1次的レベルにとどめ、多数の1次的細胞内共生を並存させて集合させる多細胞体制を生命は選んだのです。

多細胞生物の最初の役割分担－体細胞と生殖細胞の分離

生命は、このように多細胞生物へと体制をいっそう複雑化することによって、外的環境への多様な適応能力を備えるようになり、自らの生の営みを確実なものにしました。多細胞化の利点はいくつかありますが、まず、単細胞生命のまばらな生物集団よりもエネルギー利用が効率的で、栄養状態の枯渇に強くなる点があげられるでしょう。また、これまで単一の細胞が兼ねていた、栄養を摂取して生を営む能力と子孫を残す能力を、体細胞と生殖細胞に役割分担し、専業化してそれぞれ進化させた点もあげられるでしょう。すなわち、体細胞のほうは分裂して複雑な機能を遂行できる多細胞体制をとり、生殖細胞は遺伝的情報の保持と継承に特殊化して安定な生存能力を得たのです。

多細胞生物は、生殖細胞と体細胞の分離によって、これまで単細胞生物が担っていた「永続する生命」を生殖細胞に委ねたのです。そのために、多細胞体制で構築される生殖細胞以外の「個体」の部分は、崩壊してかならず死を迎える運命をたどることになりました。一方、生殖細胞は、ほかの個体の生殖細胞と融合して、生命の系譜をつぎの世代へと繋ぐのです。多細胞生物によって、「個体としての生命」と「永続する生命」の区別がはっきりとしたといえます。

この多細胞化による生殖細胞と体細胞の分化は、発生の最初の段階で起きます。発生過程は本質的には、図5-1に掲げたようになります。

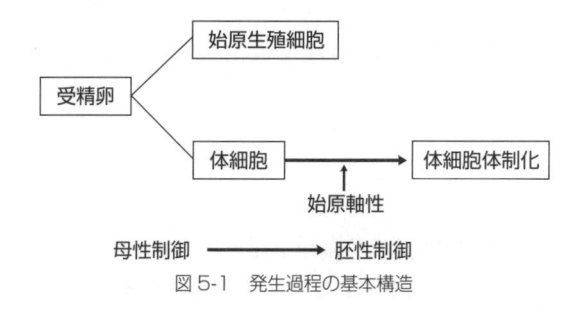

図5-1　発生過程の基本構造

発生過程は、まず、体細胞と生殖細胞の分離の過程と、体細胞の分化による体制化の過程に大きく分類することができます。母性制御の過程では、受精卵に存在している母親由来の RNA がタンパク質に翻訳されて、遺伝子発現の調節因子として働きはじめます。体軸の決定など大局的な構造形成は、これらの母性因子により決定されていきます。そして、胚性制御の過程では、胚由来の遺伝子発現とその翻訳産物であるタンパク分子による、発生制御の遺伝子調節ネットワークやシグナル伝達カスケードが働き、体細胞の体制化が実現されていきます。

実は、生殖細胞と体細胞が分離する前の単細胞生物においても、生殖細胞状態と体細胞状態を細胞の生活史として交代にとる方式が採られています。それまでは、染色体（遺伝情報）の複製と2つの娘細胞への分配（分裂）という、単純な増殖による生活サイクルでしたが、通常の体細胞状態での細胞の染色体を二倍体化して倍数体（ディプロイド）状態にすることで、生活サイクルのある時期において、減数分裂して、半分の数の染色体をもつ2つの生殖細胞（ハプロイド：半数体）を形成し、2つの生殖細胞が合体する受精によってもとに戻る方式が採られました。この有性的な増殖は単細胞生物の単純な分裂とは違い、真核生物において見られるものです。真核生物のほとんどは減数分裂を行い、接合などによって、元の倍数体（ディプロイド）状態に戻ります。この半数体の受精による方式は、遺伝情報の組み換えにより、進化的な多様性を実現することができるのです。

5.1.2　カンブリア爆発とそれ以前

それでは、多細胞化は進化の歴史においてどのように進行したのでしょうか。複雑な多細胞生物への進化は、動物や植物に繋がるさまざまな生物系統で独立に試みられ、並行に進行していったと考えられています。なかでも多細胞化への過程において、現在でも多くの人々の関心を引き、依然として謎が多いのは、「カンブリア爆発」とよばれる進化史上の一大イベントです。多細胞生物、すなわち後生動物のほとんどすべての種が、およそ5億4200万年前から5億3000万年前のわずか1200万年ほどの間に一挙に出現したのです。この進化史上の一大イベントは、その地質年代がカンブリア紀とよばれていることからこのように名づけられました。

カンブリア紀に多細胞生物の時代の幕が上がった

地質年代は、地層に含まれる化石によって区分されます。カンブリア紀以降は、

古生代・中生代・新生代とに分けられていますが、古生代以前は、先カンブリア時代としてひとくくりにまとめられていました。これは、長い間、先カンブリア時代の地層からは生物化石が発見されず、およそ40億年続くこの長い年代は生物の存在しない時代として考えられていたためです。一方、古生代であるカンブリア紀に入ると、複雑で多種多様な形態をもつ多細胞生物が忽然と出現します。このことは、19世紀のダーウィンの時代にすでに知られており、漸進的な進化論を唱えるダーウィンにとってももっとも頭の痛い問題でした。『種の起源』では、第10章の「化石による証拠が不完全なことについて」で、これが現在の化石の記録では説明が困難であることを認めています。確かに化石を観察するかぎり、ある古生物学者が言うように、あたかも幕の後ろで十分に劇が進行してから、突然幕が上がった芝居を見るような印象をもちます。

バージェス頁岩の化石の発見

カンブリア紀に関しては、最初は三葉虫など生物の硬質部分のみが化石として残存したものがほとんどでした。近年になって、カナダのブリティッシュコロンビア州のシェールで、カンブリア紀中期層に、生物のやわらかい部分が残った化石が大量に発見されました。これが、バージェス頁岩の化石で当時の泥に埋もれた生物が化石として残ったものです。この発見によってカンブリア紀の生物像が一新されました。なじみ深い三葉虫だけでなく、ハルキゲニア、オパビニア、アノマロカリスなど、現在では見られないさまざまな、奇妙な形態の生物が見出されたのです。

カンブリア紀の奇妙で個性的な生物

あまりに奇妙なデザインのためにすぐに絶滅した種も多く存在しました。ハルキゲニア（Hallucigenia）は、ラテン語で「幻想（Hallucion）から発生した（genia）もの」という意味で、細長い足が90度をなして7対もありました。オパビニアは、今日の節足動物甲殻類と考えられますが、長いチューブの先に鋏のような口があ

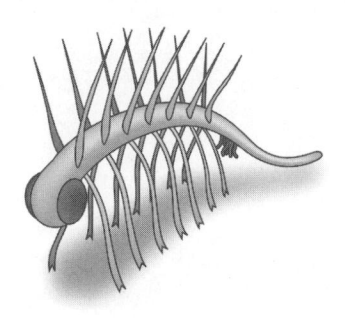

図5-2　バーチェス頁岩の化石のハルキゲニア（復元想像図）

り、眼は5つもありました。また、同じく節足動物甲殻類に属するアノマロカリス（「異常なえび」の意）は、大きいもので全長60cmであり、当時最大の獰猛な肉食動物であったと考えられています。テレビの特別番組で機械仕掛けのアノマロカリスを作成し、プールで泳ぐ姿が再現されたことがあるので、ご存知の方も多いかもしれません。このバージェス頁岩の化石を通した「奇妙な生物」の発見は非常に衝撃的で、数々の一般向けの名著をよびました。グールドの『ワンダフル・ライフ』[2]やモリスの『カンブリア紀の怪物たち』[3]はカンブリア爆発での個性のある動物たちを多くの人に紹介しています。

後生動物のすべての門が出現した

　カンブリア爆発では、5.4億年前に短期間——600から1200万年までの間とする学者が多い——で今日見られる多細胞生物の祖先のほとんどが出現しました。生物の分類で門というと、学説による違いはあるものの、およそ35前後ありますが、驚くべきことにこのカンブリア紀に動物界のすべての門が出現しているのです。そして、刺胞動物、扁形動物、環形動物、節足動物、軟体動物、棘皮動物などの多細胞の海産動物が古生代のはじめカンブリア紀からオルドビス紀にかけて栄えたのでした。カンブリア紀には、哺乳類に繋がる脊索動物の祖先も出現しています。平らな魚のような形をしたピカイアは脊椎動物の祖先とされています。

　カンブリア紀には、すべての後生動物の門が出現しただけではなく、むしろカンブリア紀以降、多くの門が消滅したと考えられています。消滅した門の数は100の門に及ぶと推定する研究者もいるほどです。控えめに推定しても17の門が消滅したと考えられています。

図5-3　カンブリア紀の個性的な生物（寺越慶司 画 © K.Terakoshi 1994）

カンブリア紀は動物型ゲノムが完成した時期？

　ここまで形態的・古生物学的な分類にしたがって形作りの構造について見てきました。1章では構造は情報ネットワークにより規定されていると述べました。では、その形作りの情報ネットワークをコードするゲノムはどうなっていたのでしょうか？

　カンブリア紀以前は、多細胞生物は出現していませんでしたが、多細胞生物の発生のためのツールキットとなる遺伝子が潜在的にそろえられてきました。そして、カンブリア紀になって、そのツールキット遺伝子のレパートリーがそろい、多細胞生物の体制を決定するゲノムが完成したと考えられています。進化の諸問題について、慧眼による鋭い考察を提起することで有名な大野乾は、カンブリア紀で多細胞動物のすべての門がそろうことから、「普遍的な動物型ゲノム（Pan animalia genome）」が完成したのではないかと提唱しています。

5.1.3　カンブリア紀以前の多細胞生物

　カンブリア紀に突如として多様な多細胞生物（後生動物）が出現した事実はいまだに議論の多いところですが、原始的な後生動物やその祖先型はカンブリア爆発から少なとも1億年前、研究者によっては5億年ほど前に、すでに出現していたと考えられています。カンブリア紀以前の化石はカンブリア紀以降に比べて数は少ないものの、発見されています。この数少ない先カンブリア紀の化石の中でも有名なのが、6.2億年から5.5億年前の、先カンブリア紀の末期にあたるエディアカラ紀（ベンド紀）の生物と考えられる、エディアカラ生物群の化石です。

エディアカラ生物群に見られる奇妙な形の生物

　エディアカラ生物群は、外骨格をもたない軟体の多細胞生物で、南オーストラリアのアデレート市郊外のエディアカラ丘稜で発見されました。分子状酸素が豊富になったこと、氷河期の終結により海が暖かくなり、生物を取りまく環境が温暖になったことから、浅海に広く生息したのではないかといわれています。体はやわらかく、砂地や泥地で生きていた様子が化石（生痕）になっており、クラゲなどの刺胞動物やゴカイなどの環形動物などにまじって、それ以降の時代には見かけない奇妙な形の生物も多く見られます。

　エディアカラ生物群の中には、動物なのか植物なのか、あるいはそのどちらでもないのかがわからない生物が多数見られました。このため、エディアカラ「動物群」ではなく「生物群」とよばれています。しかし、その中には、確かに動物

図5-4 エディアカラ生物群（ディキンソニア）（写真提供：蒲郡・生命の海科学館）

であると考えられる生物が見られるため、この生物群の起源は陸上の植物より古く、10億年前から7億年前にさかのぼるといわれています。エディアカラ生物群の化石には地球最古の動物化石があり、動物の起源を解明するうえで鍵となっています。

シート状で放射相称性の謎に満ちた生物たち

　エディアカラ生物群は謎に満ちた生物ばかりです。60もの体節に分かれた生物をはじめ、木の葉のような生物や管状の生物もいます。ディキンソニアは放射状の分割線によって60もの体節に分かれた生物で、楕円形の、平らなシート状の構造をとっています。大きさは硬貨大から大皿大ほどまでと実に多様です。木の葉のような生物は、エディアカラ生物群を代表する生物で、根、茎、葉のような構造が見られます。葉のような部分には多くのポリープが集合している様子が見られ、原始的な腔腸動物の群体と考えられています。エディアカラ生物群は、放射相称の生物のみならず、左右相称の生物も見られ、これが現在の左右相称動物の原始的祖先であるかは議論が分かれています。

ベンドビオンタ-V/C境界とエディアカラ生物群

　ドイツの古生物学者ザイラッハーは、エディアカラ生物群をこの時期に特有な生物としてベンドビオンタと命名しました。実は、エディアカラ紀（ベンド紀）（V）とカンブリア紀（C）の間に生物大絶滅期（V/C境界）が存在します。ザイラッハーは、エディアカラ生物群をこの大絶滅によってそれ以後の生物とは断絶した特有の生物群とみなしたのです。現在では、カンブリア紀に少数の生物が生き残ったと考えられています。エディアカラ生物群は、絶滅した二胚葉性生物と生き残っ

5.1 カンブリア紀のステキな怪物たち

図5-5 カンブリア紀とエディアカラ紀（ベンド紀）

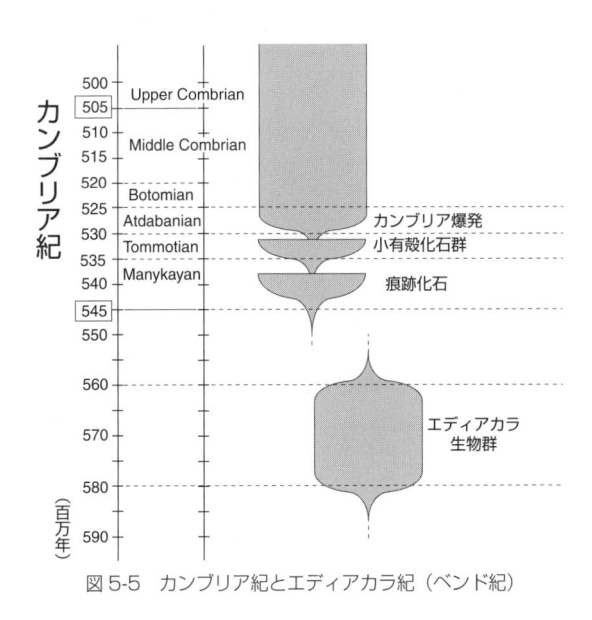

た左右相称動物の原始的祖先が混在した時代と考えるのがもっとも妥当かもしれません。いずれにしろ、カンブリア紀以前には放射相称の原始的後生動物である海綿動物や刺胞動物などがすでに存在していたことは確かなのです。

シート構造から胚葉構造をもった多細胞生物へ

生物の形作りの視点から見ると、エディアカラ生物群は、平たく薄いシート状の放射相称のシンプルな構造をとることから、原始的な体制をもつ多細胞生物です。中空な球殻状の細胞シートを平坦にした形だろうといわれています。このシート状の構造の体制の生物は、V/C期の地球環境の異変によって絶滅してしまいます。これはおそらく、平面的なシート構造では、十分な強度が得られなかったためではないかと考えられます。

生物の形作りは、このシート状の放射相称のシンプルな構造から二胚葉の構造へと進化します。すなわち、細胞のシートで囲まれる中空の球を形成し、原口から原腸陥入し、内部に折りこみ、袋状に閉じることで、2層のシートで囲まれる消化腔を形成するようになりました（図5-6）。これにより、生物は、外側と内側のある2層のシートによって、外部からの影響の少ない内部空間をもてるようになりました。このことが多細胞生物の外部環境への適応能力を飛躍的に向上させたのです。いわゆる二胚葉構造とよばれる体制へと進化しました。

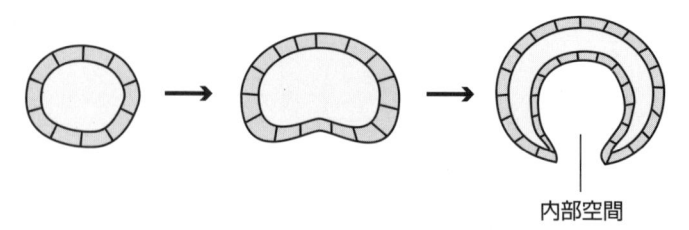

図 5-6　原腸陥入による消化腔の形成

胚葉構造をもった生物は 2.5 次元的？

　胚葉構造をとることにより得られた消化腔は、生物の外側の空間ですが、トポロジカルには内側の空間です。すなわち、胚葉構造をもった生物は、消化腔を外的環境からの影響の少ない、安定した「内部」空間としてもつことができるようになりました。この胚葉構造をもった生物の形作りについては、エディアカラ生物群以降さまざまな実験が試みられました。そして、V/C 境界での大絶滅後、適応能力を飛躍的に向上させたうえ、生態学的な空白が生じたことが、カンブリア爆発に見られる生物種の放散に繋がったと考えられています。

　多細胞生物は本質的にはシートでの構築を基本とし、これを何重にも折りこんだ生物です。その意味で多細胞生物は本質的には 2 次元的です。このことから、フラクタル次元の意味では、胚葉構造をもったわれわれ生物は、見かけは 3 次元的ですがそもそも 2.5 次元的とよんでもよいかもしれません。

5.2 多細胞化のために越えるべき壁とは

　外的環境の変動への適応能力を高めるために、生命は、これまで生命そのものであった個々の細胞を多数集合させて、多細胞化するという戦略をとりました。この多細胞化は多くのアドバンテージをもたらしました。しかし、本来、独立した生を営む細胞を束ねて、単なる集合体ではない、1個の生命体にまとめあげるためには、越えなければならないさまざまな壁がありました。それでは、多細胞化のために越えるべき壁にはどのような壁があったのでしょうか？

5.2.1　多細胞生物の局所的な分子メカニズム

細胞内から細胞間コミュニケーションへ

　独立して生を営むことができる個々の細胞を多数集合させて、1個の生命体として振る舞えるようにするには、集合させた細胞に協調されたコヒエレントな挙動を行わせなければなりません。このコヒレントな振る舞いのために、単細胞生物ですでに外的環境への適応のために発達していた情報ネットワークであるシグナル伝達系が活用されました。細胞間が協調して1個の生命体として活動するために、細胞間で情報をやり取りし、それを受容体で捉えて個々の細胞の振る舞いを決定するようになったのです。こうして、シグナル伝達は、細胞内から細胞間のコミュニケーションが中心となりました。この細胞間のコミュニケーションによる情報ネットワークは、時間的、空間的拘束下での発生のプログラムによる多細胞生物の形作りの基礎となりました。

細胞認識と結合の機構

　多細胞化のためには、細胞間でシグナル伝達分子を介してコミュニケーションを行うだけでなく、結合して組織を形成しなければなりません。組織を形成するためには、細胞がお互いに、異物ではなく、同一の生命体を形成し、同一の組織を形成する細胞であることを認識しなければなりません。同一の生命体の細胞であれば、異物として貪食してはいけませんし、同一の組織であれば、結合して組織を構成しなければなりません。細胞がお互いに認識するために、細胞内のゲノムを調べて同じかどうか調べるわけにはいきませんから、それぞれの生命体、組織ごとに表面に「目印」がついていると便利です。ここに、生命体の細胞表面の構築物による個体特異性、組織特異性の認識概念が出現します。生命における「自

己性」の誕生です。

　細胞は、同一の生命体を構成する「自己」の細胞であるか、あるいは外来性の「非自己」の単細胞生物であるか認識しなければなりません。細胞には、多細胞生物としての「自己」を構築する細胞以外にも、単細胞生物として生きる細胞が多く存在し、その中には、多細胞の生命体に寄生、攻撃することで、これを滅ぼすものがいます。したがって、多細胞生物にとって、生命体内で遭遇する細胞の「自己」か「非自己」の目印の認識、すなわち、自己の細胞か非自己の細胞かの認識には、生き残りがかかっているのです。そして、この「自己」と「非自己」の認識や細胞間接着は、細胞表面上にある目印を認識して行われますが、このような細胞認識のメカニズムは多細胞生物に特有な免疫系の基礎となったのです。

5.2.2　多細胞生物への過渡的形態

　多細胞生物化は、植物、菌類、動物とそれぞれの系統で独立に試みられました。たとえば、植物の多細胞化は線状に細胞を積み重ねる戦略で実現しました。それでは、植物以外の多細胞化としては、どのような戦略があったのでしょうか。多細胞生物の胚葉構造を述べる前に、まず、その過渡的形態として、生殖細胞、粘菌、ボルボックスについて見ることで、そもそも細胞が集合した集合的生命の起源について考えてみることにしましょう。

粘菌−胞子状態と集合体の生活史

　粘菌は、生活環の中で、単細胞かまたはそれが集合した形（移動体あるいは偽

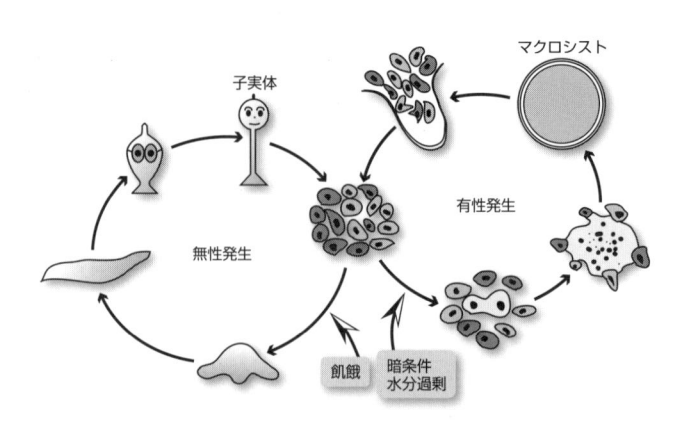

図5-7　粘菌（筑波大学漆原研究室ホームページより）

変形体)をとる微生物です。集合体を形成しますが、細胞の構造を失わないために、細胞性粘菌ともよばれます。粘菌は、単細胞のアメーバとして増殖しますが、周囲の餌を食い尽くすと cAMP を分泌してこれを情報伝達物質として集合し、小さなナメクジのような移動体あるいは偽変形体を形成して、移動します。そして、子実体を構成して、飢餓状態に強い半数体の胞子をばら撒きます。これが栄養状態のよいところにばら撒かれると、単細胞のアメーバとして生活しますが、そうでなければまた集合体を構成します。このように、粘菌は、胞子状態と集合体の状態を繰り返すのです。

ボルボックス−群体を形成する緑藻

ボルボックス（Volvox carteri）は、いくつもの細胞が集合した群体を形成する緑藻の一種で、体細胞と生殖細胞（gonidia）の2種類の細胞種だけからなる多細胞藻類です。群体になると細胞の分化が見られ、生殖を分担する生殖細胞が出現します。生植細胞は群体の内部で細胞分裂を繰り返して娘群体となり、成熟すると体細胞の層を破り母群体から孵化し、体細胞はそのまま枯死します。この生物は単純な体制を有していますが、その生活環においては、卵割、不等分裂、細胞のダイナミックな変形、プログラムされた細胞死など、多様な生命現象を経て増殖します。

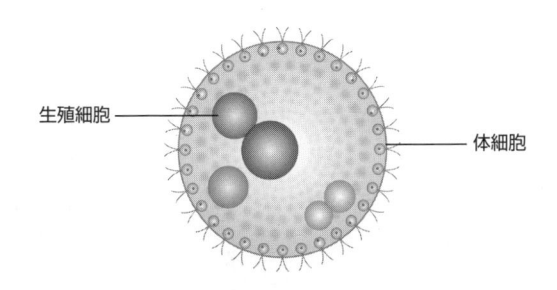

図5-8 ボルボックス

カイメン−より多細胞体制が明確になった生物

これらの細胞群体よりはるかに多細胞体制が明確な生物があります。カイメンです。カイメンは、細胞の分化が見られ、同種の細胞が接着して、その体制を形成しています。しかし、細胞の分化の程度が低く、外側の扁平細胞と内側の襟細胞に分化する程度で、襟細胞も襟鞭毛虫類と類似しており、襟鞭毛虫が集合した形をなしています。襟状虫は1本の鞭毛とそのまわりを囲む襟状の構造をもつ鞭

毛虫の仲間で、カイメンはこれがボルボックスのように群体を形成して多細胞化してきたと考えられます。しかし、カイメンはほかの多細胞動物とは体制が大きく異なります。カイメンの細胞は、同種の細胞が接着していますが、骨片細胞が分泌したカルシウムによって形成された骨片や中膠を介在して集合しているに過ぎず、後生動物の上皮組織のような密着した緊密な細胞接着によって集合しているわけではありません。後生動物の多細胞体制を獲得するのは、シート体制を構成したところからですので、カイメンは多細胞化の前段階で単細胞の集合体の最終形態と考えられます。この上皮体制から出発した多細胞生物は、この受精卵からの発生過程の拘束を受けながら上皮体制から内胚葉へと折りたたまれ、二胚葉－三胚葉構造へと発展しました。

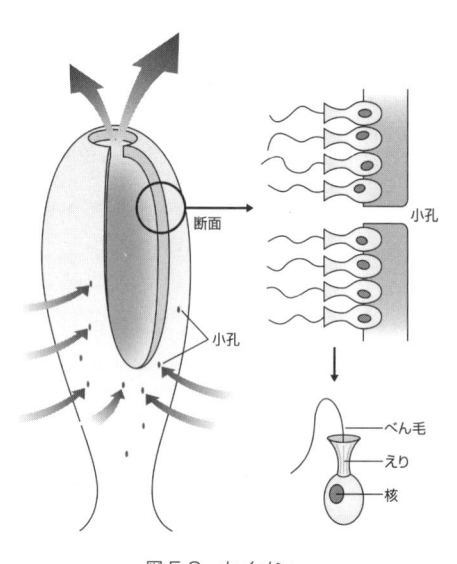

図 5-9　カイメン

5.3 多細胞生物の形作りのボディプラン

　さて、多細胞化のためには、上述した細胞間コミュニケーション、細胞認識および結合の局所的な分子メカニズムだけでなく、細胞の集合体をとりまとめる大局的なプランがなくてはなりません。これは、多細胞生物という体の形作りの設計原理で、バウプラン（Bauplan）あるいはボディプランとよびます。多細胞生物のボディプランは「単純から複雑へ」と進化していきました。ここで、エディアカラ生物群やカンブリア爆発以降の多細胞生物の多様な形態を、ボディプランの観点から見直してみましょう。

5.3.1　胚葉構造の多重化と対称性

胚葉構造の多重化

　まず、先カンブリア紀の末期にあたるエディアカラ紀（ベンド紀）の生物と考えられる、エディアカラ生物群ですが、推測になりますが、細胞シートが1層の平板的なボディプランの生物も見られました。しかし、これらは絶滅しています。私たちが今日見ることができるのは、細胞シートを袋状に折りこんで形成する胚葉構造のボディプランの生物です。この胚葉構造が多細胞生物（後生動物）のボディプランを決定する第1の原理です。しかし、この第1の原理だけでは3次元ある立体の構造を決定することはできません。ボディプランを決定するための第2の原理が必要で、それは対称性と胚葉構造の多重化です。

対称性

　形作りの対称性は、最初、放射相称動物（radiate）で試され、その後、原腸貫通による左右相称となった左右相称動物（bilateria）に継承されました。放射相称動物は、袋状の二胚葉性の生物で、海綿動物、ヒトデ、クラゲ、イソギンチャクなどの刺胞動物、クシクラゲなどの有櫛動物の3門の生物です。左右相称動物は現在私たちが目にする動物で、三胚葉性の生物ですが、その共通祖先（urbilateria）は現在のところまだよくわかっていません。左右相称動物は、消化腔（原腸）を貫通させて口と肛門を結ぶ管口を形成し、これを主軸として左右相称になるボディプランです。この左右相称動物では、細胞シートも単純な2層のシートではなく、その構造が進化し、三胚葉構造をとるようになりました。

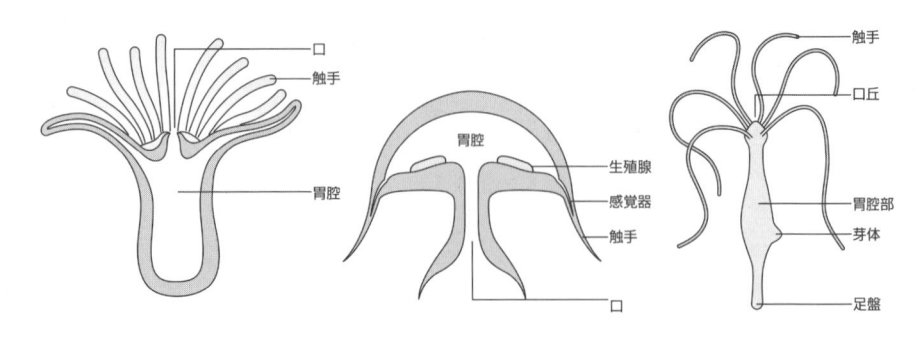

図 5-10 二胚葉性の放射相称生物（イソギンチャク、クラゲ、ヒドラなど）

5.3.2 胚葉構造と体腔―二胚葉動物の誕生

　最初の多細胞生物は、平らなシート状の生物でエディアカラ生物群に見ることができます。初めボルボックスのように球状の1層の細胞層で構成されていましたが、この中空の球状シートが扁平につぶれてパンケーキのようになったのがエディアカラ生物群と考えられます。パンケーキのような平らなこの生物群は、海底を這うように移動し、降り積もった有機物を摂取しました。そして、腹部の中央部分を持ち上げて、腹部と海底との間に空間を生み出し、この空間をいわば消化腔として、消化酵素を放出し、食物を消化するようになったのです。このように、腹部の細胞層は食物を消化して栄養を摂取するようになり、背面の細胞層は体を保護するようになりました。すなわち、外胚葉と内胚葉とに分化し、二胚葉動物が誕生したのです。この2層の細胞層が袋を形成するように変形し、原腸ができあがり、これにより、原腸に接する内側の細胞層である内胚葉（消化管の粘膜など）と、外界に接する細胞層である外胚葉（皮膚、神経系など）が出現したのです。

消化腔―体の大型化と体細胞の分化

　こうして誕生した二胚葉動物は、腹部と海底との間の消化のための空間を、壷のような形をした消化腔へと進化させます。そして、この消化腔の開口部のまわりに食物を捕えるための触手をもつようになったのが、原始的なクラゲであり、ヒドラやイソギンチャクなどの刺胞動物の祖先です。刺胞動物は、消化腔を中心とした放射相称動物で、消化腔の開口部である壷の口の部分は、口でもあり肛門でもあります。この腔腸動物の消化腔である腔腸は単純構造ですが、この消化腔の出現により、触手を使って捕えた獲物を押し込んでまるごと消化することが

できるようになったことで（細胞外消化）、栄養摂取の能力が飛躍的に高まり、体の大型化と体細胞の分化という体制の大きな進化がもたらされました。

　実際、最初の多細胞生物であるカイメン動物では、体細胞の分化が進んでおらず、たとえば、構成する細胞がそれぞれ周囲の海水から栄養を直接摂取していましたが、刺胞動物では細胞の分化が進んでおり、たとえば、刺細胞で獲物を麻痺させ、腔腸内では腺細胞が消化酵素を分泌し、消化筋細胞が栄養を取り込むなど、細胞がそれぞれの機能を発揮して、協同して体制を構築するようになったのです。

上皮構造─筋神経系の発達

　もう1つ体制に大きな進化をもたらしたのは、細胞間の構造である上皮構造の出現です。刺胞動物や有櫛動物では、機能的に分化したおよそ10種類の細胞がシート状に結合した上皮（構造）をもち、この上皮はその外側表面が互いに結合しているうえに、その底部は基底層と呼ばれるコラーゲンなどでできた細胞外マトリックスに結合し、内側から裏打ちされています。カイメンは外見こそ触手がない点を除くと刺胞／有櫛動物によく似ていますが、細胞の分化・組織化が進んでおらず、腔腸動物のように上皮構造をもたない、独立した細胞の集合体です。

　この上皮構造は、筋運動とそれを制御する神経系の出現を可能にしました。刺胞動物の上皮細胞は、その基部（細胞内の基底層側）にアクトミオシンの微小繊維束をもちますが、上皮細胞間の結合能力を利用して、この繊維束を細胞間で縦列に繋ぎ合わせて細長い収縮性の繊維（筋肉）にしました。ヒドラはこの筋肉を利用して触手を自由に動かし、獲物を口から腔腸へ押し込むのです。また、筋肉を動かすためには、筋肉を統御する神経系が必要で、筋神経系は、上皮の出現により発達したのです。こうして発達した刺胞／有櫛動物の網目状の神経系は、体の諸器官の動きを統合し、捕食や遊泳といった高度な運動機能を可能にしました。この神経系による情報伝達システムは、ほかに類のない真正後生動物の際立った特徴です。

5.3.3　左右相称体制の確立─三胚葉動物の登場

　消化腔が貫通すると、これが形作りの主軸となり、この消化腔側の細胞層（内胚葉）と外界側の細胞層（外胚葉）の間の空間が複雑化し、胚葉構造が多重化しました。すなわち、内胚葉と外胚葉の間に、これらの胚葉につぐ第3の胚葉の細胞によって裏打ちされた空間、体腔が完成したのです。この第3の胚葉がいわゆる中胚葉です。中胚葉は内胚葉から出現し、この体腔が完成する過程で細長く変

形し、左右相称の体制をとるようになったと考えられています。そして、この中胚葉に、刺胞／有櫛動物では上皮細胞の細胞内器官に過ぎなかった筋繊維束が、扁形動物では独立した筋細胞として筋組織を形成するようになるなど、筋肉や神経が独立して発達するようになり、また、体腔内の浸透圧を調節するための排出器官や生殖器官などの、さまざまな内臓諸器官が発達していきました。

筋肉と神経系の発達

　筋肉と神経系の発達により、三胚葉動物は、海底を自由に這って、活発に獲物を探しまわれるようになりました。こうして海底を活発に這うようになった動物は、次第に体の前方に感覚器と神経系を集中させ、左右相称の体を作り上げるようになったのです。結局のところ、海底を這いまわる生活形態が、左右相称の体と内臓諸器官を分化させる体腔をもつ、三胚葉動物を生み出したということができるでしょう。これ以後、地球上に出現するあらゆる動物がこのボディプランにより形作りをするようになったのです。

　10億年前以降の地層からは、ミミズのような生物の這い跡の化石が見られますし、6億年前の地層からは、エディアカラ生物群の化石とともにこうした生痕化石が多く残っていました。これは生まれたばかりの、左右相称の三胚葉動物が残したものと考えられます。そして古生代のカンブリア紀に入ると、これらの三胚葉動物が大適応放散を開始します。それがカンブリア爆発です。

旧口動物と新口動物

　この三胚葉性の左右相称動物はさらに、原腸陥入を起こした原口（blastpore）がそのまま口になり、肛門が新しくできる旧口動物（protostomes）と、原口が肛門となり口が新しくできる新口動物（deuterostomes）とに分かれました。新口動物は、脊索動物、棘皮動物、ホヤ、半索動物など私たち哺乳類に繋がる動物です。

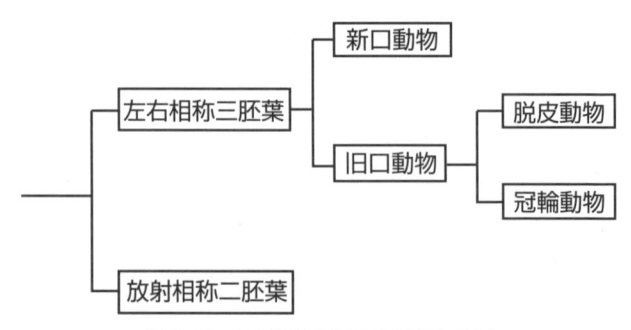

図5-11　後生動物の体制の基本的な分類

左右相称動物の体腔の進化

　左右相称動物の体腔ですが、実は、無体腔、偽体腔(無体腔と偽体腔をまとめて原体腔〈間充織体腔〉)、そして真体腔(上皮性体腔)と3種類のバリエーションがあります。従来は、簡単な構造をもつ無体腔が最初に出現し、偽体腔、そして複雑な構造をもつ真体腔へと進化したと考えられていました。しかし、真体腔が最初に出現し、無体腔、偽体腔へと退化したと考えられることもあります。この根拠は、分子進化解析による旧口動物の進化系統関係です。

　旧口動物は、rRNAの分子進化解析によると、冠輪動物と脱皮動物に大別されます。脱皮動物は節足動物、有爪動物、線形動物、動吻動物、鰓曳動物などで、冠輪動物は軟体動物、扁形動物、紐形動物、環形動物、腕足動物などです。これら脱皮動物には脱皮という、冠輪動物にはトロコフォア幼生という共有形質があります。そして、この冠輪・脱皮動物のそれぞれには無体腔、偽体腔、真体腔の動物が入り組んでいるのです。すなわち体腔の形態が無体腔から、偽体腔、そして真体腔へと進化したと考えると、この分子進化でみた旧口動物の進化系統関係と矛盾するのです。これらの事実を矛盾なく説明するには、真体腔の獲得は三胚葉動物の初期進化の過程で起きたと考えられるのです。したがって、無体腔や偽

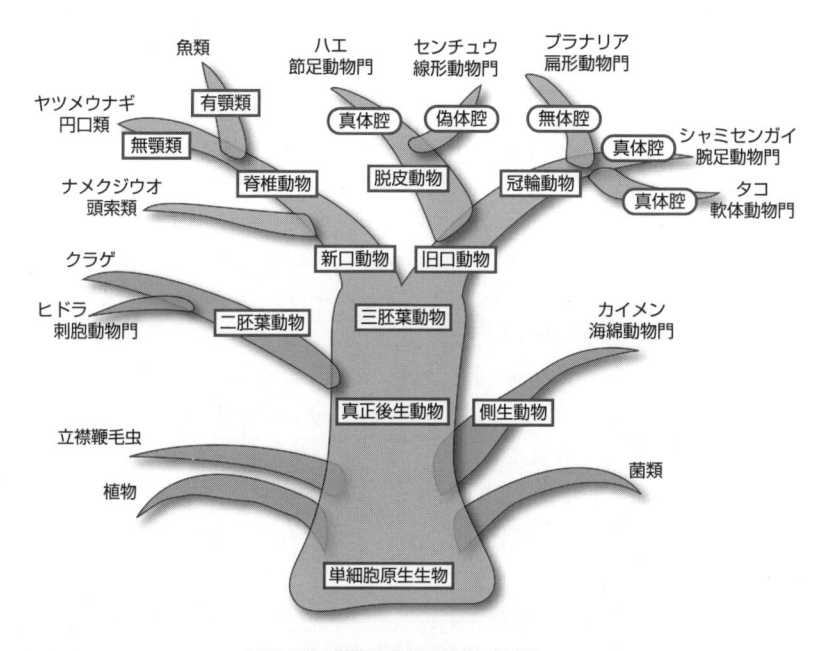

図5-12　動物の分子系統樹(宮田)

JT生命誌研究館ホームページ「宮田隆の進化の話」[変わる動物の系統樹―三胚葉動物の体腔と系統分類―]より

体腔の形態は退化的な形態とも考えられます。

上皮性体腔による後生動物の進化

　すでに触れましたが、三胚葉動物の体腔には、扁形動物に見られるような中胚葉性の間充織細胞と細胞外マトリックスで満たされた原体腔（間充織体腔）と、脊椎動物に見られるような中胚葉性の薄い上皮で裏打ちされ体液で満たされた真体腔（上皮性体腔）があります。

　上皮性体腔は、後生動物の形作りに自由をもたらしました。すなわち、上皮性体腔は、体内により広く、自由な空間を与え、内臓諸器官を思いのままに形作ることに成功しました。そして、クジラや象のように巨大な体をもつ動物が出現しました。たとえば、生殖巣はこの空間を利用して繁殖期にだけ膨大な体積に膨らむことができます。また、消化管の蠕動運動も上皮性体腔の存在なくしてはありえません。心臓も、体腔の中に吊るされることによって、収縮のたびに周囲の器官に大きな変形を与えることなく、規則的に拍動を続けることができるのです。内臓諸器官は、この上皮性体腔の自由な空間を得て、それぞれの役割に適した位置、形態、大きさをとり、その機能をさらに複雑化、高度化させることに成功しました。このように新口動物では上皮性体腔が大いに発達しました。その一方で、旧口動物は、外骨格を発達させ、体を大きくするのではなく小さいままで多様化し、繁栄していったため、上皮性体腔はあまり必要ではなくなり、退化していきました。これは内骨格の脊椎動物が、上皮性体腔を発達させて大型化していったのと好対照をなしています。このように、三胚葉動物はその発生様式をめぐって2つのグループに分かれ、内骨格と外骨格という異質な体制を進化させ、それぞれ独自に体腔と内臓諸器官を発達させてきました。そして、前者を代表する脊椎動物と、後者を代表する節足動物とで、この地上を二分する繁栄を築き上げることになったのです。

動物型と多細胞生物のボディプラン

　多細胞化のところで少し触れましたが、ここで多細胞生物のボディプランについて述べます。多細胞生物の体制の構築は、まず、植物型と動物型に分かれます。植物型は線状に先端から成長していく体制ですが、動物型（zootype）は先にも述べたように、原始的な後生動物である二胚葉放射相称型の動物を除くと、左右相称三胚葉構造を基本とした体制です。この基本体制である動物型といわれる体制の上に、体腔構造が発達していきました。

　動物の形を見ると非常に多様ですが、形作りの基本は共通性をもっていて、基本設計はそれほど多くはありません。動物の分類項目である門は、この基本設計となるボディプランの違いで、動物門はカンブリア爆発ですべて出現し、このと

5.3 多細胞生物の形作りのボディプラン

二胚葉放射相称

↓

三胚葉左右相称
分節化と反復
HOX 遺伝子

↓

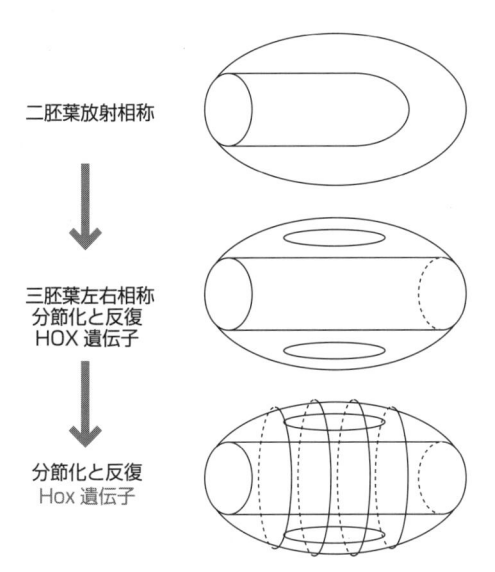

分節化と反復
Hox 遺伝子

図 5-13 左右相称動物の形作りの原理へ

きに出現した動物門のうち、17の動物門は消滅したといわれています。この門の分類において、発生のある一定の段階で共通して現れる体制を門型 (phylotype) とよびます。たとえば、脊椎動物の門型は咽頭胚期に見られ、脊索、体節、神経管、咽頭、尾の基本構造よりなっており、これは正弦的泳ぎを行うために基本となる体制です。

この門型より一般的なボディプランの1つは、動物型で、後生動物である左右相称動物の形作りの共通の基本設計です。左右相称動物は、体軸が明確に存在し、その体軸に沿って体の各領域が特殊化します。すなわち、左右相称動物の形作りの原理は、この体軸に沿った各領域分化です（図 5-13）。そして、各領域（体節）には器官が構成されていきます。このように、後生動物である左右相称生物の形作りは共通しており、このような形作りは、1章で述べたように遺伝子発現調節ネットワークやシグナル伝達系によって支えられています。この左右相称動物のボディプランをつかさどるマスター遺伝子が、この後で述べる Hox 遺伝子です。

5.4 発生という形作りの実際

多細胞生物の形作りの原理は、以上のようなボディプランによるものですが、生命にとっての大きな課題は、このような多細胞体制を1つの受精卵からの分裂と分化という連続的変形によってこれを作り上げることにあります。ここに発生という生命にとってのきわめて重要な課題が出現します。生命のボディプラン自体、発生という過程で構築できるかどうか、すなわち発生的拘束条件によって縛られているものなのです。

5.4.1 発生を決定する原理

発生の原則も複雑系の原則に従っています。基本的な不安定化力が根底に存在して、それの非平衡的自己組織化が基本力です。しかし、非平衡的な自己組織化だけでは複雑な秩序を形成できません。これはあくまでも土台なのです。情報物質を介した秩序形成が必要で、発生においてはシグナル伝達系、細胞間コミュニケーション、細胞認識などの「情報による秩序」の寄与がもっとも大きいのです。しかし、その原理は、わずかな差異をポジティブ・フィードバック的に増幅する複雑化の原理を利用していることには間違いありません。秩序形成の原理に差異化フィードバックの原理が働いていることは確かです。これは卵細胞に存在する細胞質分布（情報分子）の微小な偏り（潜在的構造）が分裂ともに増幅されることからも明らかといえます。

それから、自発的構造の原理が働いていることも重要な点です。胚におけるそれぞれの細胞の位置情報は、大枠から局所へ順次決定されますが、これらの位置情報をもたらすのは形原（モルフォゲン）とよばれる分子の連続的な濃度勾配です。ここに単に情報だけでなく物理的な機構を利用していることがわかります。しかし、これら形原が実際は遺伝子発現の転写調節因子であることからも明らかなように、形原の濃度分布は情報ネットワークへと引き渡されます。このように、差異化フィードバック、自発的構造、情報ネットワークの3つの原理が形作りに働いています。いずれの1つだけでは形作りはできないのです。

自発的な物理的構造形成に基づいているところと情報によって制御しているところが、織り成して形作りが行われていることに注意する必要があります。形作りは物理的構造の形成の過程を伴うもので、遺伝子の制御や情報物質の伝達だけでは決定されません。さまざまな細胞力学的な過程が介在しています。したがっ

5.4 発生という形作りの実際

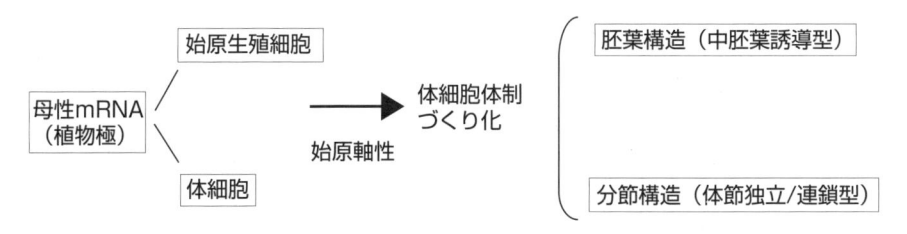

```
母性mRNA ─┬─ 始原生殖細胞 ─┐                    ┌─ 胚葉構造（中胚葉誘導型）
（植物極） │                 ├─→ 体細胞体制       │
         └─ 体細胞 ─────────┘   づくり化         └─ 分節構造（体節独立/連鎖型）
                           始原軸性
```

図5-14　発生の原理的構造

て、環境によって変化することのできる自由さがあります。この「自由さ」の程度に応じて、比較的発生の制御が厳密なモザイク卵と自由度の高い調節卵に分かれます。ここでは、モザイク卵の代表として、ショウジョウバエを例にとって説明します。その後調節卵の代表としてアフリカツメガエルの発生についても簡単に触れます。

5.4.2　すべてはショウジョウバエから始まった

モーガンのショウジョウバエの発生研究

　多細胞生物の最大の問題は、受精卵という1個の細胞から細胞分裂と個々の細胞の変形を加えて目標とするボディプランを実現することにあります。

　発生の遺伝学的研究をリードしてきた生物に、キイロショウジョウバエ（Drosophila melangaster）があります。この生物の染色体は巨大で観測しやすいため、発生遺伝学において研究が蓄積され、いわば発生遺伝学のバイブルとなっています。この生物が研究の対象になったのは、メンデルの法則が再発見されたばかりの20世紀初頭にさかのぼります。後に発生遺伝学者の大家となる米国のモーガンが獲得形質の遺伝を調べるために、暗闇に何日間もハエを飼育した実験を行いました。1910年の5月のある日に彼は、これからの発生遺伝学の今後を決定する一大発見を行います。眼が白く変異したショウジョウバエが見出されたのです。このハエはwhiteと名づけられました。獲得形質の遺伝という最初の仮説は証明できませんでしたが、この変異を起こした遺伝子こそが、その後の発生のメカニズムを解明する研究の第一歩となったのです。

　続いて1915年モーガンの共同研究者のブリジイズが、4つの羽がある変異種（正常のハエは2つ）を発見しました。本来のハエでは翅の後部に翅が退化した平均

棍がありますが、これが変異して4枚翅のショウジョウバエが生じたと考えられます。このような胸部が2つ発生したハエは、二重胸部という意味でbithoraxという変異として記録されました。

器官が単に変形したのではなく、別の器官にそっくり置き換わるという現象は、器官が1つのまとまった発生のプログラムによって制御されていて、最初のスイッチを間違えたのではないかと思わせました。すなわち、スイッチとなる遺伝子の変異によって形作りの方向が変わった以外は、通常のコースに従って発生のプログラムが順々（カスケード）に進行するという考えを起こさせます。このような変異はホメオティック（homeotic）突然変異と名づけられました。

モーガンらの研究グループはwhiteのみならず、眼の色や翅の形などのさまざまな形質を決定する遺伝子（この時代はまだ実体が明らかになっていませんでしたが）の染色体上の位置を変異の連鎖の程度を指標にしてマッピングしました。この一まとまりの発生プログラムを制御する遺伝子について、その遺伝子座を決定する研究が1945年頃にルイスらによって始まりました。

さらに、1978年、ニュウスライン－フォルハルトとウィシャウスは、これまで見出された発生・形態形成関連の遺伝子を系統的に調べ、ショウジョウバエの形作りの大枠を決める発生段階での、母性効果、ペアルール、セグメント・ポラリティ遺伝子グループと分類される、階層的制御性を明らかにしました。ショウジョウバエの発生遺伝学的研究は、節足動物にとどまらず、われわれ脊椎動物のボディプランを明らかにするもので、1995年にルイスとニュウスライン－フォルハルトとウィシャウスは、ノーベル賞を受賞しました。

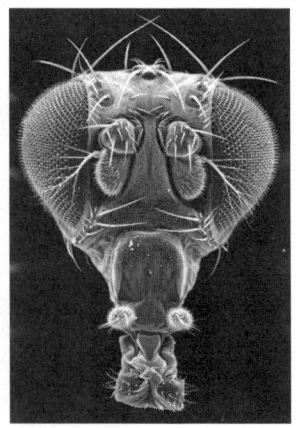

図5-15　Antennapedia変異体（右側は通常体）（写真提供：F.R.Turner）

ショウジョウバエの発生の概要

ショウジョウバエの体は、昆虫に共通なように、頭部、胸部（3体節）、腹部（8体節）から成っています。中胸部体節には翅と脚があり、眼と触角が頭部に存在します。

発生の基本はすでに述べたように、生殖細胞と体細胞の分離、体細胞の分裂による多細胞体制の構築です。生殖細胞と体細胞の分離についてですが、まず、生殖細胞は、発生過程の初期に形成される極細胞に由来します。この極細胞の形成に必要な分子は、受精卵の後端の極細胞質とよばれる細胞質に局在し、ここでミトコンドリアrRNA等の極細胞形成因子により極細胞が形成されます。そして、この極細胞は、生殖巣へと卵内を移動し、その生殖巣中で卵や精子に分化するのです。

つぎに、体細胞の分裂ですが、受精卵はまず核だけ短時間に多数回分裂して1.5時間後、1つの細胞内に多くの核が存在する多核性胞胚の時期が出現します。これは合胞体状態です。さらに、核が卵の表層に移動した段階で細胞膜が形成され、1つ1つが細胞となります。この段階は細胞性胞胚期となります。さらに中腸原基陥入があり1日で孵化して幼虫、さらに5日で蛹化してさなぎ（蛹）となり、9日後に成虫となります（図5-16）。

形作りの遺伝子の階層性

さて、形作りの原理は、繰り返し構造とこの繰り返し構造を構成するモジュールの個性化です。これは分節構造ともよばれます。最初は有爪動物のように比較

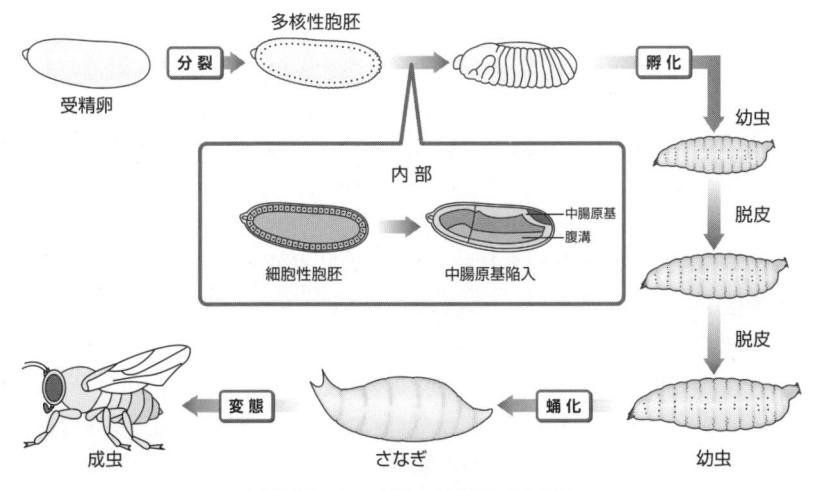

図5-16　ショウジョウバエの発生段階

的単調なパターンの繰り返しから始まり、昆虫や甲殻類などになると分節を多様化して複雑化しています。繰り返し構造がどのように作られ、それがどのように個性化したが、発生過程の理解になります。

形態の多様性がすべて発生に関係し、発生は遺伝子制御のプログラム基づく結果を反映しているとすれば、多様性の進化は発生の遺伝子制御プログラムの進化と直接結びついています。発生の遺伝子制御メカニズムは、発生制御ツールキット遺伝子が支えています。そしてその制御は階層的になされています。

発生制御ツールキット遺伝子は、全ゲノムの中でも一部ですが、多くのものは転写因子かシグナル伝達分子です。発生調節遺伝子キットの発現の時空的パターンは、遺伝子が作用する部位に依存します。発生制御遺伝子キットは、動物の門を超えて、保存され普遍的なのです。

発生制御ツールキット遺伝子の分類

発生を制御するツールキットの遺伝子ですが、キャロルはこれらをつぎのように分類しています。

1. 発生場の個別性（アイデンティティ、自己同一性）を決定する遺伝子
2. 発生場の形成を制御する遺伝子
3. 細胞の種類を決定する遺伝子
4. 体軸を形成する発生制御遺伝子

まず、発生場の個別性を決定する遺伝子は、左右相称動物の場合、体軸に沿った分節構造です。これには動物型を決定する遺伝子としてホメオティック遺伝子が存在します。これはそれぞれの分節の個別性を与える遺伝子です。このような遺伝子は発生場を決定する意味でセレクター遺伝子ともよばれます。この体節の個別性を決定する遺伝子にはHox遺伝子があり、体の分節の順序と染色体上の遺伝子の位置とが相関するという際立った特徴をもちます。これは、共線性とよばれます。

つぎに、胚葉構造に関係する領域（region）特異的セレクター、続いて、眼、脚など遺伝子などより詳細な発生場を決定する場（field）特異的セレクター、さらに各体節の中での詳細構造に関係する、区画（compartment）セレクター遺伝子、これには各体節の後方だけで発現するengrail遺伝子があります。そして、細胞タイプ特異的セレクターが存在します。たとえば、神経芽細胞特異的な発生制御遺伝子などです。遺伝子の発現の順序としては、軸決定遺伝子が発現して座標が振られた後、その発生場に特異的な遺伝子が発現します。

形作りの基本−前後軸の決定

1つの受精卵から細胞分裂を繰り返して胚を形成していくために、まず始めに決定されるのが体軸の前後軸です。細胞分裂により多くなった細胞を区別し、それぞれの位置に応じて将来どのような細胞に分化するかを決定しなければなりません。頭の位置では頭が発生なければなりませんし、尾の位置に脚が生えては困るわけです。もちろん体は3次元ですから、体軸には前後軸、背腹軸、左右軸があり、すべてが必要ですが、最初に決定される軸は前後軸です。

前後軸を決めているのは、卵極性遺伝子とよばれる遺伝子で、これらは受精以前の卵形成期に働く母方の遺伝子です。実際は、母方の遺伝子が卵形成に際して発現し卵の中にRNAあるいは翻訳されてタンパク質として、偏って分布した形で準備され、受精後にすぐに機能できるようになっています。このように父方の遺伝子なしで表現型を決める母方の遺伝子を母性効果因子とよびます。

ショウジョウバエでは、先に述べたように受精卵から細胞分裂を繰り返す中で、核だけ分裂して合胞体状態すなわち多核細胞状態（多核胚胞）になり、さらに核が周辺部に移行し、そこで細胞膜が各核に形成されて細胞性胚胞になりますが、この状態で前後軸を決めているのが、この母性効果因子の1つであるbicoid遺伝子です。このbicoid遺伝子は、母親の遺伝子が発現し、哺育細胞内でmRNAとなって卵細胞に受け渡されています。

細胞的胚胞の段階では、こうして母方から受け渡されたbicoidのmRNAがタンパク質bicoidに翻訳されますが、このbicoidタンパク質が受精卵の前部に存在するために微小に差が存在し、発現して前後に濃度勾配を構成します。bicoidはこの濃度勾配を構成することで、位置を指定することができます（位置決定遺

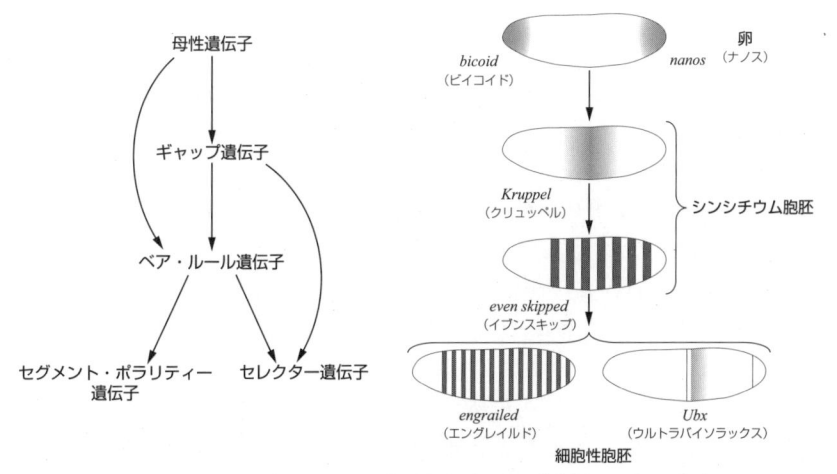

図5-17 ショウジョウバエの初期胚発生における階層的なシグナル伝達

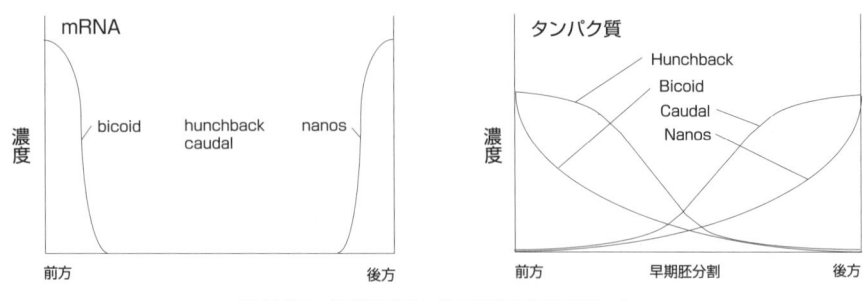

図 5-18　位置決定のための濃度勾配のパターン

伝子)。そして、bicoid の濃度勾配に応じて、つぎの新たな位置決定遺伝子が発現します。同じ時期に働く位置決定遺伝子としては、後部に発現する nanos 遺伝子があります。これも母性効果因子で、濃度勾配のパターンは図 5-18 のようになります。

　このように、まず母性効果因子によって多核性胞胚の時期、すなわち、核は多数分裂していますが、1 つの大きな細胞と考えられる合胞体の時期に、前後軸に相補的に濃度勾配が出現し、前後軸の体軸が決定されます。

　いまあげた bicoid や nanos タンパク質は、すべて転写調節因子です。濃度に応じて、それ以後の遺伝子、すなわち標的遺伝子の発現を制御します。すなわち、bicoid タンパク質は、それぞれの核がまだ細胞膜に囲まれていないため、DNA に結合し、転写調節ができるのです。後で詳しく述べますが、bicoid タンパク質は標的遺伝子の上流にあるシス調節エレメントを認識し、対応する標的遺伝子を発現させます。前後軸を決定する bicoid-nanos 系は、標的遺伝子として体節構造を大局的に形成するつぎの遺伝子群を発現させます。これらはギャップ遺伝子とよばれています。

ギャップ遺伝子による胚の区分

　ギャップ遺伝子の代表例は hunchback（ハンチバック）遺伝子です。hunchback 遺伝子は、前後軸に沿って胚を 2 つに区分します。この遺伝子は、多核性胞胚期に胚の前半部に発現しており、bicoid の濃度に依存して、発現しています。発現には bicoid タンパクが閾値以上の濃度になっていることが条件となります。bicoid 遺伝子は、先に述べた形原として働いています。

　ギャップ遺伝子は、DNA と結合能力をもつ Zn フィンガー構造をもっていて、これも後続して機能する遺伝子の発現を調節する転写因子です。ギャップ遺伝

子にはこのほかに Krüppel や Knirps（クナープス）などの遺伝子が存在します。いずれも体部の大局的構造を決定します。このギャップ遺伝子は、同じ分節遺伝子であるペアルール遺伝子、セグメント・ポラリティ遺伝子の発現のスイッチを入れ、さらに分節構造を複雑化させていきます。

形原による位置に応じた発現調節

さて、これまで見てきたように、発生において、物質の濃度が次の発生プログラムのスイッチとなる分子があります。これはさまざまな発生遺伝子の発現を調節する部位であるシス調節エレメントに作用して、濃度によってこれを活性する閾値が存在する場合です。図5-19はこの概念を提案したウォルパートの三色旗モデルです。

たとえば、ウォルパートは2つの遺伝子Aと遺伝子Bについてそのシス調節エレメントに結合する形原が存在すると考えます。形原が遺伝子Aと遺伝子Bのシス調節エレメントに結合度合いが濃度によって異なるとします。そうすると濃度によって両者が発現する濃度範囲、片方が発現する濃度範囲、両方が発現しない濃度範囲が分離します。この濃度勾配に即して位置情報が与えられ、適切な位置で適切な遺伝子が発現します。

ペアルール遺伝子による分節構造の決定

さて、話をショウジョウバエの初期胚発生の話に戻しましょう。ペアルール遺伝子は体節の位置を決定する転写因子をコードする遺伝子です。とくに最初は体

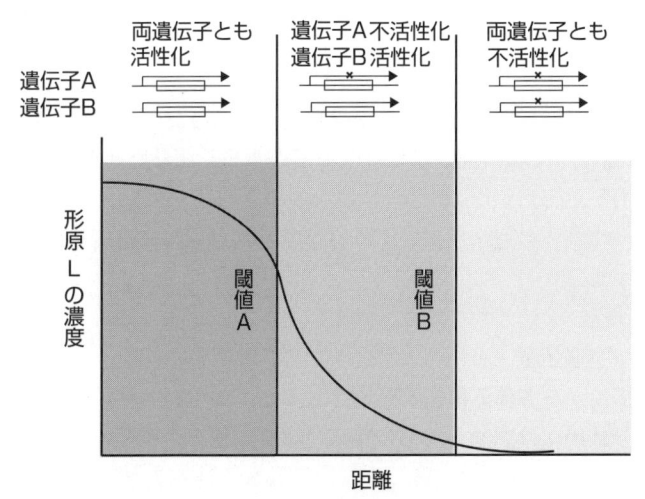

図5-19　形原の概念と位置に応じた発現調節

節とずれる偽体節を形成します。その粗い体節構造をセグメント・ポラリティ遺伝子が引き継いで、より細かい体節構造にします。ペアルール遺伝子に異常があるとフシタラズ遺伝子のように体節数が半減したハエができあがります。ショウジョウバエの体節は、頭部領域を形成する3つの体節と胸部領域を形成する3つの体節および腹部を形成する8つの体節から構成されています。体節が形成される初期では、14の偽体節がまず形成されます。この偽体節は、ペアルール遺伝子によって胚の空間が分割されます。ペアルール遺伝子は8つあり、すべてホメオボックスドメインをもつ転写調節遺伝子です。これらの遺伝子に変異が生じると、体節が交互に欠失して、体節の数が正常に比べて半分になります。

セグメント・ポラリティ遺伝子による体節形成

　セグメント・ポラリティ遺伝子は、ギャップ遺伝子が分割した偽体節をさらに区分けして、体節の形成を仕上げます。したがって、この遺伝子群に変異があると体節の一部が失われます。この遺伝子群は転写因子をコードする遺伝子もありますが、タンパク質キナーゼや膜タンパク質、成長因子などの細胞内外間での情報伝達に関係するタンパク質をコードする遺伝子も含まれています。これらの遺伝子群が体節の区画の境界で発現し、境界をはさんで働く細胞間のシグナル伝達分子により、これらの遺伝子が相互に発現を維持する、フィードバック作用により、区画の境界を決定します。具体的には、区画の境界の後部で発現する engrailed 遺伝子は転写因子をコードし、engrailed 遺伝子が発現すると Hedgehog とよばれる誘導因子を分泌されます。この Hedgehog は隣接する、区画の全部の細胞において cubitus interruptus（ci）の活性を維持し、この ci を発現する細胞は wingless という因子を分泌し、隣接する細胞で engrailed の活性を維持します（図5-20）。

　セグメント・ポラリティ遺伝子に変異が起こるとさまざまな変異体が出現します。wingless 遺伝子では後部がなくなり前部が重複し歯状突起が鏡像的な関係に、hedgehog 遺伝子では歯状突起だらけになるのでハリネズミ（hedgehog）のようになります。これらの遺伝子はいずれも単離され形態形成遺伝子であることが判明しています。

ホメオティック遺伝子

　大局的な構造から各体節構造が形成されると、つぎは各体節の特異化がなされます。前部の体節には頭を、胸部の体節には脚と翅を、腹部の体節には消化管や生殖器官を形成するのです。異なる体節に異なる性質を与える特異化には多くの遺伝子が関与していますが、いくつかのマスター遺伝子の下で、下流の多数

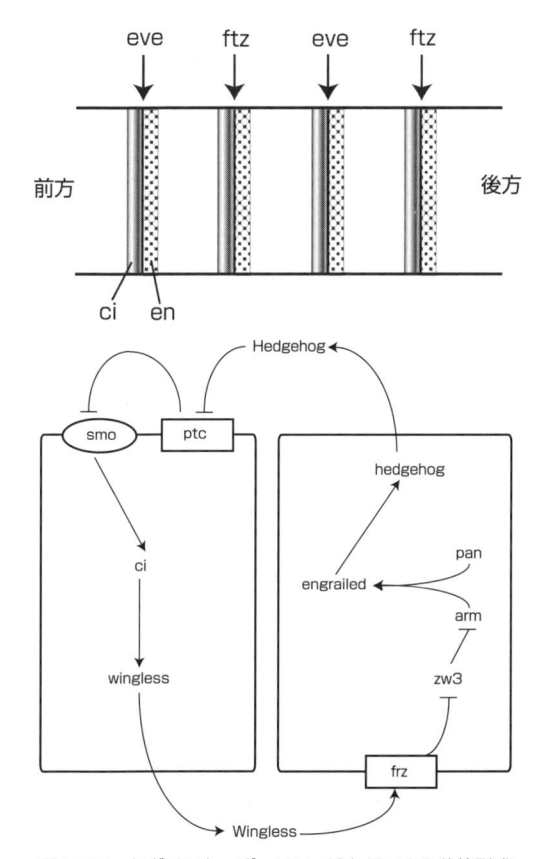

図 5-20 セグメント・ポラリティ遺伝子による体節形成

の遺伝子が活性化するという階層的な制御を受けて、働きます。このマスター遺伝子は、4枚翅が生じる bithorax や antennapedia など触覚が生えるべきところに、脚が生える変異などを起こす遺伝子などで知られているホメオティック遺伝子です。ショウジョウバエのホメオティック遺伝子は、それぞれ bithorax 複合体と antennapedia 複合体の2つのホメオテッィク遺伝子の複合体に分かれます。これらは総称して homeotic gene complex (HOM-C) と呼ばれています。ホメオテッィク遺伝子にはショウジョウバエでは9個の遺伝子があり、antennapedia 複合体には lab、pb、Dfd、Scr、Antp とよばれる Hox 遺伝子が含まれ、bithorax 複合体には、Ubx、Abd-A、Abd-B が含まれます。これらの遺伝子は 3' 側から 5' 側に発現の場所に相応して遺伝子が並んでいます。これを共線性 (colinearrity) とよびます。

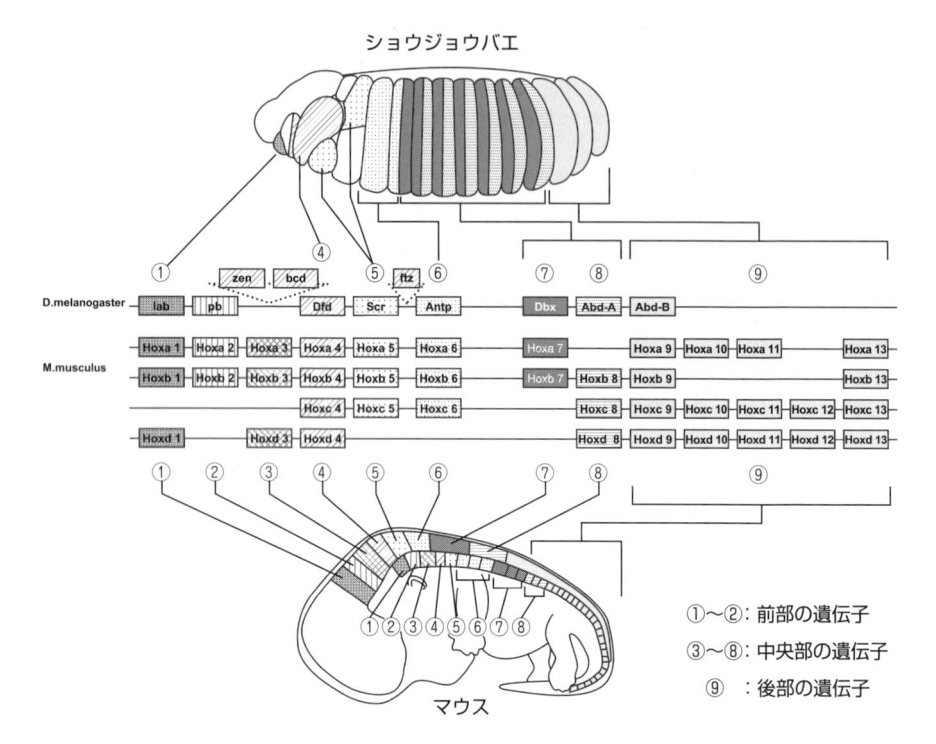

図5-21 ホメオティック遺伝子による各体節の特異化

①〜②：前部の遺伝子
③〜⑧：中央部の遺伝子
⑨　　：後部の遺伝子

　ゲーリングは大学院生としてチューリッヒ大学で研究を始めたとき、この antennapedia 変異体を発見し、Antp 遺伝子を同定しました。この Antp が活性化されると homothorax という触覚の発生に必要な遺伝子が抑制され、脚が発生します。これら Antp 遺伝子などのホメオテイック遺伝子には共通な配列があり、これをホメオボックスとよび、この配列がコードする 60 残基のアミノ酸配列のドメインをホメオドメインとよびます。ホメオドメインは、DNA と結合するヘリックス—ターン—ヘリックスの構造をとります。このホメオティック遺伝子は、ショウジョウバエはもとより、ウニやホヤにいたるまで保存されており、重要な遺伝子であることがわかっています。HOM-C に対応する遺伝子は哺乳類では Hox-C と名づけられています。

　ショウジョウバエの HOM-C と哺乳類の Hox-C との間の遺伝子構造上の対応関係があり、マウスやヒトでは Hox-C は 4 つのクラスタを形成しています。これは遺伝子が重複して出現したことを意味し、とくに全ゲノム重複が 2 回起きたために 4 つのクラスタが形成されたと考えられています。対応する Hox 遺伝子は、

発現する体節と空間的にも対応し、ショウジョウバエと同じように共線性があります。このようにホメオティック遺伝子はショウジョウバエで発見された遺伝子ですが、ヒトに至るまでの体軸の前後軸に沿った領域分化を決定する、形作りの普遍的遺伝子としてきわめて重要であることが明らかになり、この事実は人々に衝撃をもって迎えられました。

胚葉構造と細胞質因子

少しモザイク卵であるショウジョウバエの発生の話が長くなりましたが、自由度の高い調節卵での発生についても少し触れてこの節を終わりにしたいと思います。

調節卵の発生で重要なことは組織分化を誘導する機構です。

すべての細胞は同じゲノムをもっています。これをゲノムの等価性といいます。細胞は増殖と分化によって形を変えます。

同じ遺伝情報をもっている細胞が分化によって異なる遺伝子を発現する、その分化を起こす、すなわち特殊化するメカニズムはなんでしょうか。1つは細胞質に含まれる分化決定因子が適切な遺伝子を発現させて、分化を起こしているということです。これはシュペーマンの古典的実験から明らかになりました。灰色新月環（gray crescent）を両方含む断面で卵を分割すると、両方とも正常に生育しました。一方だけに含まれるような断面で分割すると、灰色新月環をもつほうは普通に生育しましたが、そうでないほうは肝臓、腸などの内胚葉組織しかできない胚となりました。ホヤなどでは細胞質に存在する決定因子が細胞分裂によって非対称に配分され、それぞれの組織分化へと繋がることが明らかになっています（図5-22）。

胚葉構造と誘導

細胞が分化し、特殊化するもう1つの方法は、細胞が、周囲の別の細胞から影響を受けて分化することで、これを誘導（induction）とよんでいます。目の水晶体は、眼胞が上皮に作用した結果、誘導されます。このような細胞間相互作用

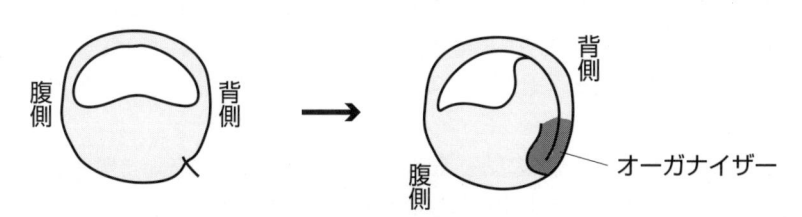

図5-22　オーガナイザー

として器官形成における上皮と間充織細胞との相互作用が知られています。間充織細胞は上皮がどのように分化すべきかを指令する役割を担っています。これは現在では細胞増殖因子といわれる分泌性のタンパク質がその役割を担っています。また標的となる組織はその指令に応答する能力をもっていなければなりません。これをコンピテンス（competence）とよびます。

　初期胚発生段階の細胞は、将来、どのような器官に分化するかによって大きく3つの細胞集団に分類することができます。内胚葉は消化管、中胚葉は筋肉、血球、外胚葉は表皮や神経を作ります。アフリカツメガエルは、内胚葉が予定外胚葉を中胚葉に分化させています。中胚葉誘導の実体は、塩基性細胞増殖因子です。

5.5　発生システムの階層性と入れ子進化

5.5.1　発生の階層的な遺伝子制御構造

　この顕著な例は、動物のボディプランを決定するHox（ホメオボックス）遺伝子に見ることができます。Hox遺伝子ファミリーは、動物のボディプランを決定する基本的遺伝子族で、体の分節構造を決定する遺伝子です。始原的には刺胞生物にも2-3個存在する遺伝子ですが、遺伝子重複を重ね、ショウジョウバエをはじめとする昆虫などの節足動物やマウスなどの哺乳類にいたるまで広く動物がもつ動物型を定義する遺伝子族です。図5-23のようにこの遺伝子ファミリーは、ゲノム上での位置と前後軸に沿って発現する場所が共線性をもっています。

　発生を制御する形態形成制御遺伝子は、大域的な発生場から局所的な発生場を形成する遺伝子群によって〈階層的に〉組織化されています。発生に関係する遺伝子がコードするタンパク質は、次の遺伝子の調節エレメントに結合してその発現を促進する転写因子であったり、シグナル分子であったりします。Hox遺伝子自体も、遺伝子発現のDNA上の調節エレメントに結合する共通のアミノ酸配列（ホメオティック・ドメイン）で特徴づけられる形態形成に関する転写調節因子のファミリーです。ホメオボックスというのはこれに結合するシス調節エレメントの共通配列です。

　さて形態形成遺伝子は体節ごと、器官ごと、細胞種ごとで互いに関係しあってグループを作ります。このような形態形成の遺伝子群をキャロルらは発生のツールキット遺伝子群とよんでいますし、上野・野地たち［5］は形態形成遺伝子モ

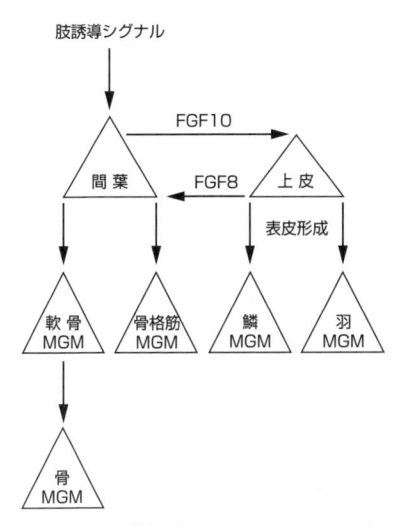

図 5-23 肢の形態形成遺伝子単位（MGM）の中の MGM 自身の階層性（野地）
関村利朗、野地澄晴、森田利仁共編『生物の形の多様性と進化—遺伝子から生態系まで—』裳華房、2003 より [8]

ジュール（MGM: Morphogenetic Gene Module）とよんでいますが、いずれにせよ1つのまとまった単位を示す遺伝子族です。

　構造の入れ子構造に対応して、生命の形態的発展は、入れ子構造化します。たとえば、ショウジョウバエのホメオティック遺伝子は、1つの形態形成的遺伝子の突然変異によって、触覚となるべきところが脚になったりします。これは、この遺伝子が、脚を形成するためにカスケード的に発現する一連の形態形成制御遺伝子群の上流のスイッチになっているからなのです。その意味でマスター遺伝子とよばれます。上野らの概念に従うと、発生プログラムはつぎのような階層的な構成をしています（図 5-23）。

5.5.2 Hox クラスタの階層的システム進化

　この「入れ子」的階層進化は、単なる思弁的な概念ではなく、形作りのシステムの進化に見出すことができます。たとえば、初期胚発生において前後軸に沿って領域分化を決定するシグナル伝達系のマスター遺伝子である Hox 遺伝子ですが、この多重遺伝子族の進化過程に入れ子性、階層性を見出すことができます。ここでは、Hox 遺伝子が、どのようにして遺伝子の重複や系統特異的な欠失によって進化し、領域分化を複雑化させ、ボディプランを進化させたかを見てみることにします。

Hox クラスタの進化のミッシングリンク

　Hox クラスタは、Hox 遺伝子がある染色体領域に集まってクラスタを形成しているもので、染色体上の位置により、前部、中央部、後部に分けられます。このうち中央部の遺伝子群は左右相称動物のみに存在し、左右相称動物の出現の前に分岐した放射相称動物の刺胞動物には存在しません。このことから、これら中央部の遺伝子群は、左右相称動物の形態の複雑性と多様性の獲得に大きな役割を果たしていると考えられています。したがって、これらの遺伝子がどのようにして出現し、進化的に分岐してきたかは、左右相称動物のボディプランの進化を理解するうえで重要です。ところが、刺胞動物と左右相称動物の共通祖先と左右相称動物の間の進化的な中間型は明らかにされておらず、ミッシングリンクとして知られていました。

Hox 遺伝子の分子進化解析

　Hox クラスタの進化は、そのクラスタの構成の比較と核酸・アミノ酸配列の比較の両方から解析されてきました。Hox クラスタの遺伝子の構成の比較からは、刺胞動物と左右相称動物の共通祖先が 3 つ、あるいは 4 つの Hox 遺伝子をもっていたこと、そして Hox クラスタの拡大は、3 つの左右相称動物のクレード、すなわち旧口動物の脱皮動物と冠輪動物、新口動物に放散する前に起こったことが明らかになっていました。しかし、この Hox クラスタの拡大がどのように起きたかは明らかにされてきませんでした。一方、Hox 遺伝子の核酸・アミノ酸配列の比較からは、分子進化解析により分子進化系統樹が推定されたものの、中央部の Hox 遺伝子の分岐は、信頼性が低く、明確な結論が得られませんでした。

　そこで、われわれは、この中央部の遺伝子の進化過程を明らかにし、ミッシングリンクである、刺胞動物と左右相称動物の共通祖先と現存する左右相称動物の間の進化的な中間型を同定することを試みました。そのために、従来の分子進化解析に代わる新しい解析方法として、モチーフベース再構成法を提案し、ホメオドメインの外側にある進化的に保存された配列、いわゆるモチーフに注目、このモチーフの得失過程から Hox クラスタの進化過程を推定しました。

モチーフの得失過程での進化解析

　われわれは、Hox クラスタの進化を解析するにあたり、Hox 遺伝子の配列中のモチーフを同定し、その得失過程を通じて、多重遺伝子族の進化過程を推定しました。モチーフの実体としては機能をもつミニ遺伝子やドメインが考えられ、Hox 遺伝子の場合は、その後の解析で、(1) DNA 結合の特異性を決定する配列、(2) 空間的な制御のための細胞内局在シグナルであることがわかりました。

5.5 発生システムの階層性と入れ子進化

具体的には、6種の脱皮動物と10種の冠輪動物の計16種の旧口動物、および2種の新口動物、そして外的基準グループとして2種の旧口動物のHox遺伝子のアミノ酸配列を用いました。まず、モチーフ発見プログラムMEMEにより、Hox遺伝子のアミノ酸配列に共通するモチーフを発見しました。得られたモチーフは、その分布と配列の包含関係から親モチーフ型（parent-type）と下位モチーフ型（subtype）の派生関係でまとめ、それぞれの遺伝子がどのようなモチーフをもつかをまとめたモチーフプロファイルを作成しました。得られたモチーフプロファイルから、主要な進化段階におけるHoxクラスタの原型、われわれがよぶところのアーキタイプを推定しました。そして、このアーキタイプの進化系統関係を、モチーフの得失に関する最節約原理の下で再構成しました。

モチーフは4つの領域、すなわち(1)ホメオボックスドメイン中の3つのαヘリックス部分（H領域）、(2) H領域に隣接するN末側領域（N領域）および(3) C末側の領域（C領域）、そして、(4) H領域に隣接せずN末側の上流にある領域（Y領域）で発見されました。得られたモチーフを親モチーフ型と下位モチーフ型の派生関係でまとめたところ、親モチーフ型としてH, Y, Na/Nb, Clab/Ca/Cb/CabdBの8つのモチーフ、下位モチーフ型としてNb1/Nb2, Ca1/Ca2の4つの領域のモチーフにまとめられました。続いて、各生物種のHox遺伝子のモチーフのレパートリーをまとめたモチーフプロファイルを作成し、得られたモチー

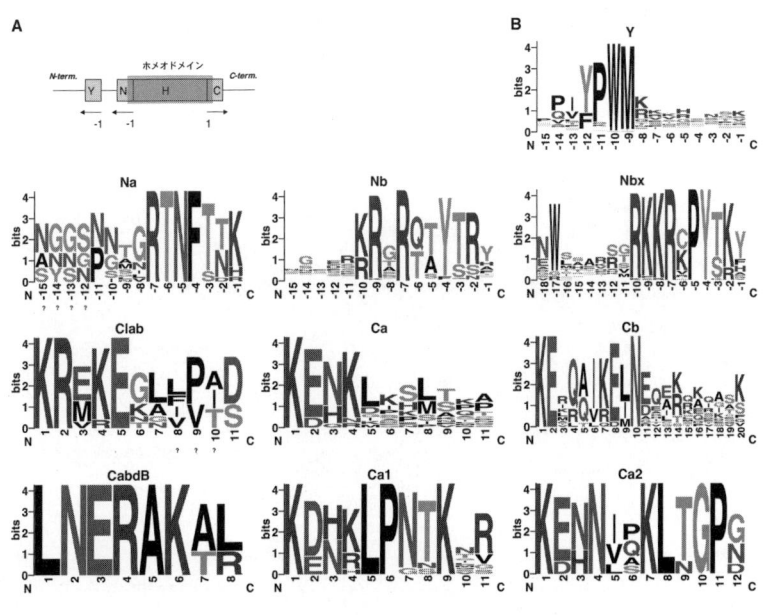

図5-24 発見されたモチーフ

フプロファイルから6つの主要な進化段階におけるアーキタイプを推定、さらにアーキタイプ間の進化系統関係を推定しました。

モチーフの生物学的な意味

さて、この進化解析の手がかりとなったモチーフは、どのような機能的な意味をもつのでしょうか？　調べてみると、Hox タンパク質の結合する DNA 配列の選択性、すなわち Hox タンパク質の特異性を決定づけていることがわかってきました。実際、今回発見された Y モチーフは共役因子であるホメオタンパク質の Exd (Extradenticle) との協調的な結合に必要です。また、そのほかのモチーフの一部 (Na, Nb, Ca, Cb モチーフ) にも、すでに実験的に明らかになっている

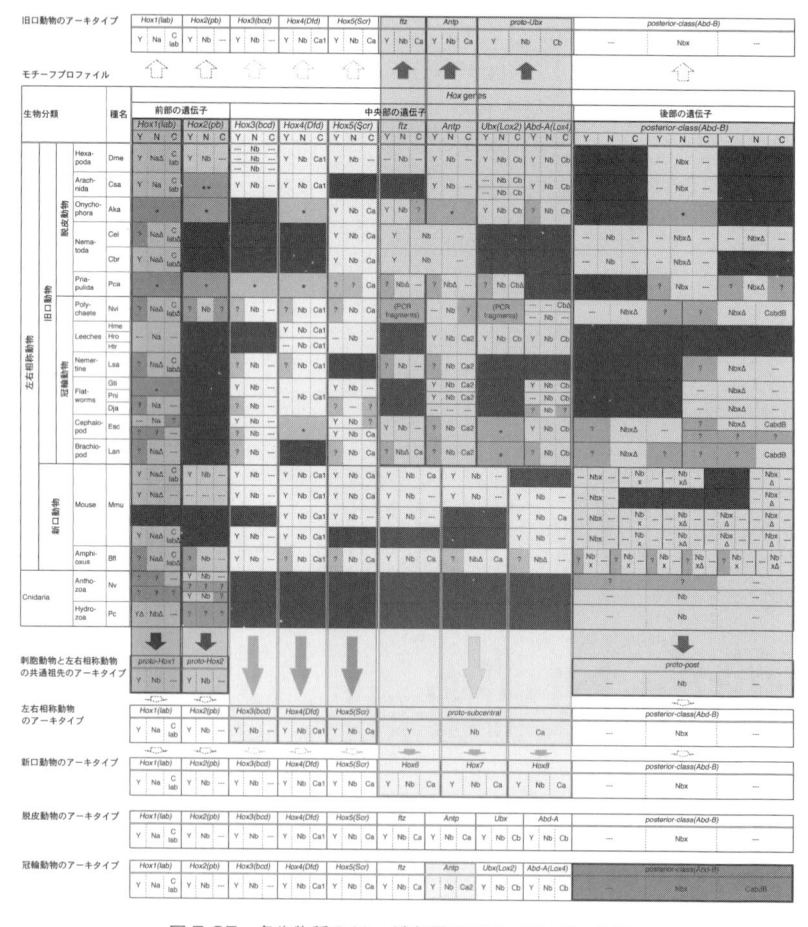

図 5-25　各生物種の Hox 遺伝子のモチーフレパートリー

Hoxタンパク質の特異性（specificity）を決定づける配列が含まれていました。このうち、DNA配列への結合でより高い親和性を示すモチーフNaが、低い親和性を示すモチーフNbを抑えて、多くのHox遺伝子で発見されています。

また、細胞内局在シグナルを予測するプログラムPSORT IIにより解析したところ、モチーフの一部（Y, Nb1, Nb2, Caモチーフ）には、Hoxタンパク質の特異性以外に、核移行シグナル（NLS）を担っていることがわかりました。

モチーフ進化と転写調節能の複雑化

以上により、私たちはHoxクラスタの刺胞動物と左右相称動物の共通祖先から左右相称動物までの進化過程を推定することができました。そして、その結果、刺胞動物と左右相称動物の共通祖先と現存する左右相称動物の間のミッシングリンクであった、進化的な中間型として、原中央部（proto-central）遺伝子とproto-Dfd遺伝子を同定しました。このうちproto-central遺伝子は、Hox3遺伝子を除く中央部の遺伝子の祖先遺伝子であり、この遺伝子の出現により、左右相称動物の形態の複雑性と多様性が獲得されたと考えられます。このproto-central遺伝子は、前部（頭部）Hox遺伝子（proto-Hox2遺伝子）から分岐して出現したものであり、分岐後、**これまでにモチーフが存在しなかったC領域に新しいモチーフを獲得している**ことがわかりました。このモチーフの獲得により、こ

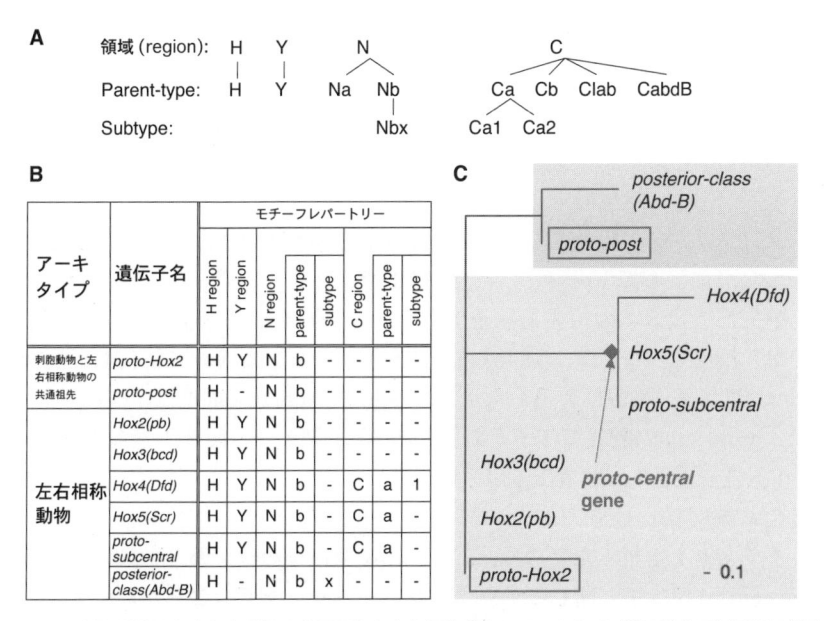

図5-26　刺胞動物と左右相称動物の共通祖先と左右相称動物のアーキタイプ間の進化系統関係の推定

れまでY、N、Hのモチーフ（Hが固定のためY、Nのモチーフ）の変化でHox遺伝子のバリエーションのレパートリーを構成していたHoxクラスターが新たな分節構造決定における自由度、すなわち「次元」を得たことになります。（図5-26）すなわち、遺伝子制御という機能空間において「新しい次元」を増加させることによって、機能的空間の「入れ子」構造的な階層的複雑化を実現したことを意味します。中央部のHox遺伝子群はDNA結合の多様性を獲得し、転写因子であるHoxタンパク質のターゲットとなるDNA配列の選択性が高め、より複雑な転写調節能をもつようになったと考えられます。実際、proto-central遺伝子から派生して出現した中央部の遺伝子群は、C領域のモチーフを多様化させ、Ca、Cb、Ca1、Ca2の4種類のモチーフを獲得しています（図5-27）。

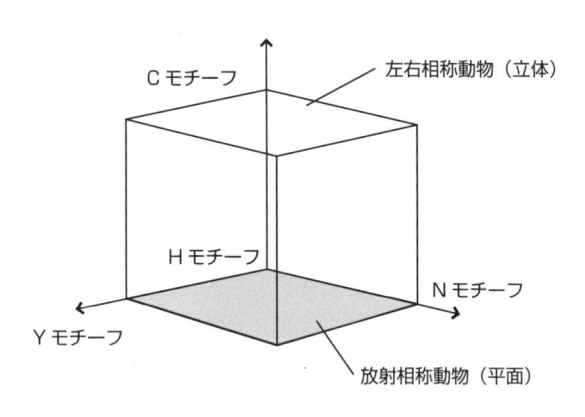

図5-27 形態制御空間（Hox遺伝子調節空間）

ミッシングリンクと階層的入れ子性──中央部の頭部複雑化として始まった

　私たちが推定したHoxクラスタの進化過程をもう一度見てみましょう。まず、中央部の遺伝子の祖先遺伝子であるproto-central遺伝子がHox2の祖先遺伝子から派生し、つぎに、proto-central遺伝子から、頭部のHox4遺伝子，胸部のHox5遺伝子，胸腹部の運命を決定するproto-subcentral遺伝子が派生し、最後に、proto-subcentral遺伝子から胸部のAntp遺伝子，腹部の運命を決定するUbx(Lox2), abd-A(Lox4)遺伝子が派生しました。

　進化系統関係にいまだ多くの議論がある無腸目（acoela）について、そのHoxクラスタを解析したところ、3つのHox遺伝子のうちの2番目の遺伝子が、proto-central遺伝子と同じモチーフのレパートリーをもつことがわかりました。これは、この無腸目のHoxクラスタが、私たちの研究で同定された刺胞動物と

5.5 発生システムの階層性と入れ子進化

左右相称動物の共通祖先と現存する左右相称動物の間の進化的な中間型に対応することを示唆しています。

この proto-central 遺伝子から派生した遺伝子の多様化と中央部の形態的複雑化が対応しています。Hox4 遺伝子と Hox5 遺伝子は頭部と前胸部で発現し、Antp 遺伝子、Ubx(Lox2), Abd-A(Lox4) 遺伝子は胸部と腹部で発現しており、Hox クラスタの遺伝子構造のみならず、機能的空間における自由度の次元においても、階層的入れ子性があることがわかりました。

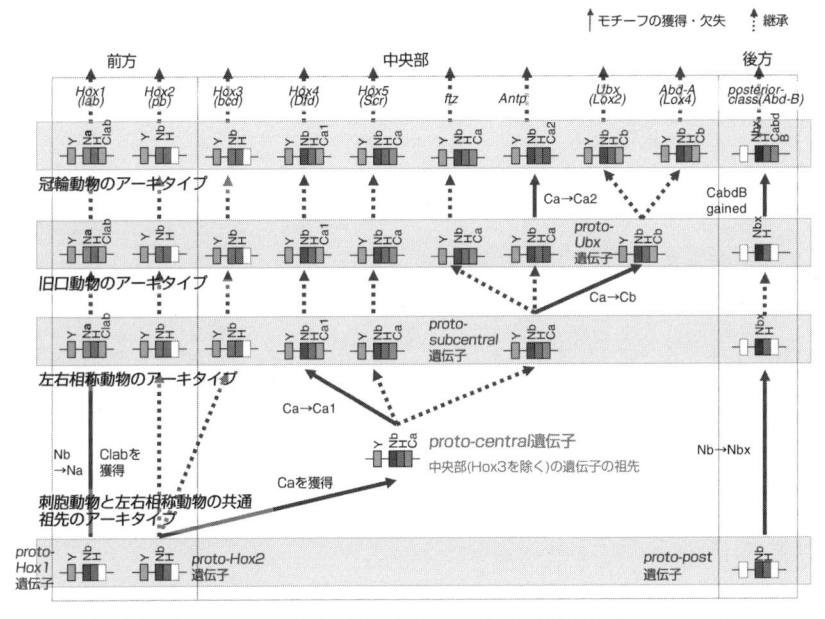

図 5-28 Antp の発現している領域に、Ubx、Abd-A が入れ子的に発現している。

5.6 まとめ

　個々の遺伝子単位の変異とそれに基づく中立あるいは選択的進化の枠組みではなく、遺伝子群が相互結合して共同して一定の生命機能を担う生命分子のネットワークを基本単位として、その複雑化の過程として生命進化を見る、いわば「システム進化」的な立場をとるとき、本章で取り扱った発生・形態形成はきわめて重要な「システム進化」の研究対象です。「システム進化」的な見方は、これまでの遺伝子単位の分子進化理論に比べ、生物の表現型ともより密接であり、これまでの分子レベルと形態レベルの進化の間隙を埋めるものとして期待されるためです。ネットワークの複雑化は、生命分子ネットワークは一度、形成されたら進化を断絶させて再構築することはできないため、その進化は既存のネットワークを「入れ子」的に含みつつ高次体制化する形で実行されますが、発生の転写調節・遺伝子発現調節ネットワークは、システムの拘束が厳しく、その進化が時間軸に沿って階層的入れ子構造として見られるため、そういう意味でも、「システム進化」の研究対象にまさに適しているといえます。発生の転写調節・遺伝子発現調節ネットワークの解明は、各生物種で、たとえば、デビッドソンらによりウニで、佐藤らによりホヤで近年著しく進展しており、これから大きく発展する研究分野になると考えられます。

5章　参考文献

[1] 木下清一郎『細胞のコミュニケーション―情報とシグナルからみた細胞―』、裳華房、1993
[2] スティーブン・ジェイ・グールド『ワンダフル・ライフ―バージェス頁岩と生物進化の物語』、渡辺政隆訳、早川書房、1993
[3] サイモン・コンウェイ・モリス『カンブリア紀の怪物たち―進化はなぜ大爆発したか』、松井孝典監訳、シリーズ「生命の歴史」1、講談社現代新書、講談社、1997
[4] 大野乾『続 大いなる仮説―5.4億年前の進化のビッグバン』、羊土社、1996
[5] 上野直人、野地澄晴『新 形づくりの分子メカニズム』、羊土社、1999
[6] 団まりな『生物のからだはどう複雑化したか』、「ゲノムから進化を考える」3、岩波書店、1997
[7] 倉谷滋『かたちの進化の設計図』、「ゲノムから進化を考える」2、岩波書店、1997
[8] 関村利朗、野地澄晴、森田利仁 共編『生物の形の多様性と進化―遺伝子から生態系まで―』、裳華房、2003
[9] ワルター・J・ゲーリング『ホメオボックス・ストーリー―形づくりの遺伝子と発生・進化』、浅島誠監訳、東京大学出版会、2002
[10] Ogishima,S., Tanaka,H.: Missing link in the evolution of Hox clusters, Gene 387, pp.21-30, 2007.
[11] 田中博、荻島創一「転写調節・遺伝子制御ネットワークの進化―Hoxシグナル伝達系」、『生体の科学』vol.57 No.5、p.378-p.379、2006

6章　生命＝情報
──生命は宇宙の塵から生まれた

6.1 エントロピーに立ち向かう生命

6.1.1 生命を宇宙的スケールのもとに見る

　ここまで生命のシステムとしての性質について論じてきました。生命の系としての性質やその進化過程について、階層的なシステム進化論ともいうべき立場から見ると、その姿がよく理解できることを述べてきました。しかし、より根源的な問題は、このような生命系が物理的世界において、どのようにして現れどのような位置を占めるのかということでしょう。物理的世界において、生命という系は、十分な必然性をもって、存在すべくして存在しているものでしょうか。もちろん、宇宙の歴史にしても偶然的な出来事が含まれていて、かならずしもすべてが必然的なわけではありません。しかし、生命がこの宇宙の歴史の中にあって「当然出現してくるもの」として期待されて出現したものなのでしょうか。あるいは、偶然的な存在で、例外的な好運によってこれまで生き延びてきたものなのでしょうか。このことはわれわれの本質を理解するうえで大変重要な点になります。

　このように考えると、最初に気づく点は、「生命系が一見エントロピー増大の法則に抗して秩序を維持するだけでなく、さらにその秩序を発展させているように見える」ことです。このことは生命の存在を非自然的なものに見せています。

　この点に関して、20世紀後半以降の分子生物学とライフサイエンスの発展の基を築いたといわれるシュレジンガーは、生命が、増大するエントロピーを排泄するメカニズムをもっていることを明らかにしました。しかしこのメカニズムが働くのは、生命がそれを取り巻く環境にあってエントロピーが飽和して平衡（熱的死を意味する）状態に達して「しまわない」からです。

　この生命を取り巻く環境のエントロピーが飽和しないのは、地球大気圏がこれらの余分なエントロピーを宇宙空間へと捨てる非平衡構造になっているからです。そしてそれを可能にしているのは太陽光の周囲宇宙に対する非平衡性にあります。それでは太陽光からくる非平衡性はさらにどこからくるのでしょうか。太陽光の低エントロピー性を可能にしているのは、太陽が周囲の宇宙空間との非平衡状態にあることであり、さらにこれを可能にしているのは宇宙全体が非平衡であるということ、すなわち宇宙が膨張していて非平衡状態をむしろ拡大しているという事実です。

　したがって、生命が第2法則に逆らって生存してきたのは、このような膨張する宇宙の非平衡構造のうちに存在しているためといえます。さらに踏み込んで述べるとこのような非平衡構造が秩序、すなわち「情報」というものを生み出し、

その情報によって生まれた構造こそが、生命であると考えられます。この章では生命のエントロピー構造とそれを可能にしている宇宙の膨張という「持続する」非平衡構造、そしてそれに関連する「情報」のもつ深遠な意味を説明し、生命が、とりもなおさず宇宙の究極の目的ともいえることを述べていきたいと思います。

それではまずエントロピーと生命の関係から見ていくことにしましょう。

6.1.2 エントロピーと生命の不思議

生命が一見エントロピー増大の法則に逆らって自己の秩序を形成・維持しているという問題に関しては、多くの生物学者、物理学者がそのメカニズムを解明しようと試みてきました。この問題は、エントロピーに最初に統計的な解釈を与えたボルツマンにとっても困難な問題だったようです。ボルツマンは、1886年の講演で「生命の戦いはエントロピーに対する戦いである (struggle for entropy)」と述べています。また彼は、生命がエントロピーの増大に対する戦いにおいて、地球へ流れ込む太陽の光エネルギーを利用していること、そして光合成作用がこの関連で重要な働きをしていることを示唆しましたが、当時の生物学では光合成の機構が十分明らかでなかったため、この問題は、ボルツマンにとっても未解決のままにとどまってしまいました。

この問題に関しては、その後、生物学者ベルタランフィが、今日の「非平衡構造」に近い注目すべき概念を提案しました。彼は、生命を外部とエネルギーおよび物質の交換を行う「開いた系」と考えて、外部からのエネルギーの流れの中で系が定常状態を保持するという意味で、生命を流束平衡系 (flux equilibrium system) とよびました。これは、動的平衡系ともよばれます。ベルタランフィの概念は現在の観点からすると、〈動的なエネルギーやエントロピーの流れの中で『構造』を保つ開放システム〉として生命を捉えたことになります。このような概念をより明確に示したのがシュレジンガーです。

シュレジンガーは、量子力学の創設者の1人として有名ですが、生涯の後半では生命に関しても深い思索を展開したことでも知られており、とくに1943年のアイルランドの首都ダブリンのトリニティカレッジで、後に『生命とは何か』という書物で出版された有名な講演を行いました。シュレジンガーはこの講演で、生命を定常的な開放系として捉えるだけでは不十分で、生命におけるエントロピーの収支構造に注目しなければならないと述べました。有名な負のエントロピー (negentropy) という概念は、この考えから生み出されたものです。この概念を論じている部分を引用すると、

> 「生きている生物体は絶えずそのエントロピーを増大しています。——或いは正の量エントロピーをつくり出しているともいえます——そしてそのようにして、死の状態を意味するエントロピー最大という危険な状態に近づいてゆく傾向があります。生物がそのような状態にならないようにする、すなわち生きているための唯一の方法は、周囲の環境から負エントロピーを絶えずとり入れることです。…（略）…『生物体は負エントロピーを食べて生きている』、すなわち、いわば負エントロピーの流れを吸い込んで、自分の身体が生きていることによってつくり出すエントロピーの増加を相殺し、生物体自身を定常的なかなり低いエントロピーの水準に保っている、と。」
>
> 『生命とは何か——物理的にみた生細胞—』
> （E・シュレーディンガー 著、岡小天・鎮目恭夫 訳、岩波書店より [1]）
> （注）原文の旧漢字を新漢字に改めています。

このフレーズは現在読んでも含蓄のある文章ですが、巧みな表現の背後にある熱力学的に重要な内容を正確に摘出するとすれば、つぎの2つの事実となります。

(1) 生命過程は不可避にエントロピーを生成する。
(2) 生命は絶えず生成したエントロピーを環境に散逸することによって存続する。

　まず、生命は開放系として外界と物質とエネルギーの交換をしていますが、生命体内部においては生命活動に伴ってエントロピーが不可避に生成されます。これは後に不可逆熱力学の研究で有名なベルギーのプリゴジンらのブリュッセル学派が、〈不可逆過程に必然的に伴うエントロピーの発生〉という概念によって明確にしたものです。これら生成されたエントロピーが生体内に蓄積されて系が破綻することがないように、生体はまわりの環境へ絶えずエントロピーを廃棄しています。「負エントロピーを食べる」とは、環境に比べてエントロピーが低く質の高いエネルギーを取り込んで、エントロピーの高い物質やエネルギーの形で環境に排出することを意味しています。すなわち、内部的に発生するエントロピーは別にして、生命に出入りするエントロピー成分だけを考えるなら、エントロピーの収支は負になり、「負エントロピーを食べる」とはこのことをたとえたものです。しかし、このように低いエントロピーのエネルギーを取り入れて、高いエントロピーを排出することを可能にするためには、良質のエネルギーを受け、かつエントロピーをまわりに捨てられる環境が存在していなければなりません。
　このことの意味を少し熱力学の基本に触れながら考えてみましょう。

6.1.3 熱サイクルのしくみと秩序への変換

　熱力学の第2法則は、「エントロピー増大の法則」とよばれています。これは多くの要素からなる系について自発的な変化の方向を与えるものです。高温から低温に熱が流れたり、力学的エネルギーなどの高級なエネルギーが低級なエネルギーである熱エネルギーへ変わったりするような、物理的に自然なプロセスにおいて増加する指標としてエントロピーという概念が導入されました。もちろん、これは自然の変化について述べたもので、ある種のしくみ、たとえば蒸気機関を使えば、熱エネルギーから水蒸気を充填したピストンを介して力学的エネルギーを取り出すことができます。ただしこの場合、100％熱エネルギーが力学的エネルギーになるわけではないということです。第2法則は、その意味では自然と逆の方向の変化ではかならず等価な交換ができないことを意味しています。

　ここで熱から高級なエネルギーである力学エネルギーを取り出すメカニズムを見てみましょう。熱エンジンを理想化したものは、蒸気機関が現れた当時にその本質を分析するためにカルノーという学者がその理想過程をモデル化してその本質を解明しています（図6-1　カルノーサイクル）。

　熱エンジンでは、作業を担う気体が存在します。蒸気機関では蒸気がこれにあたります。これを高温部で熱し、容器に入れて拘束すると、一方向へ膨張します。したがって力学的に1次元の力へと変換されます。その気体は、外から与えた温度と平衡する体積（容量）になれば停止するため、このままでは1回だけの仕事になります。そこで、いったん冷やして容量を小さくして、さらにこれを高温部

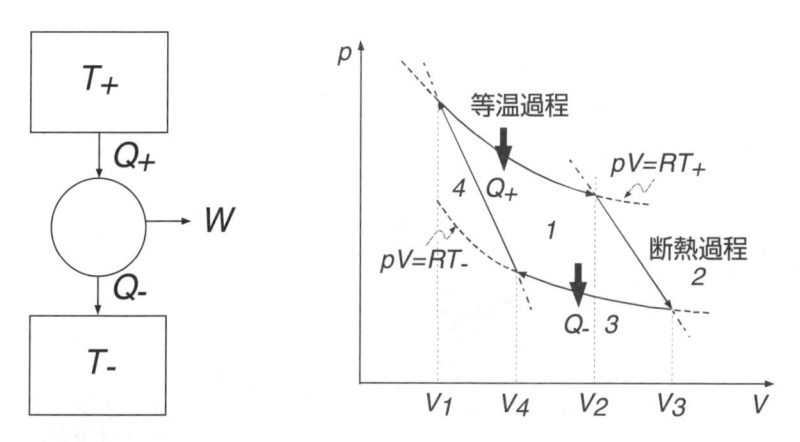

T_+ は高温部の温度、T_- は低温部の温度。Q_+ は高温部からの熱の流入、Q_- は低温部への熱の排出、熱量 Q_- の移動に伴うエントロピー差を利用して仕事を外部に行う。1→2→3→4の径路で循環過程が進行する。

図6-1　カルノーサイクル（熱的循環機関の原理）

分に接触して、力学的仕事を行えるようにします。ここでわかるように熱機関には、高温部と低温部の2つの系が存在し、両者を乖離させています。これは高温部と低温部が接触して平均の温度になるような自然的変化を防いで温度差を保持しているのです。この保持された温度格差の間を気体が循環することによって、力学的エネルギーを引き出しているのです。

したがって、もっとも重要なことは、高温と低温の温度差を保持しつづけ、この2つが一緒になって同一の平衡温度になるのを阻んでいる機構にあります。これは自然的変化を通して平衡になる現象を止めることになるので、非平衡状態の維持、あるいは端的に**非平衡性**といわれます。

この格差を維持した状態では高温部は、エントロピーが低い高級なエネルギーの供給で、低温部はエントロピーが高い低級なエネルギーの排泄です。このエントロピー格差、「負エントロピー格差」を維持する機構が、秩序を生み出し、低級なエネルギーである熱から高級なエネルギーである力学的仕事を引き出すしくみだったのです。

したがって、非平衡性こそ「負エントロピー格差」を生むもので、それを利用して自然的変化とは異なった方向である秩序形成への変換が可能となるのです。このように、非平衡構造を構成すると、一見第2法則に反する秩序化の過程が生じます。蒸気機関の例では、この非平衡構造は、人間が構築したもので、自然においては自発的に現れないように思われますが、実は非平衡構造がまれなものではなく、第2法則が成り立つような平衡系こそ自然では例外であり、自然界にあるものほとんどは平衡へ移行しつつある非平衡の状態に存在しているのです。この自然の非平衡性の源泉をたどっていけば、最後にたどりつくのは、先にも述べ

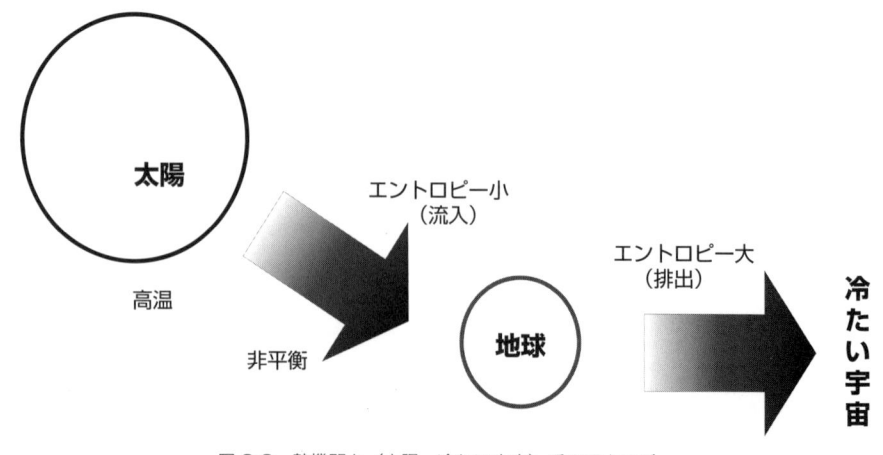

図6-2 熱機関と〈太陽－冷たい宇宙〉系のアナロジー

たように宇宙自体が膨張しているという〈根本的な非平衡過程〉です。そしてより身近な例では〈太陽光−冷たい宇宙〉が非平衡過程にあり、地球はその質の高いエネルギーを受け、秩序的活動を行った後のエントロピーの生成を冷たい宇宙に排泄するという非平衡循環過程を働かせることができるのです（図6-2）。ここではその前に、まずエントロピーの本質について述べてみましょう。

6.1.4 エントロピーとその意味

非平衡や秩序化への力を考えるとき、どうしても必要になるのは「情報」という概念です。「情報」はそもそも「エントロピー」という概念が発展して生まれてきたものです。ここでは情報の概念がもつ本質的な意味を詳しく述べていきたいと思います。

(1) 熱力学エントロピー

エントロピーという概念は本来、熱現象に関連して導入された概念です。熱力学分野におけるエントロピーは、熱力学の体系に寄与したドイツのクラウジウスによって、物理的変化の自然な方向を示す量として導入されました。彼は、物理変化は、エントロピーが増大する方向に変化すると述べました。物理的に自発的に起こる変化としてクラウジウスが考えたのは、力学エネルギーから熱エネルギーへの変換と高温の熱エネルギーから低温の熱エネルギーへの変換です。クラウジウスは前者を「第1種の変換」、後者を「第2種の変換」とよびました。そしてこの逆の方向（熱から仕事の発生、低温から高温への移行）は単独では自然的に起こりえないとしました。クラウジウスは、この自然的変化に対応する「変化の等価量」を考えました。自発的な変化が起こるとき、この等価量は正になりますが、自然には起こらない逆方向の変化では負になるとしました。ここでは詳しく述べませんが、先に述べたカルノーサイクルにおける温度の格差と体積の膨張収縮の過程を詳しく検討して、この変化の等価量を表す、自然的変化において正になる量としてつぎの量を見出しました。

$$S = Q/T$$

Qは出入りする熱の量、Tはそのときの温度です。なんとも奇妙な割り算ですが、その意味は、ボルツマンによって明らかにされ、後になってシャノンがその本質的意味を明らかにしました。

ここでは歴史的順序を入れ替えて、シャノンの情報量の定義から入って統計力学的な意味を述べていきます。

(2) シャノンの情報エントロピー

シャノンのエントロピーは「情報」を定義する基礎として導入されました。シャノンは情報を「われわれの知識・認識のあいまい性を減少させるもの」と考えました。たとえば明日の天気が晴れか雨かどちらになるかがまったくわからないとします。その場合、私の知識の状態は、確率でいえば晴れと雨がそれぞれ50％といえます。それが天気予報を知ることによって雨が70％の確率となった場合、「情報」が得られてあいまい性が減じたことになります。このような認識のあいまい性とその「情報」による減少をどのように定義したらよいでしょうか。

まずシャノンより以前にこの定義を考えたのは、ハートレーでした。ハートレーは、事象の起こる可能性（場合の数）がn通りあるとき、そのどれが起こるかわからない場合、そのあいまい性を

$$\log n$$

で表しました。あいまい性を表すのに「場合の数」を$\log$で変換したのは、事象が複合で2つの事象からなっていた場合、たとえば晴れか雨かと風が吹くかと吹かないかなどの場合のように、事象を分類する独立の2つの区別がある場合に、成り立つ関係を考慮したからです。このとき、晴れて風がある、晴れて風がない、雨で風がある、雨で風がないなど4通りの「場合」に分けて、どれが起こるか考えたときのあいまい性と、最初に晴れか雨かを考え、さらにつぎにそれとは別に風が吹くかどうかを考え、その両者を合わせて考えたあいまい性が等しくなる、

あいまい性（晴風, 雨風, 晴無風, 雨無風）
＝あいまい性（晴, 雨）＋あいまい性（風, 無風）

必要があります。これを一般化して、最初にn通りがあり、つぎにそのそれぞれにm通りの可能性がある場合、全体としてnm通りの「場合の数」に対応するあいまい性が、それぞれの要素となる「場合の数nやm」に対応するあいまい性の足し算となるためには$\log$の関数が必要です。

ハートレーの定義は起こりうるそれぞれの「場合」の生起確率が異なった場合には使えません。シャノンは、このような状況を考えて、それぞれの「場合」が起こる確率に注目しました。n通りの事象が同じ確率で起こる場合、その各事象

の確率は、$p = 1/n$ ですのでハートレーのあいまい性の定義である $\log n$ を確率で表すと $\log(1/p)$ です。したがって、すべての事象が確率 p で起こる事象のエントロピーは、

$$-\log p$$

で表せます。それぞれの事象の確率が異なる場合は、各事象のエントロピーの平均すなわち、各事象ごとのエントロピーを、起こりやすさである確率で重みをつけて足し合わせればいいわけです。したがって、事象の全体が n 通りあり、それぞれに確率 p_i すなわち $p_1, p_2, \cdots, p_n$ が付与されているとき、この事象全体のエントロピーは下記の式のように各場面のあいまい性の出現確率に応じた重み付き平均となります。

情報エントロピーのシャノンの定義

事象に従って生起するとき、情報エントロピーは

$$H = -\Sigma\, p_i \log p_i \tag{式6-1}$$

　これは事象についての認識のあいまいさに定義を与えるもので、シャノンのエントロピーとよばれます。

　このように事象のあいまい性が定義されましたので、情報を得たことによる効果を表す量を定義することができます。事象の 1 つが起こったことを知ることによる情報量は、前後のエントロピーの差で表します。最初のあいまい性が上式の（式6-1）で、情報を得て事象が 1 つに限定されたら（あいまい性が 0 になったら）、その情報の情報量は 0 を引いても変わりませんから、情報量も（式6-1）と同じになります。そのため（式6-1）の定義を情報量としている場合もあります。同じ量を情報量とよんだり、エントロピーとよんだりして混乱が生じそうですが、原則として、事象の確率的な曖昧さをエントロピーとよび、これに対して何らかのメッセージを得て曖昧さが減じたとして、そのエントロピーの差を情報量とよびます。情報理論では情報の単位 b である $\log$ の底は通常 $b = 2$ にとって bit とよばれます。

　このようにエントロピーは、$\log$（場合の数）という定義から出発し、事象の「多様性を扱う尺度」、すなわち対数多様性を表しますが、こういわれても、ピンとこないかもしれません。このような言い方よりも、その多様性の「次元量」と考えたほうがよいでしょう。

なぜなら、もし事象が p 次元の指標で記述できて、それぞれの次元が w 通りの値（可能性）をもつ場合、全体の「場合の数」は、$W = w^p$ となります。このとき、

$$H = \log W = p \, (\log w) \propto p \, (= \dim W) \quad (\propto は比例するという記号)$$

すなわち、エントロピーは可能的な事象空間の次元数に比例します。正確には次元数ではありませんが、それに比例するものですので、エントロピーを適切に正規化すれば、事象の変化に含まれる独立数、自由度、次元数を表すと考えられます。情報エントロピーとは本質的には「可能的変化の次元数」といえます。

このように情報量とか情報エントロピーの意味するところは、事象のランダム性の自由度あるいは次元性です。

エントロピーの本質的意味
エントロピーとは、可能的変化の次元性 $\dim W$ に比例する量である。

といえます。もちろんエントロピーはそのままでは次元ではありません。次元に変換したものとしてはたとえば動的系で用いられる**情報次元**があり、それはつぎのように定義されます。

状態が動く空間を i 辺 e の体積素で区分します。体積素の総数を $n(e)$ とし、それぞれの体積素に滞在する確率を p_i とすると、情報次元 D_i はつぎで与えられます。

$$D_i = \lim_{\varepsilon \to 0} \frac{H(p)}{\log \varepsilon} = \lim_{\varepsilon \to 0} \frac{1}{\log \varepsilon} \sum_{i=1}^{n(\varepsilon)} p_i \log p$$

連続量では本来こちらのほうが首尾一貫した情報の定義となります。いずれにせよ情報は多様性を構成する次元に比例する量なのです。情報エントロピーは事象を決定している自由度あるいは次元であると考えるのが正しいといえます。

この情報エントロピーはさらに一般化されて、コルモゴロフの複雑性（Kolmogorov complexity）の概念へと発展しました。すなわち、その情報を普遍的計算機、すなわちチューリングマシンで生成するためにプログラムを書いたとしましょう。このプログラムの長さはある一定以下には短くできません。このようなデータを生成するのに必要な「プログラムの長さ」が複雑性の定義なのです。複雑性の概念は、確率構造だけでなくアルゴリズム的構造があるデータに対しても決定できる点で、シャノンの情報量概念を拡張したものになっています。

(3) ボルツマンの統計力学エントロピーとエントロピーの意味

熱力学エントロピー S は、クラウジウスが熱機関で成り立つ熱力学的関係から、現象的に導いた定義、Q/T で与えられましたが、熱量を温度で割るといういかにも奇妙な量でした。この奇妙な量の意味を解明したのが、ボルツマンです。歴史的には彼の考えがシャノンのエントロピーに繋がり、本質的に「可能的変化の次元数」としてのエントロピーの概念へと発展していきました。現在の観点からからボルツマンの定義を見てみましょう。彼は、エントロピーとは気体の集合的分子状態が取りうる多様性、すなわち取りうる「場合の数」と関係があるのではないかと考えました。そして気体の集合的分子状態は、膨大な数からなる各分子の取りうる状態の組み合わせで与えられると考えました。ある一定の温度や圧力の環境のもとで全体の気体が取りうる「場合の数」を W として、クラウジウスが与えたエントロピー S と「場合の数 W」とがつぎのような関係にあると仮定しました。

$$S \propto \log W \quad \cdots\cdots\cdots\cdots\cdots (\text{式 6-2})$$

右辺は後にシャノンがあいまい性を記述するのに使ったエントロピーと本質的に同じ定義です。ここで、比例定数を k と置くと（これはボルツマン定数とよばれる）

$$S = k \log W \quad \cdots\cdots\cdots\cdots\cdots (\text{式 6-3})$$

これは統計力学におけるエントロピーを表すボルツマンの公式です。シャノンのエントロピー H の定義を知っているわれわれからすれば、ボルツマンの式はつぎのことを表す重要な関係式です。すなわち、

$$S = kH \quad \cdots\cdots\cdots\cdots\cdots (\text{式 6-4})$$

これはシャノンのエントロピー H と熱力学エントロピー S の関係を表す基本式です。

それでは、「奇妙な形をしている」クラウジウスの熱力学エントロピーの定義

$$S = \frac{Q}{T} \quad \cdots\cdots\cdots\cdots\cdots (\text{式 6-5})$$

の意味を明らかにしましょう。(式 6-4) を (式 6-5) に代入しますと

$$H = \frac{Q}{kT} \quad \cdots\cdots\cdots\cdots\cdots \text{(式 6-6)}$$

となります。

　統計熱力学によると温度 T において 1 自由度あたりの分子エネルギーは kT のオーダーであることは有名です。上の式より、熱量 Q を、その細切れ単位 kT で割った値は、熱エネルギーの自由度の数、すなわち熱エネルギーの細切れ度、次元数を表します。それがシャノンの意味での情報量と同じになるのです。気体の場合ならその気体に含まれるエネルギーの細切れ次元の数、すなわち気体に含まれている分子数が熱エネルギーの次元数になります。

　このことは簡単に式から導出できます。話を簡単にするために、ここで気体分子は独立に運動しており、それぞれが取りうる状態の数はみな同じ w であると仮定します。すると全分子数を N とすれば、

$$S = k\log W = k\log w^N = kN(\log w)$$

となります。したがって、

$$H = \log W = N(\log w)$$

よって、

$$H \propto N \;(\text{同様に}\; S \propto N)$$

でシャノンのエントロピーは分子数に比例します。これは気体と独立な構成分子の集まりとした仮定を反映していて「自由度」の数が分子数に等しいことを表します。

　もう少し詳しく述べますと、もし相互作用が無視できる自由分子の運動エネルギーだけであるとすると、各方向の運動エネルギーは $(1/2)kT$ で全エネルギーは 3 方向の自由度がありますから、$(3/2)kT$ で、$2/3\, N$ がシャノンの意味でのエントロピーになり、結局粒子数 N のオーダになります。

　エネルギー的に質が高いとは、「まとまって利用できる」エネルギーで、力学的なエネルギーや光などのように電磁的なエネルギーのことをいいます。一方熱エネルギーなどは、分子の振動エネルギーという細切れのエネルギーを合算したもので、力や電磁力のようにまとまったものではないので質の低いエネルギーで

す。この章の前半に述べたように、どれだけエネルギーがまとまっているか、を表す物理量が熱力学エントロピーです。本来はエネルギーのまとまり具合を表します。したがって完全に1自由度であるエネルギーの場合がエントロピーは0です。一方、熱などの場合は含まれている分子の数のオーダーになります。

シャノンのエントロピー定義に従えば気体の分子数が変化の次元数となりますから、気体のシャノンエントロピーを計算したら、アボガドロ数規模のたいへん大きな値となります。熱力学エントロピーは、分子の可能的自由度を与えるのが本質的な意味ですが、温度との積でエネルギーの次元にするためと、取り扱えるレベルの値にするために、ボルツマン定数kを掛けたともいえます。熱力学エントロピーは、結局は分子的自由度という意味で「可能的変化の次元＝複雑性」という情報エントロピーの定義と本質的には同じと考えられます。

(4) 情報も含めたエントロピー増大則

さてこの情報エントロピーと熱力学エントロピーに関しては、以前から「マックスウェルのデーモン」とよばれる問題がありました（図6-3）。この問題では、気体を入れた断熱的な容器を隔壁で2つの部分に分けます。ここで知能をもった微小な存在（デーモン）が、隔壁の小孔のそばにいて一定の速度以上の気体分子だけ右から左へ、一定速度以下の分子だけ左から右へ孔を通すようにシャッターを開閉すれば、一方の容器には速度の速い分子が集まり、他方は低速の分子が集まって温度の高低差が現れてきます。しかし、このように温度差が自然に発生す

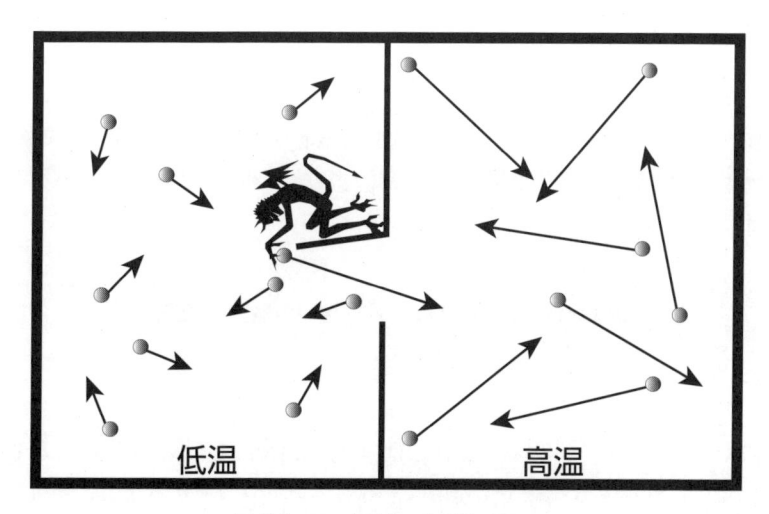

図6-3 マックスウェルのデーモン

るのは第2法則に反するのではないかという問題です。

「マックスウェルのデーモン」の一応の解決はブリルアンによってもたらされました。デーモンが気体分子の速度を観測するためには、負エントロピーが必要となります。光子（エネルギー$h\nu$）を投射するとして気体の温度をT_0とすると、測定のために投入する負エントロピーは$h\nu/T_0$となります。このとき高温分子を1分子だけ通過させることができ温度差ができます。ブリルアンの計算によると観測に必要な負エントロピーの部分を加えると第2法則に矛盾しません。情報エントロピーはボルツマン定数倍することによって熱力学的換算ができます。結局、熱力学的に換算した情報エントロピーと熱力学エントロピーを加えたものが増大するという熱力学の第2法則を拡大した命題が成り立つとしました。

(5) 非平衡性と情報・秩序

非平衡性は、これまで有効エネルギーや負エントロピーなどさまざまな概念で表現されてきましたが、エントロピーの可変範囲（マージン）から定義することもできます。与えられた条件のもとで、最大のエントロピーを表す状態、もっとも多様性が高い状態を可能エントロピーS_{max}とします。これはすべてが等確率な場合の最大エントロピー、たとえば$\log n$などが対応します。それに対して、現実の系がもっているエントロピーをSとすると、Sにはまだエントロピーを増大させる余裕があるわけで、エントロピー増大する方向へ現象を変化させる「エントロピー的な力」が存在します。これはまだ平衡に達していないので、これが非平衡性の尺度になります。熱エンジンでは高温部が低温部に対してもつこの差を力学的エネルギーに変えたわけです。

したがってこの差こそ仕事を引き出せる量であって、秩序形成能力と考えることができます。

可能性としてのエントロピー（potential entropy）と現実的エントロピー（actual entropy）発生との差を「情報」あるいは 秩序（order）として定義することができます。これはブリルアンの式とよばれます。

Brillouin-Layzer-Gatlinによる「秩序」Iの 定義式

$$I = S_{max} - S$$

上式からもわかるように非平衡性とは、秩序化作用（仕事）を遂行できる力ですが、実際に利用できる秩序化作用は、可能エントロピーから現実に発生しているエントロピーを除いた部分となります。

この定義よりもさらに規格化して 秩序性（orderliness）、非平衡性 を定義するものとしてランズベルクの「Qマクロ的秩序」（Q-macroscopic order）があります。

> **ランズベルク（Landsberg）による「秩序性（orderliness）Q」の定義**
> $$Q = 1 - (S/S_{max})$$

さて、本節で示したエントロピーの情報・秩序的解釈によって、非平衡性という本来熱力学的な量も、情報・秩序概念から解釈可能であることが明らかになりました。それゆえ「非平衡性のもつ抗エントロピー的作用」や「秩序形成的な力」という言い方ができるのです。ブリルアンの関係式は、生命の情報構造の一般的な理解の基礎を与えるものです。

6.2 情報と生命

生命系には2つの主要な組織化の原理が働いていることは1章でも述べました。その1つは物理化学的な基礎をもった、生命の化学反応系における組織化です。

生命は、〈太陽光−冷たい宇宙〉の非平衡場の中にあって、物理過程として不可避に発生するエントロピーを捨てるとともに、非平衡性すなわちエントロピー格差を用いて、秩序を形成し、生命の組織化を行います。平衡とは系の秩序が崩壊して、環境と同等になった状態であり、生命は秩序を維持するために非平衡状態になければなりません。したがって第1の組織化は、外部からのエネルギーによって駆動された非平衡性による円環的過程で、それは**非平衡再帰構造としての生命**を実現し、生命の物理的な基礎的構造となります。

生命は、この非平衡場に自らを置くことによって可能となる自然発生的な構造形成をたくみに利用します。しかし、生命は単に物理的因果性のみによって決定される構造ではありません。生命のレベルに非平衡機構がさらに発展して「情報の次元」が出現します。非平衡構造の上に、情報を担ったマクロ分子によるネットワークの統合作用が加わり、**情報によって組織化された生命**が出現します。生命とはこの2つの組織化を統合して自己形式システムとして構築されたものです。以下それぞれについて詳しく論じてみましょう。

6.2.1 生命の秩序——非平衡循環構造

6.2.1.1 生命は物理的系としては循環構造をもつ非平衡系である

生命は物理的系としても可能でなければならない

　生命は抽象的なシステムではありません。現実の物理世界の中にあって熱力学の第2法則に抗して秩序を維持していかなければなりません。エントロピーの法則に抗して系を維持する方法は、熱学的なエンジンの例でもわかるように、外から維持された非平衡場に存在して、状態を循環させて、秩序的振る舞いを行い、発生したエントロピーを外に捨てる循環過程をとることです。生命では先に述べた「円環的」化学反応ネットワークの構築にあたります。エネルギーの流れに駆動されて絶えず自己を再生産するためには、サイクリックに反応し続けなければなりません。生命は循環することによって非平衡状態を保っています。エネルギーや物質の流れに対して開いた非平衡不可逆系がとるこのような循環構造は、一般には散逸構造（dissipative structure）とよばれる構造の1種なのです。本書では、系の特徴をより明示して、この化学反応系の構造を非平衡再帰構造とよびます。

太陽光の非平衡性が、抗エントロピー的生命活動を可能にする

　実際、生命はまわりの世界に対してはるかに平衡から離れています。生命内は太陽光を源泉とする外部からのエネルギーの流れによって、化学反応系の状態を、平衡状態から非平衡状態に大きく偏位させます。

　生命圏は太陽光のもつエネルギーを光合成によって捉え、これを食物分子の電子エネルギーとして蓄えます。食物のもつ高い電子エネルギーは呼吸的に酸化されて取り出され、エネルギーの生体内普遍分子の1つであるアデノシン3リン酸（ATP）によって生体内を運搬されます。これは何に使われるのでしょうか。

　熱エンジンでたとえると、高温から低温へと熱が流れるように、エントロピー的に自然な方向で反応が進んだ場合生体の化学反応がそのままでは秩序化的機能が実現できません。通常はエントロピー的に自然に進行する反応とは逆の反応を遂行させなければなりません。このために、ATPがADPへと変化する反応と組み合わせて逆方向反応を起こしているわけです。ATPがもつADPへの反応の非平衡性が、代謝反応ネットワークのエントロピー的に自然に進行しない反応部分を駆動することに使用されます。ここで注意しなければならないのはATPがもつ非平衡性は、もとを正せば太陽の光によって葉緑体内の電子がエネルギー的に励起されて、それを分子の還元力に移行して、すなわち食物のもつ化学エネルギーとなって蓄えたものである、ということです。要約すれば太陽の光が化学

反応サイクルを逆回ししているといえます（図6-4）。

　こうして反応サイクルは回転し、この間に発生した廃棄物としての熱力学エントロピーは、環境すなわち最終的には「冷たい宇宙」に捨てられます。このようにして〈太陽光−冷たい宇宙〉の非平衡性が、生命の抗エントロピー的な円環反応をまわし、非平衡構造を形成するのです。

生命系の基礎は宇宙の非平衡的秩序形成にある

　非平衡性の流れの場の中に円環反応を挿入することによって、自発的には起こらない不可逆反応を起こす「非平衡系での循環構造生成の原理」は、**モロウィッツの原理**として知られています。この原理は一般的には「非平衡流れは円環的な過程を引き起こす」というものですが、生命系の場合、〈太陽光−冷たい宇宙〉という非平衡性の流れの中に円環的化学過程を挿入して抗エントロピー的な秩序活動を可能にしているのです。

　地球上の生命圏もそうですが、このような非平衡構造が存在できるのは、先にも述べたようにわれわれの宇宙が**膨張宇宙**として非平衡性を絶えず生み出しているからです。宇宙自体が非平衡であるため太陽は燃えることができ、またエントロピーを冷たい宇宙空間へ捨てることができるのです。非平衡状態は、自発的に状態を差異化して秩序形成へと向かう潜在性をもつのです。生命はこの非平衡性のもつ秩序形成能力をたくみに利用して系を構成しています。

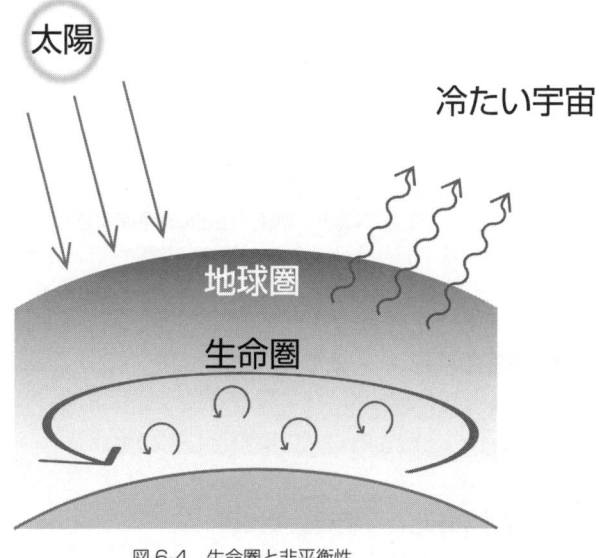

図6-4　生命圏と非平衡性

6.2.1.2 生命は自己触媒系を含んだ自律的な反応ネットワークである

　生命は生きているかぎり、周囲の世界に対して非平衡な系として存続します。このような非平衡で再帰的な反応系の基本的な構造はどうなっているのでしょうか。全体として循環的な生命の反応経路を詳しくみると外からエネルギーを与えられてはいますが、それだけでは外から規定されて生命の自律性は保てません。

　実際は、自分自身で自分を励起する**自己触媒過程**（autocatalytic process）とよばれる反応系が生命系中心にあります。すなわち一定の自律性をもって反応を循環させる中心が内部にあるのです。自己触媒過程とは、反応で生成される分子が反応自体を触媒（促進）するポジティブフィードバックが働く再帰的な反応過程です。もっとも簡単で直接的な自己触媒反応は反応分子をI、材料分子をXとして、

$$X + I \to 2I$$

です。生命の場合の反応はこのように簡単な自己触媒系でなくもっと複雑で、ネットワーク的に再帰して「集合的に自己触媒的な反応ネットワーク」が存在します。この集合的な自己触媒過程が、反応の全体の循環を駆動する起動力となっています。生命は受動的に循環するのではなく外からのエネルギーを用いつつも自ら循環する集合的な自己触媒構造をもっています。自己触媒反応のよく知られた例は燃焼反応、すなわち火です。したがって、生命系の自己触媒反応は化学的な「生命の火」であるといえます。

　生命の自己触媒過程は単に再帰的に循環するだけでなく、生命系を増殖する方向へともたらします。これに対して生命系にはこの発散化傾向を抑制して系全体を安定化させる機構も働き、生命は両者の均衡の上に存在します。

生命系の第 1 命題（生命の非平衡構造）
生命の基礎は自己触媒反応系によって駆動される非平衡再帰構造である。

6.2.2　生命系の秩序 ── 情報による組織化

6.2.2.1　「情報」の出現する自然の階層としての生命系

物理的一意決定性の停止と「情報」の出現
　非生命系と生命系における系の組織化の原理の違いはなんでしょうか。非生命

的な物理系でも非平衡構造など自発的秩序形成は存在します。これに対して生命のレベルで初めて現れる組織化の方式は情報による秩序形成です。物理的な系の振る舞いはエネルギー最小化あるいは熱力学的なエントロピー最大化による物理的因果性によって一意に決まります。しかし、すべての現象が物理的一意性で決定されるものではありません。物理的にいくつかの状態が可能でどの状態も等価であるとき、すなわち**物理的多義性**が出現したとき、エネルギー最小などによる因果律は有効には働かず、そのときどきでどの状態が選ばれるかが偶然で決まります。ここで物理的一意性に代わって、「ある条件ではAが、ほかの条件ではBが」という規則性あるいは統計的頻度の「偏り」が生まれるとき、「情報」とそれによる組織化の可能性が出現します。

　すなわち、状態決定に物理的任意性が現れるレベルで、選択する物理的な状態を「情報」としてコードできる可能性や、情報規則による状態決定が可能になります。生命はこのようなレベル、すなわち「情報」による秩序形成が可能なレベルで出現します。生命は物理的な決定論的法則性と確率的なランダムネスの境界に生成するといってもよいでしょう。

　たとえば、on-offの状態が物理的に等価に出現する分子は、ある約束事のもとでこの分子に2値的な情報をコード（符号化）できます。複雑な生命情報分子であるリボ核酸（RNA）やデオキシリボ核酸（DNA）においてもこのことが当てはまります。核酸にはアデニン（A）、グアニン（G）、シトシン（C）、チミン（T）の4種類の塩基があり、このどれを選ぶかは物理的には任意です。そこに情報をコードできる分子としての核酸の条件があります。配列を決めるのは物理的因果性ではなく、配列に込めるべき情報内容、たとえば生産すべきタンパク質のアミノ酸配列に関する「情報」なのです。

　このように物理系は複雑化すると物理的に等価な状態が出現して「情報」がコードできる領域が出現します。しかし、情報はそのままでは秩序形成に繋がりません。そのためには、情報は認識されて生命系内を伝達されて、その内容が実現されなければなりません。組織化のための「情報」の伝達は、物理的に作用を伝播させる場合と違って多くの物理的制約を免れます。

情報コードによる作用の伝達は物理的制約を受けない

　「情報」による組織化作用の伝達は、物理的な作用の伝播の場合と大きな違いがあります。物理的な作用伝播は、実現する作用内容を、それを実行するエネルギーとともに伝えます。これに対して情報による伝達の場合は、作用内容を情報としてコード化して物理媒体に乗せて伝達しますが、作用の実行に必要なエネルギーは情報を受けた側で用意します。ここでは、伝達内容と物理的な実現機構の

分離が可能で、物理的な制約を受けにくくなっています。
　より明確に述べれば、媒体の上に乗っている情報と媒体の間には物理的に必然的な関係がありません。モノーは、情報とこれを運ぶ媒体の物理との関係を**無根拠性**とよびました。たとえばホルモンの場合、その分子の形状を見てもその作用はわかりません。ホルモン分子は単に情報を伝達するラベルとして、送る側と受容体との間の約束のもとに選ばれているだけで、その化学成分は何であってもよいのです。これは記号と記号媒体一般にいえることで、"イヌ"とよぼうが"dog"とよぼうが受け手と送り手が了解していれば物理的信号形態はどちらでもよいのと同じことです。機能を発揮するメカニズムやエネルギーはホルモンを受容した側に用意されています。必要なことは受容体との取り決めで、ある物質が到達したら、ある定められた反応を開始するという規則（解釈系）です。ホルモンの物質的特徴は、受容体で中継されることによって最終の作用段階では消失しています。
　情報理論でも明らかなように、情報はそのままでは存在しません。情報を送る送信側とそれを受ける受信側、そして送られる情報を含めた3要素が情報を成立させるのです。したがって、送信者と受信者で情報のコード化の解釈系が共有されていることが「情報」を支える土台です。解釈系が確立していれば、情報の媒体は多義的状態が可能な物質でありさえすれば何であってもよいのです。このような任意性が情報にはあります。このような物理的因果ではなく、情報による状態決定が自然の階層において最初に出現したレベルこそ、生命のレベルなのです。

情報による作用伝達の特徴

(i) 情報の物質的キャリアと情報の作用との分離

情報コードによる作用伝達では、情報内容と情報の物質的キャリアとは物理的な制約関係はない（無根拠性）。物理的作用伝播を用いた情報伝達の場合、両者は一体で物理的法則による制約がある。

(ii) 情報伝達のエネルギー的制約からの開放

情報内容と物質的キャリアの分離の結果、情報コードによる作用伝達では必要なエネルギーが少なくできる。物理作用伝播を用いた場合では、情報の目的である作用自体を起こすエネルギーも伝達しなければならないが、コードによる場合は作用のエネルギーは情報を受けた側で独立に用意される。

　つぎに情報を受容して実行（解釈）する側に関してですが、すでに述べたように、情報伝達分子より重要性が高くなります。物理的な非平衡構造が形成されても、その秩序が認識されないかぎり情報にはなりません。情報を受容するためには、情報を担った物質を受け止める〈鍵と鍵穴〉的な分子認識機構が必要であり、

そのためには十分な形状的複雑性を形成できるマクロ分子が必要とされます。さまざまな立体形状をとれるタンパク質や、あるいは生命の始源段階で用いられたように、RNAが情報受容分子として活用されたのもこのためです。しかし、分子を照合するだけでは情報伝達の意味がありません。情報分子の受容に引き続いて実行される変化、たとえば受容した分子が変化して機能を果たすとか、あるいは生命機能を果たす分子への伝達とかが情報受容の目的なのです。現在の生物でも、情報による秩序形成は分子的〈パターン照合駆動型実行〉のネットワークによって担われています。すなわち何らかの信号（パターン）と合致したら実行を行うというメカニズムによって活動します。

このように情報の伝達と受容の機構が形成されると、「情報」はネットワークとして生命系に浸透し、これを組織化します。このようなネットワークは情報マクロ分子ネットワーク（informational macromolecule network）とよばれているものです。生命の情報マクロ分子ネットワークによる組織化は、系の各部分の間で、あるいは系と環境の間でコード化された情報（情報分子）のやり取りを行うことによって構築されます。つぎのようなネットワークがあります。

・転写因子というタンパク質を介して遺伝子発現を調節する遺伝子発現調節ネットワーク
・細胞外からくる情報を受容体で受け取り、これを遺伝子発現や酵素活性化に伝える細胞内情報伝達系
・多細胞生物におけるサイトカインおよびホルモンや神経系などの細胞間情報伝達系

これらにおいて、少なくとも情報を受容し作用を実行するのは、タンパク質や核酸などの情報マクロ分子なのです。

6.2.2.2 「情報による秩序形成」の基本的特徴

複雑な自己組織化には情報が必要である

物理的因果作用と情報による秩序形成の違いは何でしょうか。典型的な例では、1章でも述べたタバコモザイクウィルスの自己集合現象です。このウィルスを構築しているのは、純粋な分子間力による物理的自己集合化で、バラバラにしてもひとりでに集合します。これに対して、タバコモザイクウィルスより複雑性の高いウィルス、たとえばバクテリオファージでは、バラバラになった後は遺伝子配列情報のテンプレートなしには再現できません。

そのほかの例では、分子間力や疎水相互作用だけで膜構造の自己形成は可能ですが、タンパク質を含んだ細胞小器官などはテンプレートなしには組織化できません。したがってヤギル［2］のいうように、ある種の複雑性の閾値（complexity threshold）があって、それ以上では情報による組織化でしか複雑な秩序を構成できません。生命は、その基盤において物理的因果性による自己組織化を利用していますが、より複雑な組織体を構成するときは、情報に基づいて系を構成しているのです。

情報による組織化を支えるのは「選択」であり情報はそれを担う媒体の物理的制約を免れているといっても、情報による組織化すべてが任意であるわけではありません。生命が関係する内部・外部環境は、物理的決定論のレベルで差がなくてもほかの生物や食物の分布やさまざまな要因によって適応度（fitness）が定義されており、これらに適合していなければ存続できないのです。

「情報による組織化」の特徴

(i) 複雑性のレベルの違い
物理的因果作用で自己組織化できる複雑性のレベルには限界がある。それ以上の複雑な構造は情報に基づかなければ形成はできない。

(ii) 組織を支える機構の違い
〈因果法則による必然性〉と〈選択による適合性〉
因果的な系の必然性は形成過程に現れる（前向きの決定）。情報による系の適合性は「選択」によって決定される（後向きの決定）。

物理的因果律の場合、現在に続くつぎの状態は、それがまさに起ころうとする時点で因果法則のもとに決定されます。すなわち事象や系の形成過程は必然的で前向きの決定です。これに対して因果法則が働かない複雑な事象の場合、事象が起こるのを決定しているのは偶然性（確率）です。しかし、それが存在し続けるためには多様な要因によって決まる適応度がほかよりも高い必要があります。この場合働いている論理は「因果」ではなく「選択」です。

生命系の第2命題（情報による生命の組織化）

生命系は「情報」が存在可能な次元において出現する。生命は情報系が物理系を組織化したものである。

したがって情報による系形成の適切さは系ができあがった後、後向きの決定に

よって判定されます。偶然によってさまざまな系は出現できますが、自然法則や環境と適合しないと選択されず、すぐに消滅します。非生命系と生命系を分ける自然の階層の非連続性は、〈情報による秩序形成〉と〈選択による保存〉という基準の出現です。

6.2.3 生命は進化的に複雑化する

　生命は進化によって複雑化します。これは生命の普遍的形式に根ざしたものです。これまでは、生命をその個体性において捉え、生命の系としてのあり方について普遍的形式を論じてきました。しかし、生命は不変的複製によって「集合的自己」となり、個体性を越えて時間的にも集団的にも広がります。集合的自己のレベルで現れてくる事実は、〈生命は進化する〉ということです。

　従来の進化の総合説では、進化は遺伝情報の自己複製時のエラーが変異を生み、適応度の高い変異が「選択されて」集団内に固定されることによって起こると説明されます。それでは、進化とは複製エラーという生命にとって派生的な現象から現れた現象なのでしょうか。そうではありません。実際、〈変異－選択〉機構だけでは生物進化は起こらないのです。生命系の組織化の特有なあり方が根底にあるからこそ〈変異－選択〉による進化が可能になります。進化は複製エラーから起こった偶然的な現象ではなく、生命のあり方に根ざした「普遍的形式」の1つなのです。そしてこのことを明らかにしたのはカウフマンらの複雑系進化論[3]の大きな寄与でした。以下、進化が可能であるためには、生命系が満たすべき特有な系形式のいくつかを指摘しましょう。

多重遺伝子による複合適応度と遺伝子間の結合性のあり方

　最初に、集団としての生命の時間的断続性を支える適応進化について、これを可能とする生命系の条件を考えます。進化における生命系の生存価は適応度で表現され、遺伝子型による適応度の変化は適応度地形（fitness landscape）で表されます。遺伝子が1つならば、適応度地形は単純で「内的な次元性」は1ですが、生命は多数の遺伝子からなるので、生命系全体としては各遺伝子の適応度地形を総和あるいは合成したものとなります。ここでそれぞれの遺伝子が独立に変化できる場合、総合適応度は各遺伝子の適応度の和で与えられると仮定すると、大域的に線形的に順序づけられ、適応度地形に沿って上昇する連続的な進化が可能になります。しかし、遺伝子間に互いにほかの遺伝子の発現を促進・抑制する相互作用があると、総合的な適応度は全遺伝子の組み合わせのそれぞれに対して変化

して、内的に「多次元の複雑性」をもちます。その適応度地形は凸凹（rugged）な地形となって、大域的に直線的な進化は不可能となります。進化が可能であるためには、総合適応度地形との関連でどのような遺伝子間の結合形式が進化できるか、ここに進化可能性（evolvability）に関して、生命系側に必要な条件が現れてきます。

共進化による生命の複雑化と種間の結合性

つぎに、集団としての生命の相互的連携である共進化に関係して生命系の条件を考えましょう。単純な適応度地形ではすぐに最適値に到達しますが、競合する種はお互いに他方の適応地形を変化させて、オープンエンドな進化（open-ended evolution）を示します。このような進化は共進化による複雑化とよばれています。それぞれの種の系としての自由度（次元数）は共進化を通して絶えず増加し、その意味で開放的なダイナミクス（open dynamics）を示します。このような複雑化は、遺伝子重複によるゲノム複雑化や神経系などの個体学習機構の複雑化などを通して実現されます。

さて、このように不断の複雑化を促進する種間の共進化ですが、単に独立な種が競争するだけではどちらかが生存競争に勝利するだけで、共進化は起こりません。共進化が可能となるためには適切な種間の結合性が存在することが必要です。適応進化や共進化が可能となるためには、生命系の側にも必要な条件があることがわかります。先に、物理系を複雑化すると物理的決定論が実質的に働かなくなり、情報の出現する領域が生じると述べました。しかし、同時にまったくのランダムネスでは情報を生成できず、多義性の中にある偏りが情報を生むとして、生命は決定論と確率論の境界に生成するとしました。

進化可能性においても、これとまったく同じ議論が成り立ちます。ある種の「中間性」が生命系の条件として現れてきます。たとえば、あまりにも強靭な遺伝子間の結合性は、適応度地形をランダム化させ適応的な進化を不可能にさせます。また結合性があまりにも弱いと適応度地形のピークは緩やかになり、進化の過程で到達した高い適応度を保持できません。同様に、共進化においても種間にあまりにも強靭な相互関係、たとえば完全な支配があれば相互の複雑化への進化を阻害します。また、あまりにも相互関係が弱いと両者は独立となり共進化による複雑化は起こりません。すなわち、あまりにも厳密に組織化された系は進化できませんし、また、あまりにもランダムに組織化された系も進化できません。生命系側がこの「中間性」を満たさないかぎり、〈変異−選択〉だけでは生物進化は起こらないのです。

遺伝子のネットワークの複雑化

これまで生命系を遺伝子グループの相互作用ネットワークとしてその適応度地形やさらに種間の遺伝子ネットワークとの共進化を考えてきました。これに加え進化とともに遺伝子ネットワークの次元数が増え、すなわち、進化とともにシステムが複雑化する効果を考慮する必要があります。このことは第5章でのHox遺伝子について述べました。

基本的には遺伝子は重複によって増加していきます。重複によってはじめはほとんど同等であったもとの遺伝子あるいはその翻訳したタンパク質も時間がたつと差異化し、異なった分子を含む次元数の増えた遺伝子ネットワークになっていきます。このように次元数を増加させつつも、決定論とランダムネスの中間の境界で、進化可能性をもったネットワークとして発展していくのが生命系の普遍的なあり方の1つです。

> **生命系の第3命題（生命の進化による複雑化）**
> 集合的生命は決定性とランダムネスの中間の境界において、進化によって次元数を上げつつ複雑化する。

6.2.4 生命の自己性

自然の階層性と生命階層の非連続性

これまで生命と情報をめぐって3つの命題、すなわち、非平衡循環構造を土台にして、「情報による秩序化」を加えた系で、集合的に存在して進化を示すことを「生命のあり方」の3つの普遍的形式としました。

これらの普遍的形式にすでに間接的には触れられていますが、これらの生命系の普遍的形式を根底から統括するものとして「自己性」あるいは「自己再帰的システム」という基本的なあり方について述べてみましょう。そのために、ここで生命系の物質系としての特有なあり方とは何か、を考えるところから始めてみましょう。

生命を物質系の1つの存在様式として認めたうえで、それがどのように特有な存在様式なのか、普遍性をもったクラス、すなわち**普遍性クラス**（universality class）の1つとしてその構成原理を考えてみましょう。この構成原理こそ、さまざまな生命の基本属性を導出するものといえます。まず非生命的な物質系の構成原理を考えてみます。非生命系の場合、その構成原理とは基本的には〈物質系を構成する基本要素とその間に働く力による集合化の原理〉です。この〈要素と力〉には自然の階層性があり、素粒子を基本要素とする世界では核力が、

分子や分子集合レベルでは電磁相互作用が、銀河や宇宙のレベルでは重力が、物質系の形成メカニズムを構成することは、いまだ解決されない問題が残っているにせよ、原理的にこれを疑う人はいません。物質の化学レベルの階層に対応する2番目の分子や分子集合の世界では、物質分子の種類とその集合形式の情報さえ与えられれば、計算時間の問題はあるにしても原理的には分子の3次元形状やさらには多分子集合のダイナミクスを計算機上で再構築できます。すなわち、物理的ー化学的ー生物的という自然界の存在の階層において、最初の2つの物質の階層の間に少なくとも原理的には、連続性が存在することはすでに確立されている事実といえます。

　それでは、化学的レベルから生命のレベルに移行する段階ではどうでしょうか。確かに生物の個々の現象を担う分子的メカニズムは、近年では生化学あるいは、分子生物学によって解明され、生命を構成する分子は非生命系と比べてある範囲の分子に限定されています。そしてそれぞれの特徴に合わせて生物学的機能が割り当てられていることも明らかになってきています。生命の基本的な機能は、核酸やタンパク質などの巨大ポリマーによって担われ、とくにその分子間相互作用に基づく高度な分子認識能力が生命に不可欠な物質的基礎となっていることは確かです。しかし、生命の本質がこれらの生命系分子そのものの性質にだけにあると考える人は少ないでしょう。すなわち、化学的レベルと生物的レベルでは物質の〈要素と力〉の差異以外の非連続性が存在します。この非連続性は何に起因するのでしょうか。

生命の本質は「系としての組織化の原理」とその構築過程である

　「生命とは何か」という問いで問われているのは、生命体が自らを統一体(unity)として組織化する方式、すなわち生命という物質集合系が示す「系としてのあり方」であると考えられます。生命に特徴的なマクロ分子の特性に生命の本質があるのではなく、それらを使用して実現される超分子的な物質集合系の「系としてのあり方」こそ生命の本質です。生命の系としての特有なあり方の中にあってはじめて、核酸やタンパク質などのマクロ分子の性質も生きてくるのです。生命の「系としてのあり方」は「系の組織化(organization)の様式」といってもよいでしょう。したがって、われわれが生命を論じるにあたって出発点とするのはつぎの基本命題です。

生命の根本命題

生命とは物質集合系の「系としてのあり方」における特有の組織化のクラスをいうもので、その構成分子の特殊性に帰着される性質ではない。

生命は再帰的な自己形式をもつ系である

 まず生命を非生命的な物理・化学系と比べたとき、最初に誰しもが気づくことは、生命系が個体として存在すること、さらにいえば「自己」あるいは「自己形式（self-structure）」を有する物質集合系として存在していることです。「自己」をもつシステム、すなわち、自己形式システム（self-structured system）は生命の出現によってはじめて示された系のあり方です。自己形式システムに関しては十分な理論がまだ展開されていませんが、いくつかの重要な理論も提出されています。

 まず生命系の自己性を明確にするうえで重要な観点は、システムを構築する力やそれを構成する情報、すなわちシステム産出の根拠がどこにあるかという点です。生命以外のシステムは自分を生成する力や構成情報、すなわち「根拠」は自分の存在の外にあり、外部に存在する根拠より内容を決定されて作られています。確かに非生命的系の中にもいわゆる「自己組織化」現象を示すものがありますが、非生命系の自己組織化、たとえばマクロ的な構造を示す対流に典型的に見られるような非平衡構造は〈部分的に自律的な〉構造で環境条件から直接的に規定され、その条件が消失するとただちに構造が消失する点で、やはり「外に根拠がある構造」といえます。

 これに対して生命系は確かにエネルギーや素材を外界から摂取しますが、生命の構造や内容が外的条件から決定されるわけではありません。生命系の構造は自分自身の内部に存在する遺伝情報に従って構成されているのであって、外からの食物はあくまでも生命系の自律性のもとに素材として取り込まれます。生命系と外部の条件は相対的に独立しているのです。この意味からも生命系は「内部に生成の根拠を取り込んだ構造」で、これは生命の自己根拠性とよんでもよいでしょう。

 生命系もその前生命的な準備段階においては、現在の遺伝情報に相当する構成情報が外に存在して、それに基づいて形成されていた長い時期が先にあったと考える研究者も多く存在します。たとえばケアンズ−スミスらは生命の起源に関して粘土説、すなわち粘土表面が RNA などの生命の基本的ポリマーの縮合反応を触媒しただけでなく、ある種のテンプレートとなって配列（構成情報）を指定したという説を提唱しています。いずれにせよ、外部に存在した自らの構成情報を自己の内部に取り込んだときにはじめて生命が出現したと考えられるのです。

 自己根拠性の表現としては自己を生成する根拠を内部にもつ系であるという生命の特徴は、さまざまな研究者によって独自の概念で表されてきました。たとえばマトゥラーナは生命をオートポイエーシス（auto「自己」を poiesis「作る」）とよびました。この概念は本来、生命の化学反応ネットワークが、それを構成分子を不断に産出することを通して、化学反応ネットワーク自身を産出することを

意味していますが、生命系の自己根拠性を表す概念としても捉えることができます。一時はマトゥラーナと立場を同じにしたヴァレラはその後、生命のこの自己根拠性を独自に**自律性**（autonomy）とよんでいます。

自己形式システムの再帰性

　さて、自己の生成の根拠が自己の内部に存在するということは、生命では自己には少なくとも2つの存在があることを意味します。まず環境と境界を接して現実に存在している具体的な生命系全体としての自己が存在します。これを現実的自己とよんでもよいでしょう。これに対して生命系の根拠となる構成情報としての自己があります。これは具体的には遺伝子に蓄積されている生命系の構成情報が大部分でありますが、概念を少し拡張して発生など時間的なスケールが入ると「実現すべき可能性としての自己」と考えてもよいでしょう。ここでは、この意味で目標とされる自己の構成情報を可能的自己とよびましょう。

　さて、根拠となる自己には、「現実的自己」と「可能的自己」との差異を内部観測し必要なら構成情報を発現させて、その差異を解消しようとする能動的作用機序も含まれます。しかし、生命系において現実的自己は可能的自己に完全には一致することはありません。そのため生命系はこの差異を埋めるように自己が自己に働きかける循環的過程として時間的に展開します。自己形式システムの再帰性とは未来関与（projective）的な可能的自己と現実的自己の循環過程にあります。このような再帰的な過程の基礎は、自己に対する認識にあり、自己言及性（self-referentiality）や自己反照性とよばれます

　生命系の内部は、自己触媒のところでも述べたように、自己増大的な不安定化傾向が存在します。自己形式システムとは、系が自らの状態に対しての再帰的な認知関係（内部観測）をもち、これに基づいて不安定化傾向にある系全体を調節（内部作用）して本来の自己を実現するシステムです。したがって、その構造は現実的自己の内部に含まれながら、未来や本来の自己に関与しているという意味で可能的自己は「超越」しており、そこに自己の2重性があります。

　具体的には、現実的自己とは境界によって区分された生命系そのもので、化学反応ネットワークの組織化された集合です。ただし、これらの反応集合の中には代謝などの実質的な生命過程だけでなく、反応状態を観測し、酵素を活性化したり、遺伝子発現を調節するタンパク質のカスケード的な分子認識的反応に基づくシグナル伝達系も埋め込まれています。実質的反応も観測・調節反応も化学反応の形式で実現されており、両者は混在しているのです。これは自己形式システムに特有な性質で、観測する側と観測される側の区別はかならずしも明確ではありません。実質的な自己と再帰的な自己は大規模な化学反応系の中にあって両極を

> 生命は再帰的な自己形式（self-structure）をもつシステムである。

生命とは「再帰的情報系」の実在化である

　普遍的な観点から見た生命の「システムとしての基本的なあり方」については、生命が自己再帰的なシステムであることが基本であると述べ、さらに生命的自己の2つの組織化原理、すなわち、「非平衡再帰構造」と「情報による組織化」について述べました。自己再帰的な系である生命系は、非平衡構造では自己触媒的反応サイクルとして、情報的組織化では情報マクロ分子の再帰的ネットワークとして、さらに集合的自己のレベルでは複雑化進化として実現されています。

　生命は非平衡構造と情報構造化の2つの円環的な組織化が、自己再帰的システムという基本構造のもとに統合された系です。物理系の複雑化から生まれた「情報」ですが、翻って物理系に浸透し、これを貫いて組織化したところに生命系の形成原理があります。これは一種の相転移で、物質集合系の情報的乗っ取り（information take-over）ともよぶことができます。したがって、あえて簡単化すれば、生命とは

$$生命的自己 = 非平衡的自律構造 + 情報的組織化$$

と図式化できます。そしてこの「情報による組織化」を可能にした生命系の基本的あり方、集合的形式では進化を可能にする系のあり方でもあります。そして〈変異－選択〉のメカニズムと宇宙の秩序化的進化が可能性としての生物進化を現実化しました。非平衡構造と情報構造化の共生である生命は進化を通して複雑化するのです。これをつぎの図式、

$$集合的自己 = 生命的自己の集合 + 複雑化進化$$

で表すことができます。生命は何かという問いに対してはつぎの答えが与えられます。

> **生命とは何か（結論）**
> 生命とは「再帰的な情報系」を物理的に実在化したものである

6.3 膨張宇宙論とわれわれ生命の未来

　先に述べたように、地球の大気圏は1つの大きな非平衡系と考えられます。その非平衡性の源泉は太陽からくる光という、エントロピーの低い質の高いエネルギーなのです。太陽光は地球の大気圏を非平衡状態に保ち、生命はその中に開放系として維持されています。またわれわれがエネルギーとしておもに使う化石燃料は、過去の太陽光による低エントロピー資源です。太陽からの光エネルギーの流れは地球大気に循環構造を形成してエネルギーを散逸し、この非平衡性を消費します。エントロピーの捨て場所となるのは大気圏に接している冷たい宇宙空間となっています。

太陽光の非平衡性
　それでは太陽の光の非平衡性はどこからくるのでしょうか。太陽は水素より構成されていて、太陽で起こっている反応は水素からヘリウムを形成する核融合反応です。太陽の中心は1500万度の温度で、このような温度レベルにおいて、鉄をもっとも安定とする原子核反応の平衡状態へ向かう反応系列の最初の段階、すなわち水素からヘリウムの核反応が100億年の時間スケールで起こります。原子核反応の系列はHeのところで窪みがあるので、太陽のエネルギーレベルでは、原子核の反応系列はこの状態で停止します（図6-5）。まず太陽の中心では水素の核融合反応の第1段階の水素-重水素反応、が起こっています。ここで出現した光子（線）は、太陽の中心から放射されるとただちに1500万度の高温と平衡になります。そして、太陽の内部を外へと伝わるにつれて次第に冷却され、最後に6000度で太陽の外部に出て輻射します。

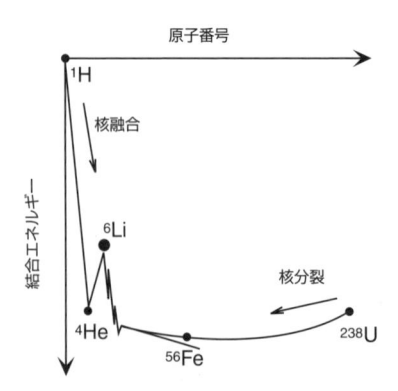

図6-5　原子核反応の平衡状態へ向かう反応系列

宇宙の非平衡性と膨張宇宙論

太陽光の非平衡性は、基本的には宇宙の非平衡性に淵源すると述べました。宇宙自体の非平衡性に関しては、クラウジウスやボルツマンを悩ませた問いです。宇宙全体を考えるとこれは最大の、厳密には唯一の孤立系ですから、熱力学の第1法則および第2法則より宇宙のエネルギーは一定で、そのエントロピーは極大に向かうことになります。当時、宇宙は静的な存在と考えられていましたから、そのまま演繹すると宇宙全体が「熱的死 (heatdeath)」に向かっていくことになってしまいます。これは宇宙を静的に考えたために陥った結論であって、近年では宇宙は膨張していることが明らかになり、宇宙全体が平衡に向かっているとは考えられていません。

宇宙が膨張しつつあり非平衡状態にあるとされることは、ビッグバン (Big Bang) さらにその前に起こったとされるインフレーションによるものです。現在では観測衛星 COBE や WMAP のおかげでより正確にわかってきました。137億年ほど前のある時期に宇宙は急激に指数関数的膨張を開始し、そこで相転移が起こって高温・高密度の状態で、ビッグバンが起こり、宇宙は拡大を開始、現在までこの膨張が続いていると考える立場です。ビッグバン自身は1947年にガモフが提案したものですが、その前段階にインフレーションがあったことが現在の標準理論となっています。

ビッグバン以降の宇宙の膨張の過程で素粒子が作られ、それらが元素となり、上で述べた原子核反応系列をたどり、銀河が誕生し星が生まれてきました。

宇宙に関する理論的な発展のはじまりは、1916年のアインシュタインの一般相対性理論です。一般相対性理論は重力が存在する場での時間・空間と物質の関係に関する理論で、重力理論として現代の宇宙論の基礎になっています。アインシュタイン自身は宇宙は静的と考えて、彼らは「生涯最大の失敗」という宇宙項を設け、引力とつり合う斥力を導入した定常的宇宙モデルを考えました。最近では宇宙項はインフレーションの加速のために必要であると再評価されています。フリードマンは、1920年宇宙は等方的で一様であるという宇宙原理の仮定のもとで一般相対性理論を適用して、宇宙は3つのタイプがあることを発見しました。フリードマンの宇宙モデルでは、宇宙の2点間の伸びの時間変化を表すスケールファクタ $a(t)$ が、空間の曲率 k と宇宙の物質平均密度に関係します。フリードマンの宇宙モデルでは膨張から始まった宇宙がそのまま膨張し続けるか、やがて収縮に転じるかは曲率 k によりますが、これは宇宙の平均密度が臨界値以上か否かで決まります。いずれにしてもフリードマンの提示した宇宙モデルは動的でした。

観測上では、1929年には、遠くの銀河からくる光のスペクトルが近くの星のスペクトルと比べると赤方偏移していることがハッブルによって発見されまし

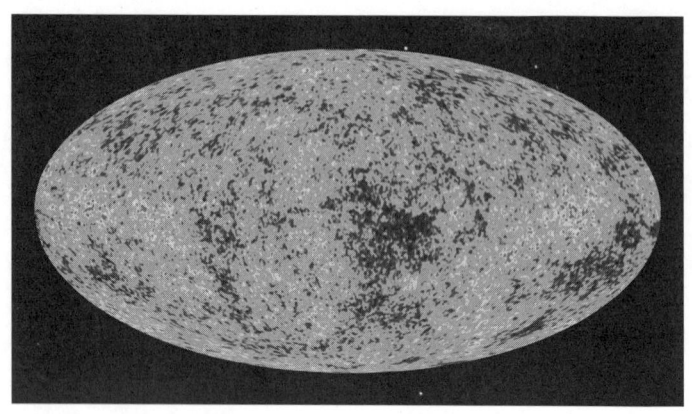

図 6-6 WMAP で得られた宇宙のマイクロ波背景放射（写真提供：NASA）

た。これは遠方の銀河が遠ざかることによるドップラー効果で、宇宙が一様に膨張していることを示します。遠方へ後退する速度は距離に比例し、その定数は ハッブル定数と名づけられました。また、1965 年にはペンジアスとウィルソンが宇宙に一様に存在する絶対 3 度という**背景輻射**を発見し、観測面でもビッグバン説の支持が得られました。この発見は宇宙の温度、すなわち現在の宇宙に充満する光子集団の温度が 3K であるということを示します。137 億年前に非常に高温の時期があって、その時点で超高温で輻射された γ 線が宇宙の膨張に従って長波長化して、それに伴い温度が低下したと考えられます。最近では COBE や WMAP などの衛星が背景輻射をより精密に描き出しています（図 6-6）。この背景輻射のむらが星を産み出したといえます。

現在では、宇宙の進化を考えるとき秩序となるのは物質という構造の進化と

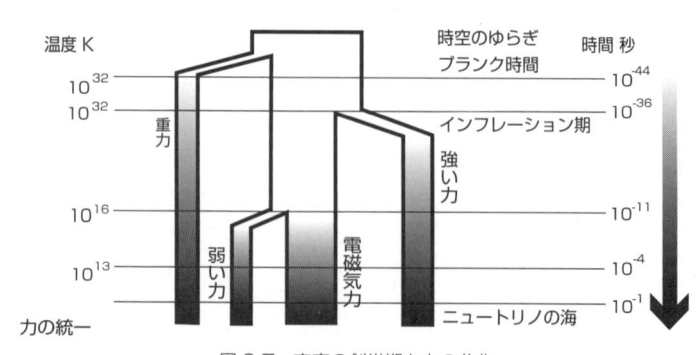

図 6-7 宇宙の創世期と力の分化

いえます。ビッグバン以後 10^{-44} 秒まではプランク時間といわれますが、この時期、後に陽子・中性子などに分かれるバリオン型粒子と力を媒介するゲージ粒子（光子も含まれる）のみが存在したとされます。このとき〈重力〉も分化しました。10^{-36} 秒後には、はじめて相転移が起こり、このとき 10^{28} 度まで温度が下がったといわれています。バリオン型クォークとレプトンに分離し、クォークには〈強い核力〉が分化して働くようになりました。さらに 10^{-11} 秒後には〈弱い核力〉と〈電磁力〉が分離し、電子と電荷のないニュートリノが出現しました（図6-7）。10^{-4} 秒後ではクォークは合体して陽子や中性子が出現し、その後10秒から陽子や中性子・電子が結合して水素、重水素、ヘリウムと合成が進みました。およそ 10^3 秒後には宇宙の温度は膨張により1万度ぐらいまで低下して合成はリチウムまでで終了します。それより重い元素は恒星の内部で合成されます。宇宙では水素とヘリウムで全体の97％の質量（水素77％、ヘリウム20％）を占めています。

さらに38万年ぐらい経過すると、4000度ぐらいになり自由電子も原子核に捕捉されて、電離していた物質も中性化し（「宇宙の晴れ上がり」）、さらに10億年後には重力の作用で銀河や星ができました。（図6-8）

秩序の生成

以上のように宇宙は膨張し、その温度は膨張とともに低下していきました。宇宙の膨張によって達成すべき平衡状態はこれに追いつこうとする非平衡の緩和状態よりも速く変化していきます。この関係は、先にも与えたように、秩序に関し

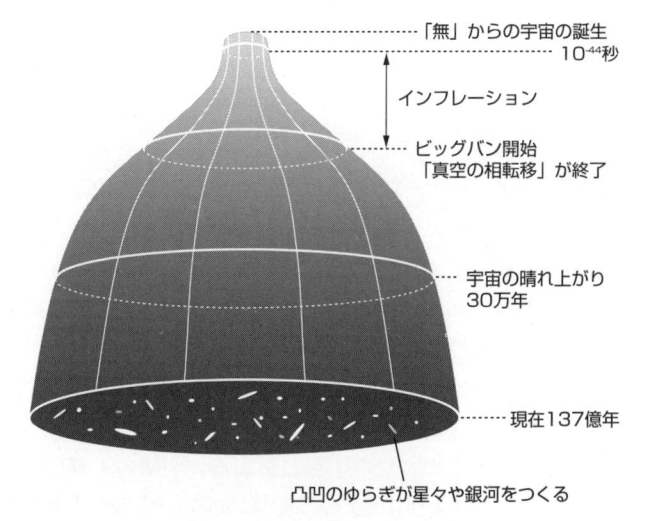

図6-8 膨張する宇宙のシナリオ

て可能エントロピーと現実的エントロピーの差で与えたブリルアンの式で考えればわかりやすいでしょう。

宇宙の現実的エントロピーSは増大していますが、それ以上の速度で可能エントロピーS_{max}は増大しています。そのため、その差、すなわち宇宙の情報あるいは秩序Iは増大します。この現象はダイソンによってhang-up現象とよばれました。すなわち、可能エントロピーを基準にすれば、物質や星の進化に見られるように、非平衡が働いて宇宙の物質の相対的なエントロピーは逆に減少しているといえます。物質系の秩序が増加しているのはこのためです。すなわち、カウフマン的に述べるなら温度の低下によって秩序が析出します。さらに具体的には、宇宙の初期に物質形成が水素・ヘリウムまでで止まって、鉄まで反応が進まなかったことも重要です。そのため水素はまだ宇宙に潤沢に存在します。原子核の結合反応系列はまだ平衡に達していません。われわれにとってはこのことは、太陽の水素は核融合してヘリウムとなり、熱を宇宙空間へと流すことができるという点にあります。ここでまた太陽が宇宙空間と平衡に達していないことも重要です。宇宙空間は3Kという低温であり、太陽は宇宙空間へ非平衡的な熱の流れを流すことができるのです。さらに、最近ではこの宇宙の膨張は、加速しはじめたといわれています。そのために必要なエネルギーとして「ダークエネルギー」が存在していると観測されています。

このように急速に膨張する宇宙は、非平衡性を生成するすべての源泉となっています。あるいはもっと強く世界は第一義的に非平衡であり、平衡現象は限局した状況でしか出現しないといってもよいでしょう。膨張する宇宙の非平衡構造のうちに物質の進化から地球大気圏の非平衡構造、さらには生命系の秩序が育まれるのです。

地球大気圏でのエントロピー収支

翻って地球上でのエントロピー収支を考えてみましょう。太陽から照射される6000Kの光エネルギーが地球に到達します。太陽光が地上に与えるエネルギーは太陽光線に垂直な面において$1cm^2$あたり毎分約2calで、これは太陽定数とよばれています。地球は球面で地表は傾いていたり、昼夜があるので実際の平均はその1/4程度といえます。到達した太陽光のうち反射などで失われた部分を除いた残りの66%の太陽光が、大気、地表（海水）を暖め、地表の温度は平均で300Kぐらいになります。地表を暖めた熱は最終的には、大気上面から黒体放射として宇宙空間に放射されます。そのときの宇宙と接する大気圏の上部の温度はおよそ250Kとなっています。このように地球大気圏は太陽光線で地球表面を熱せられて、宇宙空間に接するところで冷却され、そのエントロピーを捨てます。その意

味で地球大気圏は〈太陽光−冷たい宇宙〉の中に存在する非平衡系です。

　地球大気圏はこの非平衡流れに駆動されて循環構造をとります。この循環構造は、水蒸気を含んだ大気の対流によって実現されます。対流速度は水蒸気が飽和して平衡になる緩和時間よりも速いので、水蒸気を含んだ大気は局所的にも非平衡です。対流は周囲より余分なエントロピーをもった部分を上昇させ排出するメカニズムでもあります。また地表からの赤外線による放射は可視光よりも散乱される度合が大きく温室効果を示し、熱を閉じ込める効果があります。太陽光は6000度の温度で地球に到達します。しかし、太陽光が大気を通過し、地表を暖める過程で、太陽光のエントロピーは20倍に増加しています。実際、循環構造を駆動する有効エネルギーとなる〈高温熱源−低温熱源〉差は、地表の温度と大気圏上部さらには宇宙空間の間の温度差となります。このようにして〈太陽光−冷たい宇宙〉の内部に形成された循環構造である地球大気圏の内部に〈生命圏〉が形成されたわけです。

生命の基本原理とわれわれの未来

　以上をまとめてみますとつぎのような原理になると思います [4]。

　生命の第1の原理：生命は宇宙の秩序化的進化の中で出現し進化しました。
　まず、最初に理解しなければならないのは、生命の複雑化・秩序化の源泉は、宇宙の膨張がもたらす「増大する非平衡性」にあることです。太陽光が地球へと注ぐ非平衡性の流れが生命を可能にし、生命圏を育みそれを複雑化してきました。ブリルアンの秩序関係式からも明らかなように、膨張する宇宙は絶えず秩序を生み出しつつあります。力の分化やクォークやレプトンの分離、元素の生成などの一連の宇宙の秩序化的進化のある意味で最終的な段階は、生命と知の創成です。生命はまず〈太陽光−冷たい宇宙〉の非平衡性の流れの中で円環的化学過程として出現し、絶えず自らを生みだしつつ存在します。宇宙と地球環境と生命圏という広がりの中で生命を把握しないと生命を囲む大構造を見失ってしまいます。たとえば、生命はエントロピー増大則に反しているのではないかという問いに答えられなくなります。非平衡性の維持は生命の基盤となる第1の条件です。

　生命の第2の原理：つぎに重要なのは、生命と「情報」の関係です。先に述べたように物理機構が複雑化すると物理的には決定できない等価な多義的状態が生じます。すなわち、因果律から「自由な次元」が出現し、ここに「情報」によって状態を決定する方式が可能になります。これは、物理的には離れた2つの系の要素を〈情報発生源−情報受容〉の間でコード解釈の共有系の上で結合します。

このような「情報」によって秩序化された系は、偶然出現したとしても「選択」によって生存価の高いもののみが存続を許されるのです。この結合が確立したとき〈秩序〉そして〈知〉が生じたといえます。

具体的な生命系では、この〈情報的結合〉は結合して1つの全体となって情報マクロ分子ネットワークを構成し、これが生命系内に張り巡らされて、遺伝子発現、細胞内あるいは細胞間情報伝達系などによって生命を組織化します。この中でも生命にとって重要な情報の結合は〈RNA－タンパク質〉相互系です。生命の始原段階で物理的には最初に出現したのはタンパク様分子系ですが、論理的にはRNAがタンパク質を〈記述〉したときに真の生命が始まりました。タンパク質様分子系がRNA系の触媒を可能にし、RNA系がタンパク質のポリマー形成を助けます。このような「閉じた情報の円環」が完成したときこそ物理的世界においてはじめて「情報」が自らの足で立った瞬間です。

こうして出現した「情報による生命系の組織化」は選択によって消滅したり維持されたりします。物理的因果律が働かなくなった複雑な秩序を支えるのは、その生存に対する環境からの選択なのです。

物理学は観測の問題があるために、体系として閉じていないとよくいわれます。量子力学的観測には認識主体の存在が仮定されるからです。著者はまた別の意味で物理学は閉じていないと考えています。それは「複雑化」が進展すると多義性が現れ「情報」が発生するからです。むしろ著者は「情報」が物理的に存在するために「生命」というしくみが必要であったとさえ思います。これはドーキンスの「遺伝子の乗り物としての生命」という見方を、ある意味で徹底化した考えなのです。物理的自然は、結局は認識とか情報的存在としての生命を一方で仮定しないかぎり完結しません。生命は、物理的世界から発展し、情報という次元を出現させ、それを完成するために出現したのです。

生命の第3の原理：生命は系としても集合としても自己として存在します。情報による組織化と非平衡構造化を統合的な系としてまとめるのは、生命の再帰的な自己形式システムです。これは化学反応サイクル系としての非平衡構造の段階でも、循環的な情報マクロ分子ネットワークの段階でも、生命系を貫いて見受けられますが、やはり情報系が再帰的存在形式として確立したときに生命が始まったといえます。しかし、自己には単なる再帰性だけではなく、未来への発展性が基軸に存在します。これは自己触媒的反応のもつ不安定化・増大傾向が生命の根底に横たわっているからです。根底に不安定化機構があるからこそ時間的な展開が可能となるのです。

生命的自己には可能的自己と現実の自己との間に乖離があり、その乖離を埋め

ようとする運動、すなわち秩序への力が自己の時間発展を可能にします。ただし個体の場合、やがて可能エントロピーに現実的エントロピーが追いつき、個体としては消滅します。ただ集合としての生命はオープンエンドに進化していきます。絶えず「自由度の次元」を増加させるという意味での複雑化がわれわれの見るかぎりにおける進化の姿でした。ドーキンスは「遺伝子の利己性」という概念を提案しましたが、著者はこれを「生命の自己性」あるいは物理的世界において「情報＝知」を拡大していこうとする「志向性」と理解しています。

われわれ生命の未来

　オープンエンドな複雑化進化もその背景には、やはり宇宙の膨張による非平衡性の増加と秩序への進化があります。宇宙が膨張しているかぎり、秩序形成の方向はとどまりません。現在、「真空のエネルギー」であるダークエネルギーが存在し、宇宙はこのまま膨張を続けると予測されています。このまま膨張していくと100億年後にはほかの銀河は果てしなく遠方になり、われわれは周囲に銀河を観測できない暗黒の夜空を見上げることになるのでしょうか。またほとんどの星はブラックホールと化し、宇宙はニュートリノと対消滅を逃れた電子・陽電子の集まりだけになるのでしょうか。現在確実なことは、太陽系では10億年後太陽が死滅へ向かう傾向が顕現し、高温化・膨張して、このままであればわれわれ地球的生命は絶滅するであろうということです。

　宇宙の誕生と物質の生成、さらに物質や宇宙の構造の複雑化、そして最後に出現した「情報」を生み受け継いでいく生命、これらを通していっそう豊かに複雑化していく宇宙の進化に思いをよせれば、宇宙は、〈知〉を育んだ生命を通して自らを認識する存在を作り出そうとしているように見えます。「宇宙の人間原理」（anthropic cosmological principle）とよばれるこの考えは、さらに一般化して「宇宙の知の原理」とすることができるでしょう。たとえわれわれが絶滅しても、宇宙は存続するかぎり、宇宙を認識する存在—それはどんなにわれわれが想像するものとかけ離れていようが〈生命〉とよぶべきでしょう—をどこかに作るでしょう。ダイソンは宇宙の末期においても陽電子と電子からなる生命体を想定したくらいですから。

6章 参考文献

[1] E・シュレーディンガー『生命とは何か―物理的にみた生細胞―』岡小天、鎮目恭夫訳、岩波新書、岩波書店、1951
[2] Yagil,G.: 'Complexity Analysis of a Self-organizing vs. Template-Directed System,' in "Advances in Artificial Life," Morán,F. et al. (eds), Springer, 1995.
[3] Kauffman,S.A.: The Origins of Order, Oxford University Press, 1993.
[4] 田中博『生命と複雑系』(3章、4章)、培風館、2002

7章　生命システム理論からシステム医学へ

本書では、生命を、分子ネットワークの観点から「システム」として理解し、さらに、生命の進化を「分子ネットワークの複雑化」の過程として理解する「システム進化生物学」について述べてきました。われわれはまず生命の必然的な出現の根拠を、宇宙の歴史の中に見出しました。宇宙の発展と深く結びついて、地球上の生命の出現と進化があり、もっと言えば生命は宇宙にその「目的」「意義」を与えるものであるということを述べました。生命系についてのおもな主張は、前章まででほぼ尽くしています。

　最後の章である本章では、宇宙にまで広がったわれわれの認識を少し地上に戻して、「システムとして生命を理解する」見方がわれわれのこれからの生活に与える影響を見ていきたいと思います。この新しい生命の見方は、生命理解を転換するとともに新しい生命観に基づくライフサイエンスを切り開き、われわれの生命を現実に守る医療に大きな変革をもたらしつつあるのです。

7.1 「生命をシステムとして理解する」理念が新しい医学を作り出す

　ヒトゲノム計画から始まり、トランスクリプトーム、プロテオームと発展している網羅的な生命分子情報は、「生命とは何か」に対するわれわれの認識を深めるだけでなく、疾患の理解や治療への指針、さらに創薬などの分野で大きな発展が期待されています。

　ゲノムをはじめとする網羅的分子情報の医療への応用は、最初はゲノムの個人による違い、ゲノムの多型性に基づいたものから始まりました。すなわち、その個人における疾患の罹りやすさや薬に対する副作用を予測して、その個人にあった医療を実行する個別化医療や「テイラーメイド医療」です。

　その後、個人の多型性だけでなく、遺伝子の発現パターンをゲノムワイドに観測するトランスクリプトームや、細胞内で産生されたタンパク質の全種類を網羅的に観測するプロテオームなど、いわゆる網羅的分子データ（オミックスデータ。1章参照）が精力的に研究されるようになりました。さらには、これらオミックスデータを解釈するために、システム生物学的な考え方が広がるのにつれて、ゲノム医療あるいは個別化医療とよばれる新しい医療に対しても第2世代というべき考え方が生まれてきたのです。その新しい内容をより明確にするためには、ゲノム医療というより「オミックス医療」とよぶほうがふさわ

7.1 「生命をシステムとして理解する」理念が新しい医学を作り出す

しいといえます。私は2005年からこの言葉を使っていますが、この概念も徐々に広まってきています。

本章では、「ゲノム医療」から、さらに発展した「オミックス医療（omics-based medicine）」あるいは「オミックス・システム医療（omics-based systems medicine）」とよばれる新たな医療の将来性について論じていきましょう。オミックス医療は、膨大な分子情報に基づく医療の実践であり、本書でこれまで述べてきた「生命をシステムとして捉える」考えを疾患に適用したものです。

疾患を情報科学やシステム理論から捉える試みは、「コンピュータ医学」という名称でよばれた1960〜70年代から始まりました。1章で紹介したように、1960年代から生体を制御理論の視点から取り扱う「生体システム論」が、制御理論やサイバネティックス、数理生理学などの分野において広く研究が行われました。とくに全身的な血圧血流などの循環動態の制御、内分泌のフィードバック制御、運動系の神経制御など多くの器官系モデルが作成され、一定の成功をおさめましたが時代的制約から細胞レベル以下の知識が不足しており、どうしても現象論的あるいはマクロ的モデルにならざるをえませんでした。

その時代においても「疾患をシステム・ダイナミクスとして捉える」視点からの研究は行われていました。著者の話で恐縮ですが、かなり早い時期に「病態ダイナミクス理論（病態力学）」という概念を提唱して出血性ショック（大量に出血しているときに起こる臓器障害）後の血圧変動を例に動的なモデルを構築しました。

通常の出血範囲ではホメオスタシス（負フィードバック）が働き血圧を正常に保ちますが、ある閾値以上の出血を行うと反対に増悪するように正フィードバック「悪循環」が働きます。さらにそれが第2の閾値を越えると、不可逆過程に移行してしまいます。そうなると、たとえ再輸血しても、すでに系が変化してしまっているため血圧は放置すると自然に低下するという現象を起こします。これを非線形要素を有する血圧制御系の大局モデルで表し、そのダイナミクスを説明しました（図7-1）[1]。

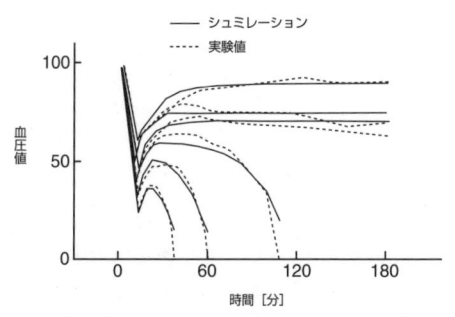

図7-1 家兎の出血後の動脈圧変化のシュミレーション（実線）と実験値（点線）

1990年代半ばから始まるゲノム時代以降は、生命における遺伝子レベルでの理解が進むにつれて、細胞や分子レベルでの知見が加わり、疾患に対するモデリングあるいはシステム的アプローチの分野も大きく変貌してきました。というよりまったく新たな学問分野として登場しました。とくに、ゲノム、プロテオームをはじめとする網羅的生命情報は、これまでの古典的な生命モデル論が取り扱わなかった細胞内のレベルにおける疾病のメカニズムを明らかにし、疾患に関わる分子や遺伝子調節メカニズムの異常のモデルなど、細胞下でもシステム的な見方が必要であることを明らかにしました。

 オミックス・システム医学では、分子ネットワーク機能の異常に注目しつつ、臓器・個体レベルにいたるまで病気を「システムとして」捉えます。私はこのような見方を「システム病態学（Systems Pathology）」とよんでいます。この疾患をシステムとして捉える見方は、オミックスデータが表す網羅的な生命情報を、その全幅性において捉え、細胞間や組織レベル、さらにはこれまでの臨床レベルの症状などの情報や病態・病理所見と統合する方法論です（図7-2）。

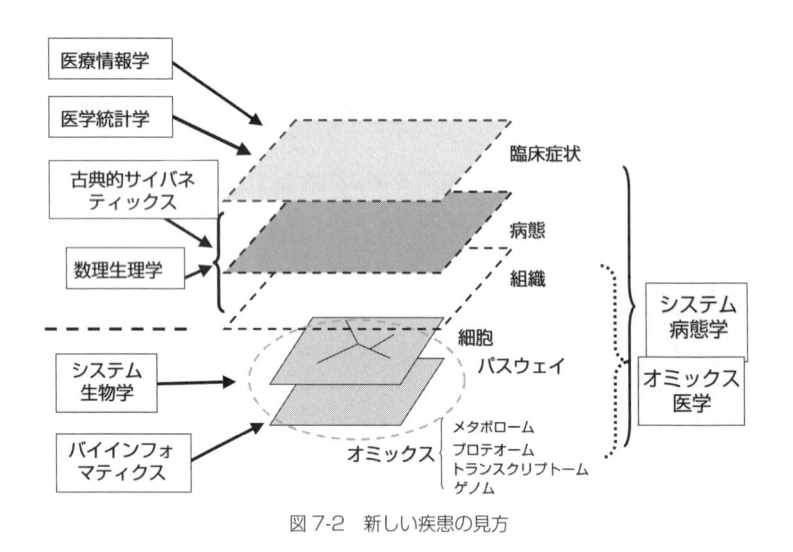

図7-2 新しい疾患の見方

 オミックス・システム医学は情報科学・技術の助けなしには実現できないことを考えると、人類がこれまで営々として築いてきた医学・医療の歴史が、情報科学や情報技術を原動力として大きく変化する歴史的な転換点が到来しつつあるといえるのです。

さて、網羅的情報を利用する医学は患者特有のゲノム情報や遺伝多型性の情報をもとに「個人化医療（personalized medicine）」を実現するものとして始まりました。医療の現場で網羅的情報を用いた個別化医療を実践しているケースはまだまだ少ないのですが、すでに臨床に実施が見込まれているものもあります。まず、オミックス医療の前段階である個別化医療を目標としたゲノム医療について述べていきましょう。

7.2 ゲノム医療の展開

7.2.1 単因子性遺伝疾患と遺伝子診断

血友病、筋ジストロフィーなどの典型的な遺伝病は、単因子性（monogenic）遺伝病とよばれます。疾患の第1の原因が特定の遺伝子の異常であること（原因遺伝子）が確定していて、その当該遺伝子の異常の有無を検出することにより、疾患の確定的診断ができます。これらの単因子性遺伝病の原因遺伝子は、メンデル遺伝様式に従うため、この法則を仮定した大家族対象の統計的なモデル解析によって、多くの原因遺伝子の染色体上での位置が同定されています。

診断方法は染色体の異常を調べるものと遺伝子のDNAを対象とする遺伝子診断に大きく分けることができます。染色体異常を調べる方法としては、患者の染色体と特定の遺伝子領域をハイブリダイズする方法によって、その領域のコピー数や欠損・重複を調べる方法（FISH法、CGH法）が使われます。

このように、現在、単因子性遺伝病の確定的遺伝子診断は可能となりました。しかし、遺伝疾患が未発症のときは、遺伝子診断が、将来の発症予測に繋がり、決定的な治療法が存在しない場合、「不幸の先取り」となってしまい患者に与える心理的負担が大きいと考えられます。そのため患者ゲノム情報の慎重な取り扱いが必要とされます。

7.2.2 多因子性疾患と疾患感受性遺伝子の探索

遺伝子異常が直接に疾患発症に繋がる単因子性遺伝病は、全疾患の5％以下です。むしろ重要となるのは高血圧、糖尿病、動脈硬化、それによって引き起こさ

れる心血管疾患や一般的ながんなど、罹患者の多い「ありふれた病気」、すなわち"common disease"とよばれる疾患です。このような疾患は、遺伝的な素因に加え生活習慣が大きく影響を与えます。多くの遺伝子群が発症に関わり、その全容が明らかでないこと、環境要因の寄与も大きいことから、遺伝子の変異情報の疾患への寄与は明確ではありません。そのため疾患原因遺伝子ではなく、疾患感受性遺伝子とよばれています。すなわち1つの遺伝子の変異が疾患を引き起こすのではなく、多くの遺伝子変化の相互効果として発症の確率が増大していくのです。遺伝的素因から見ると多因子性（polygenic）の遺伝病といえます。現在のゲノム医科学研究は多因子性の生活習慣病の遺伝子的な成因に関するものが大半となっています。

したがって、遺伝子変異や遺伝子型の情報は、慣習要因たとえば喫煙や血清コレステロール値と同等に、相対的リスクを増加させる変量として評価されます。このリスクの程度は、遺伝子型相対危険度（GRR：genotype relative risk）とよばれます。現在のところは単因子性遺伝病と異なり、遺伝子診断が広範に実施されているわけではなく、臨床応用に向けて精力的な研究が行われている状況にあります。

7.2.3　SNPなどのゲノム多型情報と相対的リスク

多因子性疾患の診断では、遺伝子の変異と疾患とが1対1に対応しません。したがって、疾患の原因となる遺伝子変異を見出すというよりも、疾患の罹患と確率的に連鎖する遺伝子の多型情報が診断指標となります。

疾患と関連する多型情報としては、数塩基から数十塩基の配列構造とその繰り返しの回数を表すVNTR（Variable number of tandem repeat）、さらには繰り返し単位が2～4塩基のマイクロサテライトの数なども個人のタイピングに使用できます。

VNTRは転写翻訳の調節に関係していると考えられていますが、たとえばI型糖尿病のインスリン遺伝子の600塩基上流では14塩基を1つの単位としてVNTRの繰り返し回数がインスリン遺伝子の転写活性に影響を与えることが見出されています。

近年では一塩基多型性（SNP: single nucleotide polymorphism）が注目され、広範に調べられています。

SNP（スニップと読む）多型は、ゲノムの個人の間でのDNA配列の一塩基単位での違いを表した多型情報です（図7-3）。たとえば、ある遺伝子のDNA配列の

- ゲノム多型性
  - 一塩基多型
    - SNP
    - 1000塩基に1つ、300万から1000万
  - その他の多型性
    - マイクロサテライト，VNTR
- 個人化医療
  - 疾患感受性
    - 個人ゲノムタイピング
  - 薬剤応答性
    - 薬理ゲノム学／遺伝学

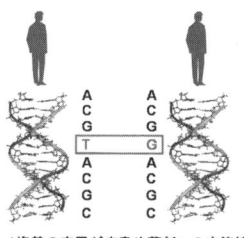

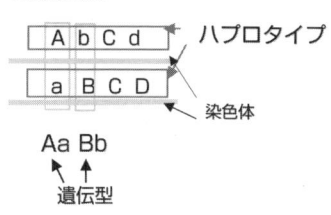

図7-3 SNPの概念

ある場所（サイト）が、Tである人とGである人の2つのタイプがある場合です。ヒトの塩基配列は、個人間で平均1000から200塩基につき1つが違っています。したがってSNPは300万サイトから1000万サイトぐらいあるといわれています。本来複製ミスで変異が現れますが、自然選択や遺伝子浮遊によって変異が固定される割合は一定となっています。その中でも集団の1％以上を出現している多型性がSNPとされます。

この多型性が疾患に関連する場合や薬剤の応答性に関係する場合、医学的意味が高くなります。染色体は父親由来と母親由来の対になっていますから、たとえば両方ともTのTT、両方ともGのGGタイプ、それぞれが違うTGタイプなどが存在します。それぞれのタイプにおける疾患の罹患率の差で、そのSNPの疾患感受性が評価できます。またSNPが遺伝子のコード領域にある場合（cSNP：cDNAにあるため）とほかの領域にある場合（gSNP：ゲノム上）が区別されます。しかし、gSNPでも近くの遺伝子コード上のcSNPと連動しているものもあり、診断的価値は変わらないものが多いのです。またイントロンに存在するiSNP、表現形を変えない同義置換であるsSNPなども何らかの関係があるとされています。

SNPは、もともと連鎖解析で疾患遺伝子を同定するマーカとして使われていました。しかし、現在ではSNP情報自体もそのまま疾患と連鎖している診断指標群として使われます。SNPのタイピングも質量分析器やオリゴヌクレオチドDNAチップを使うなど高速に測定できようになりました。

このようにして急速に蓄積されるSNPの情報については、米国のNCBI

(National Institute of Biotechnology Information)において現在1200万個程度（ビルド番号126）のSNPデータベース（db SNP）が存在します。わが国で行われている東京大学医科学研究所のJSNPでは日本人19万7千件のSNPをデータベースとして公開しています。

SNPなどの多型情報も単独で診断的価値が高いものもありますが、「ありふれた病気」では、SNPのいくつかの組み合わせが疾患診断に大きく役立っています。このような複数の多型性を組み合わせた情報は、ハプロタイプとよばれます。これは個人のゲノムのタイピングに利用できます。ハプロタイプごとによる発症リスクの上昇が「組み合わせ多型情報」がもたらす「疾患の遺伝的素因」を構成します。

また近隣のSNPは独立に変化せず連関して変化しますのでハプロタイプとしては、限られた数になります。

国際的には2002年からHapMapプロジェクトが進められており、国際的な協同研究体が、アフリカ、アジアとヨーロッパをそれぞれ起源とする複数のヒト集団からDNAサンプルを収集し、100万種類以上の塩基多型の遺伝子型、頻度、多型相互の関連性の程度を解明してゲノム全体にわたる多型性パターンの地図を作成しています。このHapMapが完成すれば、「ありふれた病気」に関与する塩基配列多型を発見でき、診断、治療が向上します。

7.2.4 薬剤感受性の遺伝情報と個別化治療

薬剤に対する応答性は個人によって違い、しばしば重篤な副作用が問題となっています。米国では200万人が薬剤の副作用を発現しており、10万人近くが死亡しています（死亡率4位）。わが国では統計がありませんが同じような事態が起こっていると想像されます。薬剤反応に関するゲノム多型性も明らかになってきており、このような分野は薬理遺伝学（Pharmacogenetics）あるいは最近では薬理ゲノム学（Phamacogenomics）といわれています。

薬剤は単に物質的な性質しかもちません。薬物治療の効果は細胞レベルにおける薬物の吸収・分布・代謝・排泄（ADME）とよばれるシステムの上に発生するのです。ここで薬物動態学（PK）の薬理遺伝学と、標的である受容体などに薬物が結合した後の過程に繋がる薬力学（PD）に分けて考えます。薬剤の代謝酵素に関係する遺伝子の変異は、薬効や副作用発現の個人差の原因となる変異であり、薬剤関連SNPとの関連も注目されています。これらの薬剤関連SNPはほとんどが調節領域あるいは翻訳領域のcSNPです。

多型性を示す代表的や薬剤代謝酵素の変異に関しては、大半の薬剤の代謝を受

けもつチトクローム P450（CYP450）の変異がとくに関心を集めており、いくつかの重要な SNP が見つかっています。これはヒトでは 60 種類といわれ、共通の祖先から進化した遺伝子スーパーファミリーをなしています。またチオプリンメチル転移酵素（TPMT）の変異も白血病治療薬との関連で検討されています。さらに薬剤を細胞内に輸送する薬物トランスポータの遺伝子の変異も薬剤応答性に重要な影響を与えます。ABC トランスポータなどの遺伝子多型解析も進展しています。薬物動態学だけでなく、薬受容体の変異も薬効を変化させます。またがんでは抗がん剤の効果を減少させる遺伝子が多数コピーされていて抗がん剤の受容体を阻害します。

- 多因子疾患（「ありふれた病気」）をターゲットにした創薬
- 適切な投薬 ⇦ 非応答者 の副作用の問題の解消
    - 代謝量の違いを考慮する
  薬理ゲノム学／遺伝学が不可欠
  個々人のシステムにあわせた医療の実現へ（FDA ガイダンス）

⇨ 乳がんの治療薬ハーセプチンHER2受容体免疫染色検査
（肺がんイレッサ：EGFRチロシンキナーゼ阻害剤）

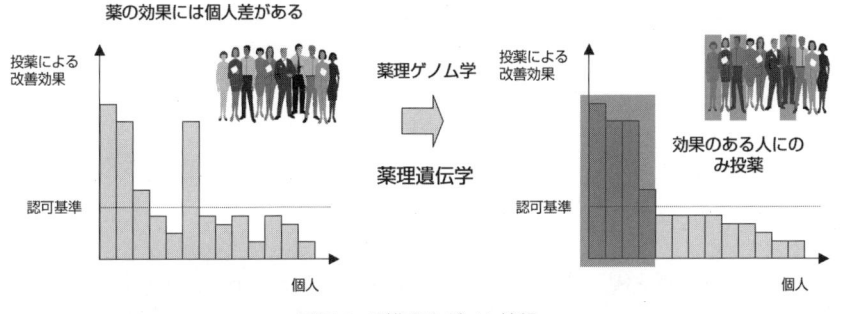

図 7-4　副作用とゲノム情報

たとえば、乳がんの治療薬ハーセプチンは、ヒト上皮増殖因子受容体 2 型（HER2）という受容体に結合する抗体を抗がん剤に用いたもので、HER2 が発現していなければ無用な副作用を起こすだけの薬剤なのですが、発現している場合はがんの増殖を抑え著明な投薬効果があります。米国の厚生労働省にあたる連邦医薬品食品局（FDA）は、認可の条件として投与前の HER 発現の免疫染色を義務づけました。そのためこの薬ははじめてのテイラーメイド薬といわれています。また抗がん剤は、肺がんの抗がん剤であるイレッサなどのようにしばしば死

にいたる副作用の激しさが知られています。その一方ではスーパーレスポンダー（super responder）の存在が示すように、劇的にがんが消失したりする患者（女性、アジア人、腺がん）の例があります。このように極端な応答性がある場合、応答性のSNPを集めてDNAチップなどで調べられています。薬をレスポンダーのみに適応すれば副作用も防げ、薬剤の有効性も上昇します。FDAでは2004年にガイダンスを公表して事前の応答性ゲノム検査を義務づけました。わが国でも製薬会社がフィームSNPコンソーシアムを形成して薬の応害性のSNPを調べています。しかしこの場合でも、薬効とはさまざまな過程が関与するシステムであるという理解が必要です。

以上簡単に概観しましたように、ゲノム医療には、薬剤の応答解析など臨床応用がすでに開始されている課題も多くあります。とくに、米国のFDAでは、先に述べたようにすでにガイダンスが発表され、わずかではありますが「テイラーメイド投薬」が臨床で実現されつつあります。生活習慣病などの「ありふれた病気」すなわち頻度の高い多因子性疾患を、ハプロタイプ診断から予測し、予防と治療標的の選択へ役立てる応用にはもう少し時間がかかると思われますが近いうちに徐々に実現されていくことは確かです［2］。

7.3 ゲノムからオミックス医療へ

7.3.1 オミックス情報に基づいた医療

ヒトの分子情報を網羅的に収集するプロジェクトは、ゲノムからさらに発展して、ゲノムが発現して細胞内で機能する分子的情報すなわち、「機能ゲノミックス」（Functional Genomics）ともよばれているさまざまな種類の網羅的分子情報の収集と解明に向かいました。先にも述べたように各組織細胞で現実に発現している遺伝子の全体に関する発現情報（トランスクリプトーム）、組織細胞内に存在して機能しているタンパク質の全集合（プロテオーム）、さらにはヒトの組織細胞に存在する代謝分子の総体（メタボローム）、そして細胞内で伝達されている生命信号の総体（シグナローム）などとどまるところをしりません。

これらの網羅的な分子情報が関心の対象となったのは、1章でも述べたように、ゲノムワイドな測定法が近年著しく発展したことによります。たとえばトランスクリプトームの場合は、マイクロアレイやDNAチップによってゲノムワイドに

一挙に測定されるようになりました。またプロテオームに関しては、2次元電気泳動や飛行時間型（Time of Flight）質量分析器の発展によってその測定も著しく進み、代謝物全体の測定もやはり質量分析器など測定方法が進歩しています。

　オミックス情報を収集する目的は、個々の分子では観測できない、網羅的集合レベルにおいて出現する法則性を認識するためです。その意味では、オミックス情報とは、単に網羅的に収集された分子情報ではなくて、網羅的分子情報をその法則性において、すなわち網羅的分子間に成り立つ全体的関連構造の存在のもとに認識するためのものです。

　さて、これらのオミックス情報はゲノムの遺伝子情報から転写・翻訳されたものなので、もちろんゲノム情報を基礎としています。しかし1章でも述べたようにゲノム情報と1対1に対応する派生情報ではありません。生涯変わらない生殖細胞系列（germline）の遺伝情報ではなく、その生命の現時点における網羅的分子の状態を表す機能的情報です。たとえば、mRNAは遺伝子のイントロン部分を取り除きエクソン部分を組み合わせて発現しますが、どのエクソン部分を組み合わせるかの選択的スプライシング機構により、1遺伝子に数通り近くの発現形式があります。したがって、遺伝子数が2万数千といわれているヒトでも10万ぐらいのmRNAが存在します。またそれを翻訳したタンパク質は翻訳後修飾などを含めると50万から100万の数が細胞内で機能していると考えられます。

　オミックス情報は、もちろんゲノム情報を基礎にして発現された情報ですが、各オミックス情報間にはお互いにほかに存在しない情報を含んだ独自な情報が存在します。したがって、個々のオミックス情報だけではなく、トランスクリプトームやプロテオームなど全オミックス情報がもたらす情報が必要です。ワインシュタインはこれを統合オミックス情報（integromics）とよんでいます。また、このような各種のオミックス情報がある情報空間を、理研ゲノム総合科学センターの前センター長の和田はオミックス空間（omics space）とよびました（図7-5）。

7.3.2　オミックス医療の理念

　オミックス医療とは、先に述べたようにゲノム医療から発展したものであり、テイラーメイド医療の理念を含むものですが、個体において生涯決定されている遺伝的性質であるゲノム情報だけでなく、疾患罹患時の病態下の細胞内で現実に発現しているオミックス分子情報を統合して、〈全体としてもつ病態情報〉によって疾患の理解を行おうとするものです。

　そしてオミックス情報は、集合のレベルで初めて見えてくる法則性、すなわち

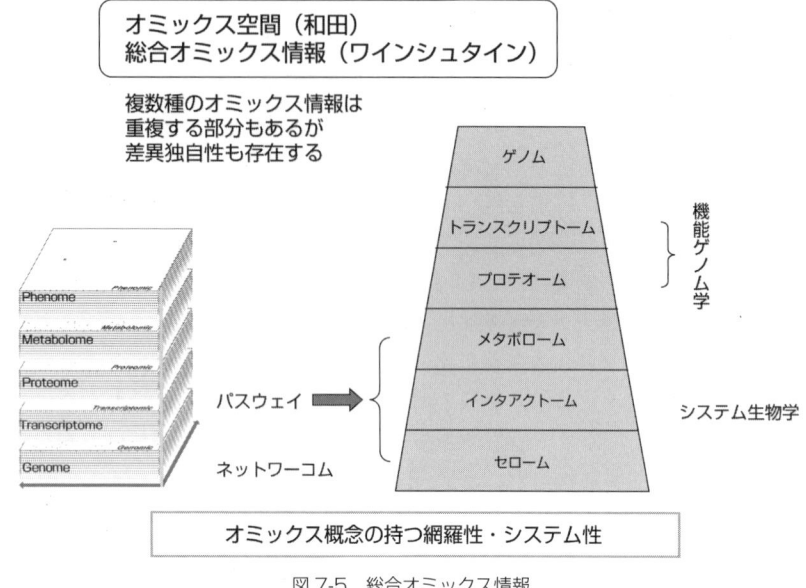

図7-5 総合オミックス情報

生命機能を担う分子ネットワークレベルのあり方を意味しています。その意味では、オミックス情報を把握するために、疾患を生命分子ネットワークレベルで理解するといった視点が必要となります。これは、本書がこれまで述べてきた「生命をシステムとして理解する」視点を疾患のメカニズム把握に適用する、著者らが提案する「システム病態学（Systems Pathology）」ともいうべきアプローチと不可避に関連しています［3］。

「疾患をシステムとして理解する」システム病態学は、ゲノム医療の発展型であり、「システム生物学」の疾患への応用です。これはオミックス情報のもつ疾患情報を最大限抽出できるアプローチです。そのため、本書では必要なときは両方を併記して「オミックス・システム医学」とよんでいきたいと思います。

疾患罹患時において、これまでの病態情報を構成していたのは、病理的な組織学的異常、血液・生化学などの臨床検査、CTなどの画像情報、さらには臨床症状や予後経過などでした。これらは広く疾患の表現型を表します。これに対して近年はゲノム医療という概念が出現したことはすでに述べました。

ゲノム医療では最初に述べたように、ゲノムの多型性についての情報が、患者の疾患の罹りやすさや薬に対する応答性の個人差についての情報をもたらすと期

予後に差異のある疾患サブタイプの発見
・例 乳がん患者の遺伝子発現

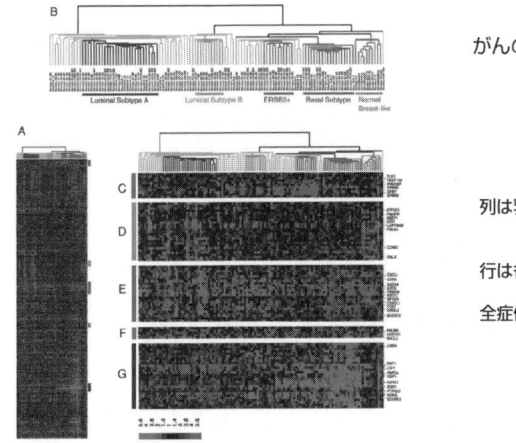

がんの表現型の階層表示

列は乳がん患者

行は各遺伝子の発現強度

全症例を表示

図7-6 オミックスによる疾患サブタイプの発見（Sørlieほか）

図版：Sørlie, T., et al.：Repeated observation of breast tumor subtypes in independent gene expression data sets, PNAS, vol.100, no.14, pp. 8418-8423, 2003. [4]
© 2003 National Academy of Science, U.S.A.

待されています。とくにSNPsの情報、さらにその組み合わせであるハプロタイプの情報は個人の疾患や薬剤に対する個別化情報をもたらし、個別化医療を可能にします。

またオミックス情報はそれだけではなく、オミックスレベルの患者における罹患部位の遺伝子発現パターンや機能タンパク質の産生パターンを網羅的に調べることによって、従来の臨床検査など、これまでの観測方法では見えなかった詳細な病態情報をもたらします。たとえば、DNAチップなどの遺伝子発現情報の違いは、病理組織学的には区別できなかった疾患のより詳細な亜型分類やがん患者の予後の個人差を予測することができたりします（図7-6）[4]。たとえば著者らは、肝細胞がんに関して、血管の浸潤や再発などを基準にして両群での遺伝子の発現がDNAチップで調べ、もっとも差を示す遺伝子を調べました。その中から41の遺伝子を抽出し免疫染色をして、それらが予後が不良の再発を予測するマーカになることを確認しました。

さらに近年では、飛行時間型質量分析器（TOF-MS）を用いて、タンパク質の細胞内での分布をかなり重い分子まで、その分類と量を測定でき（プロテオーム情報）、がんなどで出現する変異タンパク質の識別から疾患診断へと利用できま

- より詳細な情報粒度
  - オミックスデータにより始めて見えてくる情報
    - 病態や治療評価についてこれまでの観測では見えていなかった分解能・情報粒度・網羅性で情報が得られる。
- 疾患・薬剤に関する個別性
  - 疾患感受性・薬剤応答性についての個人差を明確にできる

図 7-7　オミックス情報がもたらすもの

　す。従来の腫瘍マーカが出現する前の段階でのタンパク質の質量パターンの微妙な違いを検出することによってがんを早期診断できるという報告も多くあります。とくに特別のタンパク質チップを使用した seldi-TOF/MS は、前処理が不用で外来でも使用可能なため疾患診断に近々に実用化されるでしょう。私どもの肝がん、肝硬変、肝炎を区別する質量分析のスペクトルパターンを抽出し、それらによって 90％以上の予測精度で 3 者を区別できる結果を得ました。また、代謝分子をすべて調べるメタボローム解析を行うことにより疾患時のパターン変化などを診断情報に使用できます。

　まとめますとオミックス医療とはテイラーメイド医療のように、生まれてから変わらないゲノム（生殖系列細胞）での変異と臨床表現型という通常の疾病において遠い両者を直接関係づけようとするのではありません。もっと直接的に現実の病態を反映する罹患体細胞における種々の網羅的分子情報を両者の中間レベルに挿入して疾患を統合的に捉えるのがオミックス医療の立場なのです（図 7-8）。

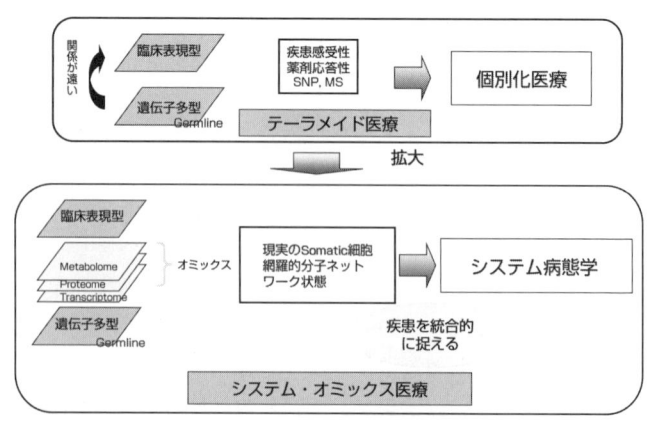

図 7-8　オミックス医療の概念

7.3.3 オミックス医療を支える2つの柱
——臨床オミックスとシステム病態学

　疾患の発症を原因遺伝子の変異によって説明できる単因子性の疾患は、疾患全体の大きな割合を占めるわけではありません。有病率の高い「ありふれた病気（common disease）」の大半は、複数の遺伝子が関連した多因子性の遺伝要因が関係しています。

　オミックス医療は、オミックス情報を基礎として医療を構築しますが、その意味では、遺伝的要因だけでなく、生活環境習慣要因、臨床的状態の3つがそろって初めて発病します。そしてそれらの情報を知ることによってのみ疾患の全体的把握が可能となるのです。

　したがって、疾患を階層的に捉えそれぞれのレベルでの病態情報を総合する視座が必要です。すなわち、オミックス情報だけでなく、「疾患をシステムとして理解する」システム病態学（systems pathology）の考えが必要となります。システム病態学の概念に基づいてこそ、網羅的分子情報がもたらす疾患関連情報が十分に引き出せるのです。オミックス医療とシステム病態学は車の両輪なのです［3］。

パスウェイ／ネットワークから疾患へ——システム病態学

　疾患理解においては、ゲノムやプロテオームなどの網羅的情報解析やSNP多型情報よりも大きな影響を与えつつあるのが、パスウェイやネットワークの考え方です。疾患が単一の遺伝子の変異である単因子性の遺伝病の場合、遺伝子と疾患は1対1となっています。しかし、多因子性疾患の場合どうでしょうか。

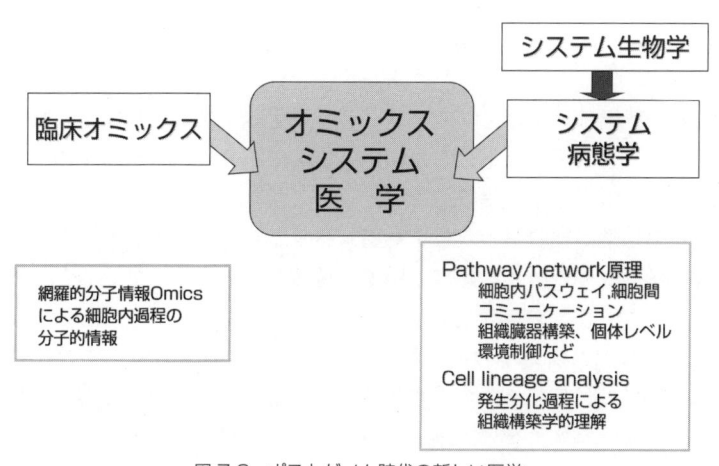

図7-9　ポストゲノム時代の新しい医学

これに関して、ゲノム解析以降ポストゲノムとして、生命はシステムであり、生命の表現型を支えているのは、化学反応の経路やシグナル分子の伝達路であるとする考えが発展してきました。すなわち、代謝反応経路やシグナル伝達系、遺伝子の発現調節の相互作用ネットワーク、細胞間のコミュニケーションなどのパスウェイやネットワークこそ生命をシステムとして支えるというものです。この考えが現在のシステム生物学を生んだことはすでに述べました。

この「システムとして生命を理解する」という考え方は、疾患の理解にも利用できます。「ありふれた病気」が発症する原因としては、複数の遺伝子の相互作用、より具体的には、〈遺伝子発現調節ネットワーク〉や体内の環境からのシグナル伝達を決定する〈シグナル伝達パスウェイ〉あるいは〈細胞間のコミュニケーション〉をつかさどるパスウェイ／ネットワークがシステムとして機能異常になっている場合が多いと考えられます。多因子性疾患のさまざまな遺伝子の異常は、結局は〈生命分子による情報ネットワーク〉の異常を起こし、それによって生じたこのような「システムとしての異常・乱れ」が疾患を起こすと考えられます。また、この異常な系はそれ自身の論理を発展させて自らも1つの強靭なシステムとして形成します。このことを「疾患はシステムとして自己組織化する」といってよいでしょう。生命と同様に疾患はシステムとして完成されます。このような理解へと到達したのは、ゲノム科学とともに発展したシグナル伝達、サイトカインなどの研究の進展に負うところが多いのです。そのため、米国などではベンチャー企業を中心にこれまでの知識をつぎ込んだ疾患モデルをビジネスとするところが現れてきています。

7.3.4 システム病態学の原理

システム病態学は、生命をシステムとして捉えるシステム生物学の概念をベースにして、これを疾患へと応用した疾患基礎論であり、システム生物学の考え方で新しい医療をもたらす基礎概念です。

システム生物学が細胞下の現象を対象レベルとしているのに対して、システム病態学は、細胞レベル以上の組織、臓器、個体レベルも含めているところが異なります。すなわち、システム生理学や数理生物学の対象までも含むのです。

ここで、システム病態学の疾患理解に対する原則を図7-10にあげます。まずシステム病態学では疾患を生命系のシステムの乱れとして捉えるところに重点があります。疾患をパスウェイ／ネットワークのシステム失調として捉える見方です。またつぎのような認識が基本です。

- 生命とは「システム」である
- 疾患とは生命機能の「システム的機能失調」である
  "Disease is System failure of Bio-process."
- 疾患自身も「システムとして自己形成・組織化する」自律的秩序である
  "Disease organizes itself as a system."

疾患は自己を組織化する ➡ 疾患パスウェイの形成

図7-10 システム病態学の原理

　生命を階層的に細胞下のネットワーク・細胞間組織レベル・臓器連携レベル・個体レベルに大きく分けると、疾患は分子ネットワークの場に根拠をおき、これが細胞間場（intercellular disease field）に展開し、組織や器官（organic field）に現象して個体の状態を疾病状態とします。このとき単一の異常細胞が出現するだけでは疾患状態は引き起こされません。集団化して一種の相転移を起こすことが疾患への展開の基本となります。また、疾患形成においては、このような分子から個体への上向的因果性だけでなく、個体の調節機能から細胞下の遺伝子発現の異常を維持させる下向的因果性も働いています。たとえば高血圧症では、高血圧状況下で毛細血管は遺伝子発現を通して血管を再構築して高血圧を維持する硬さの増した毛細管構築を行います。これは全身的環境が遺伝子発現を促して疾患に適応的な体制を構築する下向的因果性が働いている例です。

　また、分子－病理－個体の階層において、個体レベルでは予後が大きく異なるのに、病理レベルでは区別がつかないという場合でも、遺伝子発現レベルでは大いに異なるという場合もあります。これは分子レベルの異常と個体レベルの異常とが直結し、中間レベルではほとんど差異を示さない場合で、従来の臨床的・病理的検査では見出せなかったがんの予後の違いをマイクロアレイで遺伝発現パターンを見ることにより、識別できた例など報告されています。

　システム病態学の原理は、疾患を階層的に捉えて階層間の相互作用をみるというシステム的（空間並存的）見方だけでなく、細胞や組織の構築過程、発生過程からの（時間発展的）理解も必要となります。すなわち、細胞系譜学的にその組織の幹細胞からの分化の過程のもとに疾患理解することが必要なのです。たとえばがんにおいて分化した組織で変異を起こしたのか、そこに至る前の幹細胞段階で変異を起こしたのかでは病態の理解が異なります。したがってシステム病態学とは、下記の2つの見方があるといえます。近年では、がんはまわりの正常細胞

との生存競争に勝って増殖していくという「進化モデル」が提案されています。幹細胞から前駆細胞さらには成熟細胞へと至る過程で、幹細胞が体細胞変異を起こして、がんの増殖を維持するとも考えられています。

システム病態学の2つの見方

1. 疾患の階層的理解
   疾患を階層的であり、階層間の相互作用の結果として疾患が自己形成される

2. 疾患の細胞系譜的理解
   疾患をそれを担う細胞・組織の細胞分化過程において理解する。

7.3.5 オミックス医療の現実化

　疾患を階層的に捉えると（図7-11）、細胞下のネットワーク異常に関してはゲノムワイドな各種オミックス情報を基礎に、組織・臨床レベルに関してはこれまでの臨床診断や検査、さらには各種の医用画像データなどの臨床的表現型の観測によって、疾患における上下レベルの観測は可能です。疾患の中間レベルの直接の観測は現在でも困難な場合が多いのですが、臨床情報と分子情報の統計的相関性のもとに中間レベルの知識の欠陥を埋めることが可能です。このように臨床－オミックス関連解析の情報を蓄積することによって、われわれの疾患理解の全体

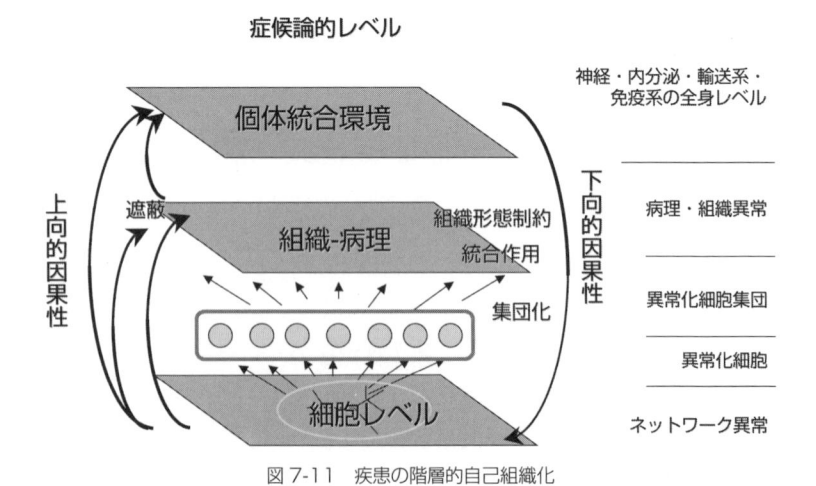

図7-11　疾患の階層的自己組織化

性が構築されてくることになります。そして経験的関連知識から実体的な統合疾患理解へと発展するものと思われます。

---

p53 を中心としたがんのモデルの例

がんを引き起こすウィルスの研究が引き金となって、多くのがん遺伝子が同定されました。そして多くのがん遺伝子が、細胞の増殖をつかさどる細胞膜上の受容体とそこからの細胞内への信号伝達に関連していることが明らかになりました。がん遺伝子は、変異によって受容体への信号に関係なく増殖信号を細胞内に出し続けるようになったシグナル系であるとされました。しかし、がんの50％に見出されるp53というタンパク質は、当初はなかなか役割のわからないものでした。p53 は、実際は重要ながん抑制遺伝子でタンパク質に翻訳されると4量体となって細胞 DNA に傷害が起こると転写因子（遺伝子発現調節）として働き、さまざまな経路を通して前がん化を防ぐ役割を担います。

すなわち、細胞 DNA に傷害が起こると修復タンパク GADD45 を発現して修復を行いますが、修復するためにまず細胞周期を停止させます。このため細胞周期を進行するサイクリン依存キナーゼ（CDK）を抑制する p21 を発現させます。傷害があまりに大きいと修復をあきらめてスイッチタンパク質 Bax を発現させ細胞を自殺（アポトーシス）に追い込むのです。また p53 の活性化が進むとかえって細胞傷害を起こすためがん遺伝子の1種である mdm2 によって厳格に制御されています。mdm2 が結合すると p53 を分解して、ユビキチン化します。またこの mdm2 の量を制御しているのは p53 でもあります。p53 のモデルで有名なのは、Bar-Or らの p53 と mdm2 のフィードバックに関するモデルです。p53 と mdm2 の間の振動現象を数理モデルから予測したもので、方程式はその主要な部分を描くと、

$$\frac{dp53}{dt} = const_{p53} - p53(t) \cdot Mdm2(t) \cdot dgrad(t) - d_{p53} \cdot p538(t)$$

$$\frac{dMam2}{dt} = p1 + p2_{max\,z} \cdot \frac{I(t)^n}{K_m^n + I(t)^n} - d_{Madm}2 - d_{Mdm}2 \cdot Mdm2(t)$$

$$\frac{dI}{dt} = activity \cdot p53(t) - k_{delay} \cdot I(t)$$

となっています。p53 は、第1式の右辺2項にあるように mdm2 との積によって減少し、mdm2 は第2式のように p53 の時間遅れ $I(t)$ によってシグモイダル関数で依存して増加します。この遅れによって振動制御が行われます。これは、p53 が直線的に増加して過度に表現されると起こる不可逆性の危険を回避して、DNA を修復するメカニズムと見られました。実際実験的にイオン化輻射によって DNA 損傷してこの振動を立証しています [5]。

さらに詳しい細胞サイクルや p53 のモデルについてはコーン [6] のモデルなどが有名です。われわれも発生に関係する Wnt 信号系が変調してがんを起こす過程を微分方程式で表現し、現実のマイクロアレイデータとの良い一致を見ました。

7.4 オミックス医療へ向けて

7.4.1 オミックス医療の体系化のための基盤

　さて、現在の臨床医療にゲノムなどの膨大な生命情報のオミックス情報が一挙に入ってきたとき、これまでの臨床情報と生活習慣などの環境因子などと連携して、どのように「オミックス医療」を実現するのでしょうか、オミックス臨床医学を実現を真摯に考慮するとき、現在はそれを支える基盤の形成がまだ皆無な状況なのです。それではオミックス医療を支える基盤として、どのようなものが必要でしょうか。ここで少し未来のシナリオを論じたいと思います。

　オミックス医療においては、先にも述べたようにこれまでの臨床・病理情報・生活習慣などに加え、ゲノム、トランスクリプトーム、プロテオーム、メタボロームなどのデータによる臨床オミックス（臨床的網羅生命情報）が加わります。さらに分子医学の進展により細胞下の疾患の原因となるシグナル伝達系、遺伝子発現調節ネットワークの異常、機能障害が明確になりつつあります。すなわち、オミックス医療においては、環境、個体、器官系、臓器、細胞、分子ネットワーク、ゲノムの階層にわたって広く、患者個別特異的な知見が集積しつつあり、これらを臨床的診断、治療法へどう目的に合わせて組織化し、ゲノム時代の診断学・治療学の体系を作るかが問われています。

　しかし、オミックス医療の診断・治療体系の確立は、臨床症例の蓄積とゲノム関連測定技術の臨床的意味の解明とともに進展するもので、即効的にできるものではありません。すなわち、これからオミックス医療の診断・治療体系の確立へ向けて、それを可能にする基盤についてのオミックス臨床基礎論が展開されなければならないのです。

　オミックス医療を支えるためには、オミックス診断・治療の体系化が必要であり、いわゆるオミックス医科学が構築される必要があります。そのためには「システム病態学」という視座から疾患を捉え、オミックス情報から決定される「分子ネットワークの歪み」が組織や個体レベルを巻き込んで、どのようにして疾患として完成していったのか、個々の患者の症例から学ぶ必要があります。すなわち、オミックス医科学の体系的構築のための基盤データベースが必要となります。

　この基盤となるデータベースにおいては先にも展開しましたように、個体の臨床症状の階層、全身の病態生理的階層、臓器の病理形態的階層、さらに細胞下のプロセスやシグナル分子パスウェイ、さらにオミックスレベルの異常や多型など、複数の階層にわたった臨床・生命情報を収集・蓄積する必要があります。これら

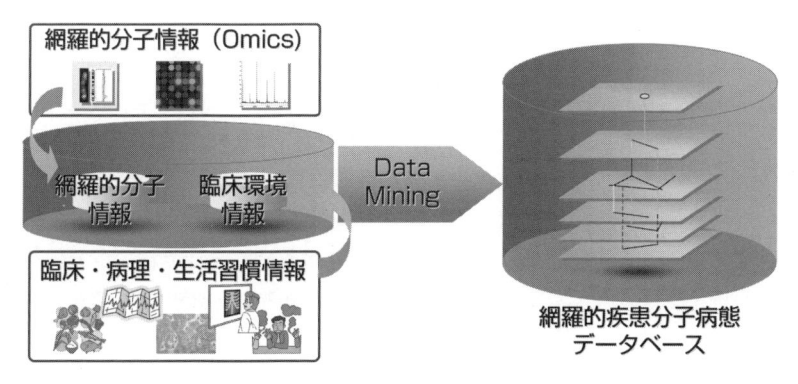

図 7-12 臨床情報とオミックス情報の階層ネットワーク型データベース

のほかに環境情報などが存在して全体を構成します（図 7-12）。
著者らは、この趣旨のもとでまず最初の対象疾患としてがんを対象にした「システム病態学データベース」を構築するプロジェクトを、文部科学省の「ライフサイエンス総合データベース」の分担組織として構築し始めました。

7.4.2 疾患オミックスデータのシステム的解析

オミックス医療基盤データベースにおいて、現実に疾患に罹患している症例から、分子オミックス情報、組織病理情報、個体臨床情報を収集する過程に続いて必要とされるのは、これらの各階層の病態情報を関連させて、各患者症例に起こっている疾病の過程を1つの全体像として統合する解析です。

今日日々進歩し大量に生産される網羅的分子情報を、計算機による解析力で大量処理する方法を開発するとともに、それによって得られた成果を最近の「疾患のシステム的理解」に基づいた疾患階層情報モデルで統合的に表現し、分子情報の疾患理解への関連づけや体系化の具体的実例を提示することが必要です。

現在、配列、ゲノムの多型性を現す SNP（Single Nucleotide Polymorphism）、染色体のコピー数の異常を染色体の位置ごとに示す CGH（Comparative Genome Hybridization）、遺伝子の発現プロファイル、タンパク質の質量分析プロファイルなど多くの種類の網羅的分子情報は大量に収集されています。しかし、新しく導入された網羅的分子情報の臨床的な関連性については、大半が探求的段階にあります。

そこで、著者らの網羅的疾患分子病態データベースでは、対象疾患に網羅的分子情報が加わるたびに、これまでの臨床・生活環境情報との関連分析を行い、網羅的分子情報と病態進行や予後との関係性を明らかにしています。そして逐次、情報間の関連性の知識を増やしながら、関連づけられた網羅的分子情報と臨床・環境情報を統一的な疾患情報階層モデルに表現しています。

これは、具体的には臨床情報や生活環境情報に対する網羅的分子情報の相互関係や、病態進行・疾患詳細診断に対する関連性を、近年発展が著しいデータマイニング解析手法を駆使して分析し、その結果をネットワークモデルで表現しています。データマイニング解析とは、大量のデータから知識を発見する解析方法で、分類木、クラスター、自己組織化マップなどやデータ間の関連性の構造を分析する相関解析手法（主成分分析、判別分析）などがあります。

7.4.3　疾患システムバイオロジーによる疾患階層情報モデルの構築

オミックス医療基盤データベース構築の最後の段階はデータマイニング手法で見出された網羅的分子情報の疾患関連性をもとに臨床データや環境データを統合的に関連づけた網羅的疾患分子病態モデルを構築することです。この網羅的疾患分子病態モデルでは、疾患に対するシステム的理解を基本として統一的な疾患像

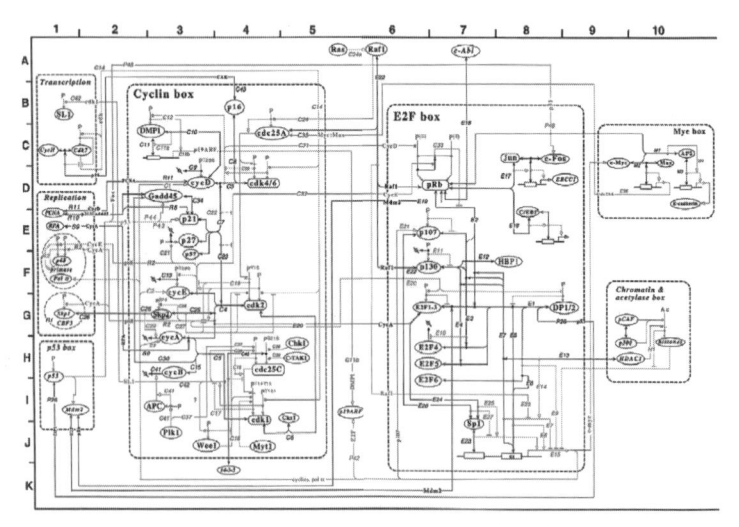

図7-13　大腸がんのコーンのモデル（Kohn）

Kürt W. Kohn : "Molecular Interaction Map of the Mammalian Cell Cycle Control and DNA Repair Systems", Mol. Biol. Cell, 10(8), pp. 2703-2734, 1999. [6]

を階層的データモデルで表現します。

すなわち、疾患の場としての患者個体は、細胞内−細胞間−組織−個体の階層において細胞内のパスウェイ／ネットワーク、すなわちシグナル伝達系や遺伝子発現調節系を基礎単位とし、それが細胞間コミュニケーション、そして組織間コミュニケーションでより高いシステムに統合されて個体レベルでの全身的協力関係にいたる、階層的システムであることに留意し、それぞれの階層における「システムの乱れ」が全体として個体の表現型における変化（疾患）を引き起こす過程を明確に表現する必要があります。

疾患がダイナミックに形成される仕方には何種類かの類型があります。その疾患類型ごとに網羅的分子情報と関係する臨床・生活環境情報が異なるので、代表的な疾患類型としてたとえば感染症、がん、代謝症候群、自己免疫病、神経難病など、それぞれで異なる病気のパスウェイについて、臨床・環境・網羅的分子情報からのデータをどのように統一的に表現するかを明確にする必要があります。基本形は「階層的ネットワークデータモデル」ですが、今後さまざまな局面で広く利用されることを想定して、多くの疾患類型が記述できる網羅的疾患分子病態データベースの基本形（データスキーマ）を用意しています。

網羅的疾患分子病態データベースは、広い疾患類型にわたって、これからのオミックス医学研究やトランスレーショナル研究の情報基盤となりますが、その構築に関する以上の方法論的研究のもとに、網羅的疾患分子病態データベースの有効性を示すため、著者たちはがんを対象に実証的に研究プロジェクトを進めています。

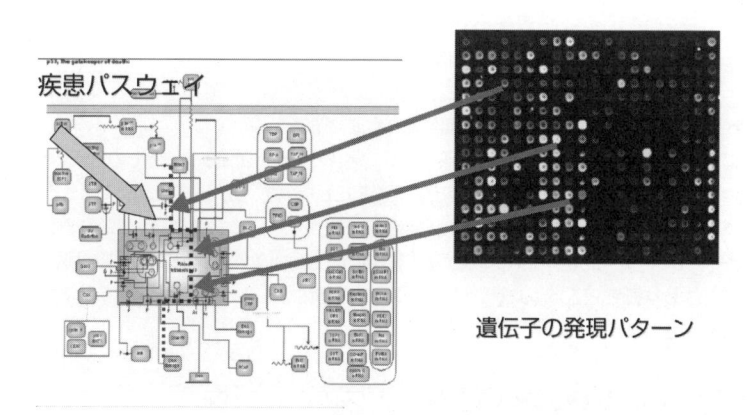

データマイニングだけでは不充分で、パスウェイの知識に遺伝子発現の結果をマッピングする

図7-14 臨床オミックスとシステム病態学の統合

オミックス情報の医療への応用の例

具体的なオミックス情報の医療への応用として遺伝子発現情報がどのように利用される可能性があるかを述べてみます。ここではトランスクリプトームを例として考えます。つぎのような新しい応用が考えられます。

(1) 疾患の原因となる差異的発現の遺伝子群の「パスウェイとしての同定」

従来的な利用法とは異なって、近年ではトランスクリプトームからより根本的に、遺伝子発現調節のネットワーク機能における異常を解明する方向が発展しつつあります。疾患は数個の遺伝子の多型や変異によって説明できるものではなくて、一連の遺伝子が構成する遺伝子調節系や信号伝達系のネットワークの異常が原因となったもので、そのような分子ネットワークが異常となった細胞が集合化して組織・器官系を介して臨床的表現型として反映したものです。その意味では疾患は「分子的ネットワークのシステム失調」と見なすことができます。ゲノムや遺伝子レベルの異常を臨床的表現型へと繋げていく中間的役割を果たす階層は、このような「病態化した分子的パスウェイ」です。

近年では、疾患のトランスクリプトーム情報から疾患を維持し形成している分子病態ネットワークを同定することへの関心が進んでいます。この現実的な方法は、既知のシグナルネットワークや遺伝子発現調節ネットワークの上にトランスクリプトームから見出された複数の差異的発現遺伝子をマッピングして、それらを結ぶパスウェイを決定することです。偶然より高い確率で差異的発現遺伝子が同時的に存在するパスウェイは疾患を維持し持続させる役割を担っていると推測されます（図7-14）。

(2)「パスウェイ多型性」に基づいた個別化医療の概念

トランスクリプトームによって遺伝子発現パターンの差異を分子ネットワーク上にマッピングして、どのパスウェイが使用されているかを観測するとき、健常と疾患を区別するだけでなく、機能としては同じですが複数あるパスウェイのどのパスをよく使用するかによって、パスウェイ利用の多型性が生じ、たとえば分子におけるSNPと同じ役割を果たす場合があります。薬剤に関しても薬理的効果に関するパスウェイ（Drug Pathway）も個人によって異なり、それが薬剤応答性の個別性を支えている場合も考えられます。トランスクリプトーム分析が差異的発現を行うパスウェイを同定しこれがシステム的多型性として個別化治療に繋がる可能性は高いと考えられます。薬の標的も個々の分子からパスウェイに変化しつつあります。

(3) 発生分化過程のからの疾患の細胞系譜学的な生成的理解へ

疾患の理解には、疾患の場となる組織の発生・分化過程と密接に関連しているものが多くあります。たとえばがんなどでは、組織の幹細胞段階で変異を起こしたのか、分化して現組織に至って変異を起こしたのかでは疾患理解が異なってきます。幹細胞段階からのトランスクリプトームの分化過程に伴う遺伝子発現パターンの違いに基づいてがん細胞組織における差異的発現遺伝子の生成過程が把握できます。このような細胞系譜学的な遺伝子発現パターンの進展を基礎とした生成的トランスクリプトーム分析が期待されます。

(4) 統合オミックス情報の1つとしての臨床トランスクリプトミックス

遺伝子発現パターンの網羅的計測であるトランスクリプトームとほかのオミックスは、共通の情報をもつと同時に独自な情報も保持しています。今後はこれらオミックスの情報を統合して

(integromics) 利用することが考えられます。たとえばゲノムの重複欠損のアレイである CGH アレイと DNA チップを同時に染色体上にマップすることによって、発現亢進や抑制と遺伝子重複や欠損の関係を明示することができます。あるいはプロテオーム情報などと組み合わせることによってネットワーク上の遺伝子／タンパク質の発現量と産出量の関連などから遺伝子発現調節／シグナル伝達パスウェイの各パスの機能の状態がさらに発現情報をより細かく同定できます。

このようなトランスクリプトーム情報の新たな臨床応用は、疾患を分子から臨床までをトータルに自己形成するシステムとして把握する「システム病態学」的原理を反映したものなのです。

7.4.4 オミックス・システム医療に向けた解析―肝細胞がんでの例―

7.4.1 で述べましたように著者たちは「システム病態学データベース」の構築を目標としたプロジェクトを進めています。そこでは肝細胞がん、大腸がん、口腔がんを対象として患者情報、臨床情報、病理情報に加え、CGH、DNA チップ、さらにはプロテオミックス情報など網羅的に収集して、分子情報と臨床情報の相関解析や疾患のパスウェイ／ネットワークレベルでの理解を目指しています。少しその成果を紹介してみましょう。

(1) 原発性肝細胞がんの血管浸潤有無と遺伝子の発現

肝がんに関してはマイクロアレイ解析はすでに多くの報告があります。ここでは本プロジェクトにおけるがんが血管へ浸潤の有無で2群に分けたときの遺伝子発現のパターンの差異を紹介します。まずクラスター分析によって差異的発現遺伝子群と血管浸潤の有無の関連構造を図示化します（図 7-15）。両者の分離の度合いは良好でトランスクリプトームの情報の有効性が見出されます。

(2) 血管浸潤の有無と関連のある遺伝子群の抽出

2群間で Wilcoxon 検定で $p<0.002$ となり発現量が2倍以上なる遺伝子として41遺伝子を抽出しました。41 の遺伝子の機能としては、オーロラキナーゼBなど細胞周期に関連する遺伝子が多数見受けられました。

(3) 病態トランスクリプトームの分子ネットワークへのマッピング

臨床表現型の違いをより少数の遺伝子で説明するためには、fold 変化を大きな差異的遺伝子を抽出することが考えられます。システム病態学の概念からすると、個々には fold 変化が小さいですが、これらが同一パスウェイに集中して協同的に働いて、パスウェイ単位に見た場合、機能が非常に亢進あるいは抑制される、

これが疾患の発生に繋がると考えられます。われわれは、京都大学バイオインフォマティクスセンターの KEGG の分子ネットワークに遺伝子の差異的発現をマッピングして、差異的発現遺伝子が偶然のレベルを超えて有意に集中しているネットワークを順位化して選びました。そして肝がんの再発例に関しては、きわめて著しい機能の亢進を起こしているものとして細胞周期パスウェイを同定しました（図 7-16）。

(4) 発現差異パスウェイを規定する転写因子の抽出と階層モデル

　遺伝子発現の差異が血管浸潤という臨床表現型の有無で大きく異なる細胞周期パスウェイの発現を調節している転写因子を transfac というデータベースを経由して同定してみました。増殖に関係する著名な遺伝子名が見られますが、おもなものとしては、ETS 転写因子など増殖を抑制する遺伝子の発現低下が顕著でした。

　このネットワークに含まれる遺伝子群は個々には、fold 変化 2.0 以上の差異的発現遺伝子である 41 遺伝子にはほとんど含まれませんでした（それぞれは 1,2 倍程度）。ただしネットワークとして総合すると、有意水準が最も高い発現遺伝子の集中を見ました。このように、個々の遺伝子の発現量だけを比較しては、発

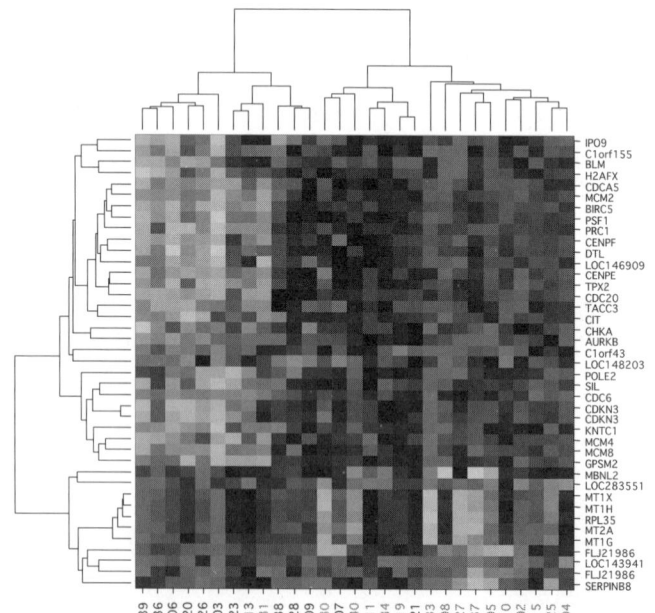

図 7-15　血管浸潤の有無で p<0.0002, FC>2 となる 41 遺伝子

7.4 オミックス医療へ向けて

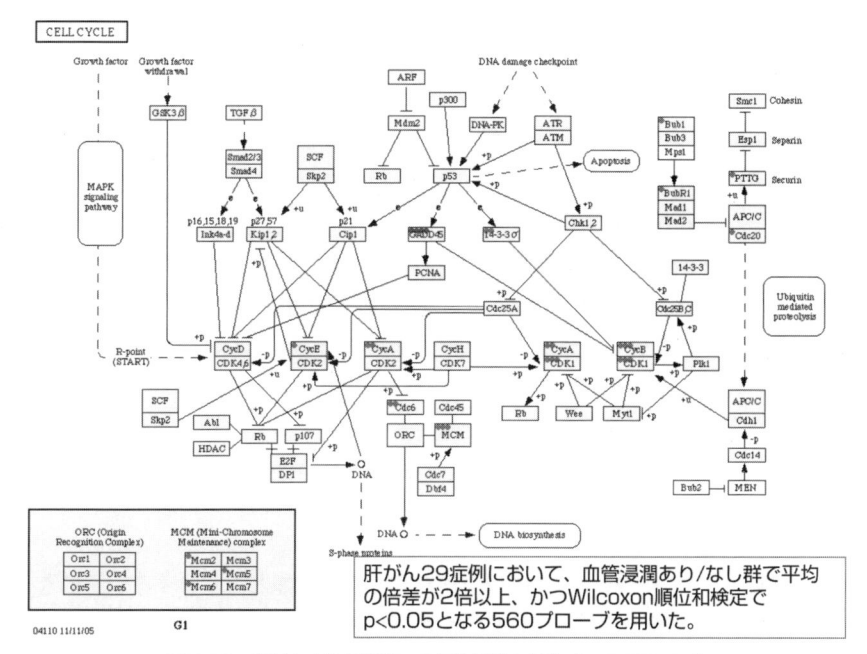

図 7-16 肝がん血管浸潤群での細胞周期の促進（p=2.65e-27）
KEGG 細胞同期ネットワークの上に差異的発現遺伝子をマッピング

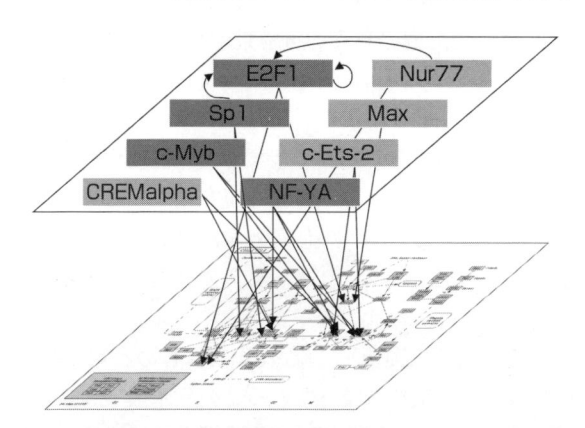

図 7-17 2層モデル：血管浸潤の有無におけるパスウェイと転写調節

現パターンに潜む疾患の構造が明確になりませんが、ネットワーク単位で総合して分析すると、一見再現性のない DNA チップの発現パターンから、明確な構造、この場合は細胞周期パスウェイの異常亢進が現れてきて、これが再発・非再発の区別をもたらす原因パスウェイであることがわかります [3]。

7.5 未来のオミックス医療の発展のシナリオ

　わが国の医療は、GDP 比率 7 〜 8% 程度と先進諸国では低いにもかかわらず世界一の長寿国であることを考えると、国民的医療は効率よく運営されているようにみえます。これは国民の健康意識のレベルの高さと医療を取りまく関係者の努力によるものといえます。しかしわが国の医療を取り巻く制度・システムそのものは多くの問題点を抱えています。たとえば医療施設間の医療格差の是正なども大きな問題で、現在最良とされている標準的医療をだれでもどこの施設でも受診できる状態にはなっていません。まずは、最良の医療の共有化という意味での「医療の標準化」の最低限の実現が、優先課題といえるでしょう。しかし、その解決は現時点の課題であり、その先にはつぎの課題である「個人ニーズに対応する新規医療」に相当する個別化医療（individualized medicine）の実現、すなわち「個の医療」の実現が待機しています。

　個別化医療については、どこに個別性をおくかが問題となります。精神的な個性に対する対応のニーズも存在しますが、国民の医療に関する個別性のほとんどは遺伝的素因、いわゆるゲノム多型性と生活環境要因の諸因子の組み合わせによるものです。近年ゲノム医学の発展によって、この組み合わせがきわめて詳細化できるようになり個別化医療の現実的可能性が確立され、先にも述べましたが「テイラーメイド医療」という標語も叫ばれています。現在では、数種の薬剤しかありませんが、副作用などを事前のゲノムデータから予測し投与の適否を決める「テイラーメイド投薬」などが現れてきました。個別化医療自体はまだまだ標語的段階ではありますが、その実現の兆候を現在見てとることができます。個人のニーズに対応した医療とは、個人の体質と環境に対応した医療であり、ゲノム科学の発展によってその実現のシナリオも見えてきたといえるでしょう。

(1) 早期実現（5 年を目安に実現）：抗がん剤をはじめとする薬剤の個別化投与

　薬剤の副作用で数万人が犠牲になっているという米国アメリカ医学協会の報告が衝撃を与えたように、薬剤の副作用は重大な問題です。患者の個性に合わせた薬剤の投与の実現は急務になっています。薬剤の応答性に対する個人多型性についてはすでに述べました。個別化薬剤投与は、現在はハーセプチンなどに限られていますが、これからも急速に広がるでしょう。とくに有効性と副作用が功罪半ばするイレッサなどの抗がん剤では、副作用による死亡を招く非応答者が存在する一方で、末期がんが完解するスーパーレスポンダーが存在します。すでに米国 FDA では、投与前ゲノム検査についてガイダンスを提出しています。この 5 年

以内に多くのゲノム事前検査を投与条件とする個別化投与薬剤とくに抗がん剤の個別化投与が進展するでしょう。薬剤ゲノム学（pharmacogenomics）が進展し、応答性の多型情報がさまざまな薬剤で蓄積され、薬剤応答者に合わせ限局した薬剤投与が広くいきわたるようになるでしょう。これがもっとも早くに実現する個人化医療になると考えます。

(2) 短中期的実現（8年を中心に）：ゲノム・プロテオームなどの網羅的生命情報の計測によるがんを中心に超早期診断によるオミックス医療

TOF型質量分析器を中心に、プロテオーム解析などではすでに腫瘍マーカなどの重い変異タンパク質が出現する前に、それより軽いタンパク質のスペクトルパターンからがんを診断できます。そのほか、さまざまな多くのゲノムワイドな網羅的分子情報計測手段が現在発展してきています。網羅的分子情報に基づいて医学が、より詳細なこれまでの手段では観測されなかった計測手段を提供し、高い情報粒度の患者疾病分子過程の情報をもたらし、早期診断とくにがんなどの疾患の初期状態を捉えて診断できるようになると考えられます。

(3) 長中期的実現（12年を中心）生活習慣と遺伝子素因、オミックス情報に基づいた疾病発生・重篤化予防のケアの確立と生涯にわたる健康リスク・マネジメント

国民の疾病の大半を占める生活習慣病、いわゆる「ありふれた病気」といわれるがん、高血圧、糖尿病、動脈硬化などは、これまで、高血圧や高脂血症や高コレステロールなどの臨床指標と生活習慣から発症や重態化への予防が作られてきました。そのため、個人に決して適合しているわけではない、生活指導や薬剤投与が行われてきました。しかし、かならずしも全員が血圧が高ければ脳卒中、血糖値が高ければ失明や下肢切断になるわけではなく、生活習慣病の発症とその重篤化に関する遺伝子機構には発症機構とは別の個別的多型性が存在し、個々の患者の予後を決定しています。

したがって、一律に降圧剤や血糖降下剤を投与する「一般的」医療の無効性が明確化され、生活習慣と遺伝子素因の組み合わせから、予後が重篤化する患者を限局しそれのみに厳しい生活指導が課せられ、ほかの大半の患者は生活習慣病をもっていてもある程度の自由をもった生活を保証する医療が可能となります。

さらに、オミックス医療の広範な実現については、時期的には少し時間がかかるかもしれません。オミックス情報をシステム的に捉えるシステム病態学の発展によって、疾患のシステム・ダイナミクスが明確になり、発症−治療−予後に対する全体的な見通しをもった健康・医療が実現されます。たとえば、高血圧症の

患者では、先にも述べたように、個体レベルでは高血圧状態が維持すべき設定水準になっており、一見この状態で食生活という環境と個体の系が「安定」状態に達しているように見えますが、これは局所的な安定で、高血圧という異常な状態を含んで大局的には不安定であり、個体の系は漸次悪化して系の崩壊に至ります。生活習慣病によく見られるように、環境と局所的に安定していても全体としての個体状態のシステム・ダイナミクスが悪循環へと陥っていることを、分子―病理―個体の表現型の現れを通して、早期にかつ総合的に予測でき、個体の生命状態の「システム的理解」のもとに健康から疾患発症への推移、発症から重症化への推移が予測でき、生涯にわたって個別的な健康リスクマネジメントが可能な時代が到来すると思われます。

7章　参考文献

[1] 田中博「生体制御モデルにおける非線型性の意義―出血性ショックの病態力学―」、『医用電子と生体工学』第17巻5号、pp.386-387、1979

[2] 田中博、鈴木泰博、荻島創一「ゲノム医療からみた疾患モデルの展開」、『医療情報学』23巻5号、pp.373-381、2003

[3] 田中博「クリニカルバイオインフォマテックス―その概念と将来の展望―」、『生体医工学』第44巻3号、pp.377-385、2006

[4] Sørlie, T., et al.: Repeated observation of breast tumor subtypes in independent gene expression data sets, PNAS, vol.100, no.14, pp.8418-8423, 2003.

[5] Bar-Or, R.V., et al.: Generation of oscillations by the p53-Mdm2 feedback loop: A theoretical and experimental study, PNAS, vol.97, no.21, pp.11250-11255, 2000.

[6] Kohn, K.W.: Molecular Interaction Map of the Mammalian Cell Cycle Control and DNA Repair Systems, Mol. Biol. Cell, 10(8), pp.2703-2734, 1999.

結語 ― 〈生命＝進化する分子ネットワーク〉論の体系的構築を目指して

　生命は遺伝子やタンパク質などの生命分子で作られていますが、それらの「生命分子を繋ぐネットワーク」にこそ生命の本質があることにライフサイエンスの世界でも次第に気づいてきました。

　生命は、最初から完結したネットワークとして誕生して、完結したネットワークを維持しながら進化しました。誕生した最初の生命は、「生命の最小完結ネットワーク」といえます。生命はこの最小完結ネットワークの構造を壊さないで、あるときはネットワークに1つずつ枝や節点を漸次増加させる方法をとり、あるときはこれまでの生命ネットワークを要素としてさらに高次元の自由度をもったメタネットワークを形成するという「入れ子」的な展開を通して、生命進化とともに何重にも階層的に複雑化したのです。

　38億年前に出現したときから生命は、〈生命の普遍的形式〉、すなわち内部に自己情報（ゲノム）をもち生命活動を統括する遺伝子発現調節ネットワークと、生命系に必要なエネルギーや構成物質を生成する代謝反応ネットワーク（その中には生命の境界である膜を生成する反応系が含まれる）という二重の円環ネットワークを基本とし、さらに信号伝達ネットワークを張り巡らして、連結された〈1つのネットワーク〉として実現されました。

　最初の始原的生命は現在の原核生物にその痕跡を見ることができますが、遺伝子発現系と代謝反応系の2つのネットワークが生体膜内で連結した1つの階層の平板的ネットワークでした。その後、生命は、おもに遺伝子発現調節ネットワークを「次元」増加的に複雑化させ、「生命のあり方」を「入れ子」的に階層的に複雑化してきました。すなわち、原核生物を「飲み込んで」細胞内共生した真核生物、さらにこれをシート状に連結し、何重にも畳み込んだ多細胞生物へとネットワークは階層的な体制へと発展しました。

　多細胞生物において、この階層的な体制を実現するのは、ボディプランといわれる形作りに関係する発生／形態形成(遺伝子)調節ネットワークです。このネットワークの基本構造は、生物の「アーキタイプ」構造を決定し、それが属する生物のクラスを決めるもので、生命ネットワークの構造を決定する基幹ネットワークです。

　発生／形態形成調節ネットワークは、マクロ的に観察可能な生物の形態進化と分子レベルの進化を仲介するもので、進化する生命分子ネットワークとしての基幹的な部分として、あるときはネットワークの拘束条件下での漸次的進化を、あるときは「次元」増加的に階層的に複雑化していきました。発生のネットワーク

は、最近注目を集めている再生医療や、その異常ががんなどの疾患を引き起こすことなどから医学的にも重要性が高いネットワークです。

　生命のネットワークはこのような基本構造のもとに、細胞内外の状況を認知し、総合的に処理してこれを遺伝子発現調節ネットワークに反映させる信号伝達ネットワークを含めて、物理的には非平衡構造の上に情報が全体に浸透した完結的ネットワークを実現させたのでした。

　しかし、このような分子的ネットワークの複雑化進化は、それだけで出現したのではありません。6章に述べたように、膨張する宇宙の「拡大する非平衡性」の中に育まれてこそ、生命分子ネットワークの複雑化進化が可能になったと考えられます。生命の複雑化進化の目的は、宇宙が〈知〉を育んだ生命を通して自らを認識させるためだったかもしれません。

　最後に拙著『生命と複雑系』にも記したのですがここでもう一度述べたいと思います。

　生命は宇宙の塵から生まれたものですが、宇宙を認識する存在であり、その意味で宇宙の目的です。生命は宇宙の最後の瞬間まで、つねに宇宙とともにあり続けるでしょう。生命とその本質である「情報」あるいは〈知〉には、宇宙全体の意味がかかっているのです。

索 引

1/f ノイズ　95
2.5 次元的　36,152
2 次元シート　36
2 成分制御系　118-125,126,127,133
　　——の拡張　122
　　——の限界　126
3 つの原界　55
6 次の隔たり　88
7 回膜貫通型受容体　140

ABCD
Abd-A　173
Abd-B　173
ADP　54
antennapedia　173,174
ATP　54
　　——がもつ非平衡性　200
bicoid　169,170
bithorax　166,173
CheA　120,124
CheW 複合体　124
coenzyme（補酵素）　54
common disease → 「ありふれた病気」参照
Dfd　173
DNA ゲノム　54,55
DNA チップ　64,232,235

EFGH
engrailed 遺伝子　172
EnvZ　120,122
Exd（Extradenticle）　180
FAD　54
GC 含量　60
G タンパク質　130,137
　　——遺伝子族　137
　　——結合受容体（GPCR）　69,141
　　——結合タンパク系　131
hang-up 現象　218
HapMap　230
Hedgehog　172
HOG（high osmolarity glycerol）　132
HOM-C（homeotic gene complex）　173,174
Hox（ホメオボックス）遺伝子　37,41,163,174, 176,177
　　——の分子進化解析　178
　　——ファミリー　176
Hox クラスタ　178,179

hunchback（ハンチバック）遺伝子　170

IJKL
JAK-Stat 系　130
JUNK 系　134
Knirps（クナープス）遺伝子　171
Küppel 遺伝子　171
lab　173
LTR エレメント　62

MNOP
MAPK シグナル伝達系　134
MAPK スーパーファミリー　130
MAP キナーゼ　131,133
miRNA（マイクロ RNA）　57
NADH　54
NADPH　54
nanos 遺伝子　170
Notch シグナル系　130
OmpC　122
OmpF　122
p38　134
p53　241
　　——を中心としたがんモデル　241
pb　173

QRST
ribozyme（リボザイム）　54
RNA 依存性 RNA ポリメラーゼ　54
RNA ウイルス　53,54
RNA ゲノム　53,54
RNA 酵素　54
RNA 大陸　57
RNA-タンパク質コード対応関係　53
RNA の自己再生産　52
RNA ワールド　33
SAPK　134
Scr　173
SH3 ドメイン　136
siRNA　57
small world　87
SNP（一塩基多型性）　228,229,230,235,243
　　——データベース　230
　　——のタイピング　229
　　cSNP　229
　　db SNP　230
　　gSNP　229

索引

iSNP　229
sSNP　229
薬の応害性　232
薬剤関連 SNP　230
SPL（平均最短経路長）　101
TGFβ-Smad 系　130,135
TNF 受容体（TNFR）　140
T 細胞受容体　140

UVWXYZ

Ubx　173
VNTR　228,229
wingless 遺伝子　172
Wnt 遺伝子族の多様化　138
Wnt 遺伝子ファミリー　138
Zn フィンガー構造　170

あ

アーキタイプ　179,180
アクトミオシン　159
アデノシン３リン酸（ATP）　200
アノマロカリス　147,148
ありふれた病気　228,230,231,237,238,251
偽体節　172
一塩基多型　228,229
位置決定遺伝子　170
一倍体　56
一般相対性理論　215
遺伝環状 DNA　56
遺伝コード表　53
遺伝子型相対危険度　228
遺伝子コード領域　61
遺伝子診断　227
遺伝子数　14
遺伝子制御プログラムの進化　168
遺伝子重複　109,137,208
遺伝子のネットワークの複雑化　209
遺伝子の乗り物としての生命　220
遺伝子の発現プロファイル　243
遺伝子の利己性　221
遺伝子のレパートリー　77
遺伝子発現調節ネットワーク　18,56,163,205,238,242
遺伝子発現レベル　239
遺伝子ファミリーの分化や編成の変化　69
遺伝子マーカ　235
遺伝子多型性　227
遺伝病　227
移動型層別化　99,105
移動平均法　103
医療
　格差の是正　250
　個人のニーズ　250
　標準化　250

入れ子構造　32,33,43,44,111,177,183
インターアクトーム　43
咽頭胚期　163
インフレーション　215,217
ウォルパート　171
渦鞭毛藻　145
宇宙　186
　——原理の仮定　215
　——の晴れ上がり　217
　——の膨張　186,187,191,215,221
　進化　216
　知の原理　221
　人間原理　221
　非平衡性　215
　非平衡的秩序形成　201
宇宙項　215
運動エネルギー　196
永続する生命　145
エクソンの混ぜ合わせ　63
エディアカラ生物群　149,150,157
エネルギー代謝　36
襟細胞　155
襟鞭毛虫　141,155
エルドス　83
　——数　89
エルドス−レーニーの定理　84,85,102
円環的化学過程　34,199,200,201
円環的な組織化　213
エントロピー　29,186-191,193-195,197-200,218
　——増大則　197
　——と生命の関係　187
オイゲンのエラー・カタストロフィー理論　54
オイラー閉路　81
応答調節タンパク質　119,121,126
オートポイエーシス　211
オープンエンドな進化　208,221
オーロラキナーゼ B　247
オパビニア　147
オペロン　56,58
オミックス医療、医学　224,226,227,233,234,236,237,240,242,243,246,250-252
オミックス／システム病態学　45
オミックス情報　14,233,234,240,242,246
親モチーフ型　179

か

外界と物質とエネルギーの交換　188
階層間ネットワーク　99
階層進化　33
階層的入れ子性　182,183
階層的システム　245
階層的制御性　166
階層的な遺伝子制御構造　176
階層的複雑化　144

索引

階層内ネットワーク　99
外的環境の変動への適応　153
外胚葉（皮膚、神経系など）　158,159,176
開放的なダイナミクス　208
カイメン　155,156
下位モチーフ型　179
カウフマン　51,84,207
カオスの縁　94
化学走性　118,120,122,123
化学的レベルから生命のレベルに移行する　210
化学反応ネットワーク　211,212
核移行シグナル　181
核酸　50,52
核酸祖先型　51,52
各体節の特異化　172
獲得形質の遺伝　165
核融合反応　214
確率的なランダムネス　203
加重総和　128
カスケード　116,117,166,177
形作り　157,162,164,167,175
カドヘリン　141
可能エントロピー　198,218,221
可能的自己　212,220
可能的変化の次元　194,195,197
体の大型化　158,159
体の形作りの設計原理　157
体の分節構造を決定する遺伝子　176
カルノーサイクル　189,191
がん　117,228,245
　　進化モデル　240
　　診断　235,251
　　増殖を維持　240
　　抑制遺伝子　241
感覚器　114,115,160
頑強性　127
幹細胞　239,240
間充織体腔　161,162
感染症　245
カンブリア紀　144,146-149
カンブリア爆発　36,137-139,146,148,152,160
冠輪動物　160,161,178
飢餓応答　126
規則的グラフ　82,95
偽体腔　161
偽体節　172
基底層　159
キナーゼ　117
機能ゲノミクス　63,232
機能障害　242
逆転写酵素　55
ギャップ遺伝子　170,172
嗅覚受容体　69
旧口動物　160,162,178

共進化　208
共線性　168,173,175,176
極細胞　167
局所的な発生場　176
巨大なコンポーネント　84
筋神経系　159
筋繊維束　160
筋組織　160
空間並存的見方　239
グーテンベルグーリヒター法則　94
グールド　148
区画セレクター遺伝子　168
区画の境界を決定　172
クラウジウス　191
クラスター係数　101,102,104,108,109
クラスター構造　88
グラフ理論　80
クリーク　108
繰り返し構造　167
クロマチン構造　59
クロミスタ　145
群体　155
形原（モルフォゲン）　164,170,171
形態形成制御遺伝子　176,177
形態の多様性　168
系としてのあり方　210
系としての自由度（次元数）　208
ゲージ粒子　217
下向的因果性　239
血圧制御系の大局モデル　225
血管浸潤　248
結合度数　100
決定論　208,209
ゲノム　48,224
　　構造　55
　　再編成　72
　　進化　64,66,67
ゲノム医療・医学　224,225,227,232-234,250
ゲノム情報　227,233
ゲノム多型性　228,229,250
ゲノム発現ネットワーク　64
原因遺伝子　227
原核生物　30
原口　160
原子核反応系列　215
原始スープ　51
現実的エントロピー　198,218,221
現実的自己　212,220
原始的なポリペプチド触媒系　52
減数分裂　146
原体腔　161,162
原腸　157,158,160
原発性肝細胞がん　247
抗エントロピー的　200,201

索引

高温熱源ー低温熱源差　219
効果器　115,124
抗がん剤　251
高血圧　227
高結合層　103,105
高次体制化　184
高浸透圧　132,133
後生動物　157,162
腔腸　159
酵母2ハイブリッド法　97,99
合胞体状態　167,169
酵母の浸透圧調節系　132
コード　56,116
コーンのモデル　241
黒体放射　218
古細菌　30,55
個人化医療　227,229
個人のゲノムのタイピング　230
古生代　147
個体状態のシステム・ダイナミクス　252
個体特異性　153
個体レベル　239
個別化　230,250,251
　——医療　224,227,235,246,250
個別的な健康リスクマネジメント　252
孤立系　215
コルモゴロフの複雑性　194
コンポーネントⅡ　119
根本的な非平衡過程　191

さ

差異化フィードバック　96,164
再帰的　28,38,202,213,220
再帰的な自己　211,212,213,220
細菌　30
最小遺伝子　64,65
差異的発現遺伝子　247,248
サイトカイン　20,41
サイトカイン受容体　140
サイバネティックス　225
細胞外消化　159
細胞外信号制御系　134
細胞外膜　121
細胞外マトリックス　159,162
細胞下のネットワーク　239,240
細胞間コミュニケーション（情報伝達）　130,
　　153,157,205,245
細胞間組織レベル　239
細胞間ネットワーク　19
細胞間場　239
細胞系譜学的　239
細胞シート　157
細胞シミュレーション　22,42
細胞性粘菌　155

細胞性（的）胞胚　167,169
細胞接着分子カドヘリン　141
細胞増殖　131,176
細胞内共生　30,35,144
細胞内シグナル（情報）伝達系　18,117,205
細胞認識　153,157
　——と結合の機構　153
　——のメカニズム　154
細胞の位置情報　164
細胞分化過程　240
細胞膜表面の受容体の進化　139
左右軸　169
左右相称　150,159,160,162
左右相称動物　157,160,161,163,178
散逸構造　39,200
散在配列　61
三胚葉（構造、動物）　36,156,157,159-162
三葉虫　147
シート構造（形、体制）　150,151,156
時間的断続性を支える適応進化　207
色覚　70
軸決定遺伝子　168
シグナリングドメイン　135,136
シグナル伝達（カスケード、タンパク質）
　　117,118,127,129,137,163,238,242
シグナル分子ネットワーク　18
シグナローム　232
次元　182,194,196
始原生殖細胞　145
始原的構造選択　31
始原的生物　31,34
自己　94,108,130,154,211,220
志向性　221
自己形式システム　199,211,212,220
自己言及性　212
自己再帰的システム　209,213
自己再生産　33,35
自己集合　39,205
自己触媒（過程）　202,220
自己スプライシング　54
自己性　153,209,211,213,221
自己組織化　93,94,211
自己免疫病　245
事象のあいまい性　193
シス調節エレメント　170,171
システム・オミックス医療　225
システム進化　45,108,184
システム進化生物学　42,44,45
システム生物学　37,42,45,234,238
システム生理学　238
システム的アプローチ　226
システム的拘束　32,184
システムとして生命を理解する　238
システムの乱れ（異常、失調）　238,239,245

索引

システムバイオロジー　22
システム病態学　234,237,238,239,251
自然選択　30
事前の応答性ゲノム検査　232
自然の階層性と生命階層の非連続性　209
疾患遺伝子（素因）　229,230
疾患オミックス　243
疾患階層　240,243,244
疾患感受性　227-229
疾患基礎論　238
疾患システムバイオロジー　244
疾患の細胞系譜的理解　240
疾患のシステム　238,243,251
疾患のパスウェイ／ネットワークレベルでの理解　247
疾患・薬剤に関する個別性　235
疾患類型　245
　がん　245
　感染症　245
　自己免疫病　245
　神経難病　245
　代謝症候群　245
実質的な自己　212
質量分析器　233,251
自発的構造　164
刺胞動物　138,158,178
シャノン　191
シャノンのエントロピー（情報量）　192-197
ジャンク遺伝子　57
集合的自己　207,209,213
集合的に自己触媒的な反応ネットワーク　202
集合的分子状態　195
集団化して一種の相転移　239
自由度　194,196,221
重力　215,217
縦列反復配列　61
受精卵　145
『種の起源』　147
受容器（体）　115,118,124,204
受容器-処理系-効果器　115
受容体キナーゼ　120
受容体タンパク質　118,119,120,124
腫瘍マーカ　236,251
シュレジンガー　186,187
循環構造　28,200,219
消化管の蠕動運動　162
消化腔　151,152,157,158,259
小規模な進化　32
上向的因果性　239
ショウジョウバエ　165,166
　発生　167
　発生遺伝学的研究　166
状態決定に物理的任意性　203
冗長　127

上皮構造　159
上皮性体腔　161,162
情報　40,186,187,192,203,204,205,206,220,221
情報エントロピー　193,194,198
情報概念　191,202-205
情報構造　43,213
情報次元　194
情報受容　205
情報準拠型活性化　125
情報処理系　115
情報＝知　221
情報的循環性　28
情報的組織化　213
情報伝達　115,116,203,204
情報と生命　199
情報による（基づく）系（構造）　40,206,220
情報による状態決定　203,204
情報による組織化　202,206,213,220
情報による秩序　40,43,164,203,205,207,209
情報ネットワーク　40,44,80,153,164
情報のコード化の解釈系　204
情報発生源－情報受容　219
情報分子　164,205
情報マクロ分子ネットワーク　53,86,199,205,213
情報量　193
情報理論　115,193,204
触手　158
植物型　162
ショットガン法　12
自律性　212
自律的な反応ネットワーク　202
進化可能性　94,208,209
真核化　127
真核生物　30,31,35,55
進化する生命　29
進化的可塑性　67
進化による複雑化　207,209
真空の相転移　217
神経回路網　96
神経系　36,114,159,160
神経細胞の情報処理モデル　128
神経難病　245
神経網の多層パーセプトロンモデル　128
心血管疾患　228
信号伝達　115,130
新口動物　160,161,162,178
真正後生動物の体制の多様化　139
真正細菌　55
真体腔　161,162
浸透圧　118,120,125,132
浸透圧調節系　121,132
水平遺伝子移行　67
スーパーレスポンダー　232,250

数理生物学　29,42,238
数理モデル　241
スケールフリー　92,96,98,101,105,106,108
スケールフリーネットワークの理論　95
スモールインターフェリング RNA　57
スモールワールド　87,90,91,98,108
生活習慣病　251
制御理論　225
生殖細胞　145,146
　──と体細胞の分離　167
生殖巣　162,167
生成したエントロピーを環境に散逸　188
生体システム論　225
生体膜の出現　34
生体マクロ分子　33
生物大絶滅期（V/C 境界）　150
生物体は負エントロピーを食べて生きている
　188
生命　219
　起源　30,33
　基本原理　219
　根本命題　210
　再帰性　27
　始原形式（始まり）　32,49
　自己根拠性　211
　自己性　209,221
　システム的原理　24
　主要転移　38
　自律性　202
　──のあり方　209
　──のエントロピー構造　187
　──の原理　219,220
　──の設計図　48
　大域的な体制　25
　秩序形成のしくみ　26
　非平衡構造　202
　普遍的形式　207
　普遍的系理論　32
生命系　43,202,211,218
生命圏　219
生命システム科学　23
生命的自己　213,220
生命と情報　219
生命とは何か　25,28,187,210,213
生命と非生命　38
生命におけるエントロピーの収支構造　187
脊椎動物　162
脊椎動物の門型　163
赤方偏移　215
セグメント・ポラリティ遺伝子　166,172
節足動物　162
セリン・スレオニン　136
セリン・スレオニンキナーゼ　131,140
セレクター遺伝子　168

先カンブリア時代　147
前駆細胞　240
全ゲノム情報生物学　63
全ゲノム重複　68,174
選好的付加　96,108
前後軸　169,170,175
センサータンパク質　119,120,126
センサードメイン　132
線状 DNA　56
染色体異常　227
染色体重複　68
選択的スプライシング　57,233
選択による保存　207
セントラルドグマ　15
走化性　123,124
相関解析　244
早期診断　251
増大する非平衡性　219
相対的リスク　228
相転移　84
組織化（階層的）　176
組織間コミュニケーション　245
組織特異性の認識　153
組織分化　175

た

ダーウィン　147
ダークエネルギー　218,221
大域クラスター係数　101,102
第 1 種の変換　191
体腔　158-161
体細胞　145,146,158,159,167
体細胞と生殖細胞　145,146
第 3 世代のシステム的生命科学　43
体軸の前後軸　169
代謝系　96
代謝症候群　245
代謝制御分析　22,23
代謝反応経路　238
代謝反応ネットワーク　19,200
対数多様性　193
体制的進化　32
体節形成　172,173
第 2 種の変換　191
（個人の）タイピング　228
太陽光　186
　──のエントロピー　219
　──の非平衡性　200,214,215
　──のもつエネルギー　187,200
太陽光=冷たい宇宙　191,199,201,219
多因子性疾患　227,228,232,237
多核性胞胚　167,170
多義性・多義的状態　208,219
多型情報　228,230

索 引

多型性　229,230
多細胞化　145,153,157
多細胞生物　30,31,36,114,130,144,149,151,153,
　　154,159,162
多細胞体制　155,156
多次元の複雑性　208
多重遺伝子族の進化　69
多層のパーセプトロンモデル　129
多段階情報処理　128
多段階リン酸リレー　132,133
脱皮動物　160,161,178
脱リン酸化　117
立襟鞭毛虫　138
多様性の次元量　193,194
単因子性　227,237
　遺伝病　227
単細胞生物　30,114,144,146
　——の情報処理　114
　——における神経系　116
タンパク質　50,52
タンパク質インターアクトーム　100,101,108
タンパク質間相互作用　97,99,100,106,135
　——ネットワーク　98,100
タンパク質チップ　236
タンパク質の質量分析プロファイル　243
タンパク質複合体　106
タンパク質様分子塊　52
タンブリング　123,124
地球大気圏の非平衡構造　218
秩序　186,198,199,220
秩序形成能力　198,201
チトクローム P450　231
チャンネル　115
中継神経細胞　128
中腸原基陥入　167
中胚葉　159,176
調節卵　165,175
チロシンキナーゼ　130,131,132,137,140,141
通時的関連　38
ツールキット遺伝子　149
冷たい宇宙　201,214
強い核力　217
低エントロピー　186,188,214
低温部　190
ディキンソニア　150
定常の宇宙モデル　215
定常的な開放系　187
ディプロイド　146
テイラーメイド医療　224,233,236,250
テイラーメイド薬　231,232
適応進化　208
適応度　206,207,208
転写調節・遺伝子発現調節ネットワーク　184
転写調節因子　170,181

電磁力　217
統計力学エントロピー　195
統合オミックス情報　233
動的ネットワーク理論　95
動的平衡系　187
糖尿病　227
動物型　37,149,162,163
動物門　36,163
動脈硬化　227
閉じた情報の円環　220
ドップラー効果　216
トポロジー　81
ドメイン　135,136
ドメインシャフリング　136
トランスクリプトーム　16,232,233
トランスレーショナル研究　245
トロコフォア幼生　161

な

内骨格と外骨格　162
内臓諸器官の発達・分化　160
内胚葉　158,159,175
内部選択　32
ナトリウム利尿ペプチド受容体　140
二倍体　56,146
二胚葉　36,138,151,156,158,162
ニューラルネットワーク　129
ニューロン結合の階層化　127
認識-行動サイクル　115,125,130
ヌクレオチドリン酸　54
熱サイクルのしくみ　189
熱水噴出口　33,51,64
熱的死　215
ネットワーク　80,184,209,237,248
熱力学エントロピー　191,195,196,197,198
熱力学的換算　198
熱力学の第1法則　215
熱力学の第2法則　189,198,215
粘菌　154,155
脳　115
濃度勾配　169,171

は

パーコレーション　84
バージェス頁岩の化石　147,148
ハーセプチン　231
パーセプトロンモデル　129
ハートレーの定義　192
背景輻射　216
倍数体状態　146
胚性制御　145,146
媒体（メディア）　115
胚の区分　170
背腹軸　169

索 引

胚葉構造　31,36,151,152,157,158,175
バウプラン　157
バクテリア
　神経ネットワーク　118
　脳　119
パスウェイ　237,246,247
パスウェイ多型性　246
パスウェイデータベース　22
パスケス　108
発現差異パスウェイ　248
発生遺伝学　165
発生過程の基本構造　145
発生制御ツールキット遺伝子　168,176
発生的拘束条件　164
発生のマスター遺伝子　41
発生場の個別性　168
ハッブル定数　216
ハブーブランチ構造　44,92
ハプロイド（半数体）　146
ハプロタイプ　230,232,235
バラバシ　96,108
ハルキゲニア　147
反応系列　218
反復配列　61,62
ピカイア　148
比較ゲノム　48,64
光エネルギー　218
飛行時間型質量分析器　235
非コード領域　57,60,61
非自己　154
ヒスチジン　136
ヒスチジンキナーゼ　119,126
非生命系の自己組織化　211
非生命的な物質系の構成原理　209
ビッグバン　215-217
ヒトゲノム　10,60
非平衡系　200,201,214,219
非平衡構造　39,40,43,186,187,190,199-204,211,213,218,220
非平衡性（状態）　164,186,187,190,198-201,214,215,218,219,221
表現型－構造－情報ネットワークの3階層　40,44
標準的医療　250
病態ダイナミクス理論　225
病態トランスクリプトーム　247
病理レベル　239
開いた系　187
非連続的進化　33
不安定化機構　220
フィードバック作用　172
負エントロピー　187,188,190,198
複合適応系　207
複雑化進化　213,254

複雑系進化論　207
複雑系生物学　24
複雑性のレベルの違い　206
複雑な自己組織化　205
複雑な認識　127
副作用とゲノム情報　231
フシタラズ遺伝子　172
物質系の秩序　218
物質集合系の「系としてのあり方」　210
物質集合系の情報の乗っ取り　213
物理的一意性　203
物理的因果性　203,205,206
物理的な自己集合化作用　40,41
物理的多義性　203
物理的な決定論的法則性　203
負フィードバック　225
普遍性クラス　209
普遍的形式レベル　38
普遍的生命システム　43,45
普遍的な動物型ゲノム　149
不変的複製　207
フラクタル次元　94
フラジェリン　123
プランク時間　217
フリードマンの宇宙モデル　215
プリゴジン　188
ブリルアンの式　198
プロテオーム　16,60,232,233,251
プロテノイド　50
プロモータ領域　58
分化決定因子　175
分子間相互作用　210
分子シグナル系での情報伝達　116
分子認識能力　210
分子的ネットワークのシステム失調　246
分節構造　167,168
　　──決定における自由度　182
　　──の決定　171
ペアルール遺伝子　166,171,172
平均棍　165
平均最短経路（長）　101
平衡状態　200
並存的関連　38
べき乗則　92,93,94,95,96,98,101
ペプチド核酸　52
ベルタランフィ　187
ベンドビオンタ（V/C境界）　150,152
扁平細胞　155
ホイッタカーの5界分類　144
胞子形成　118,122
放射相称　150,151,157,158,160
膨張宇宙論　201,214,215,218
ポーリンタンパク質　121
補酵素　54

索引

ポジティブフィードバック　202
ポストゲノム　14,238
ホスファターゼ作用　120
母性効果　166,169
母性制御　145,146
ボディプラン　37,157,160,163,165,176,177
ホメオスタシス　225
ホメオティック遺伝子　168,172-174,177
ホメオティック突然変異　166
ホメオドメイン　59,172,174,178,179
ポリマー　86,210
ポリマー集合　86,87
ボルツマン定数　187,195,197,198
ボルツマンの統計力学エントロピー　195
ボルボックス　154,155,158
ホルモン　20,41,204

ま

マイクロアレイ　64,232,247
マイクロサテライト　228
膜タンパク質　121
マクロ分子　205,210
マックスウェルのデーモン　197,198
ミラーの放電実験　30
ミルグラムの実験　90
無体腔　161
メタボローム　16,17,60,232,236
メチル基結合走化性受容体　125
免疫系　36
メンデルの法則　30,165,227
網羅的疾患分子病態データベース　244,245
網羅的疾患分子病態モデル　244
網羅的集合レベル　233
網羅的分子情報　233,244
　医療への応用　224
　疾患関連性　244
モーガン　165
モザイク卵　165,175
モジュールの個性化　167
モジュラリティ　109
モチーフ　178,179,181
モノー　204
モロウィッツの原理　201
門型　37,148,163

や

薬剤
　個別化投与　250
　副作用　250
薬剤感受性・応答性　229,230,231,246
薬剤関連SNP　230
薬剤ゲノム学　251
薬剤代謝酵素の変異　230
薬物動態学　230

薬物トランスポータ　231
薬理遺伝学　230
薬力学　230
薬理ゲノム学　230,231
有効エネルギー　198
弱い核力　217

ら

ラフト　136
卵極性遺伝子　169
ランズベルクの「Qマクロ的秩序」　199
ランダムグラフ　82,83,92,95
利己的遺伝子　53
リボザイム　54
流束平衡系　187
領域特異的セレクター　168
理論生物学　42
リン酸化　116,117,119,120,121,126,136
リン酸ニューロネットワーク　129
リン酸リレー系　122
臨床オミックス　237,242
臨床-オミックス関連解析　240
臨床情報と分子情報の統計的相関性　240
臨床的網羅生命情報　242
ルーズ（loose）な複製系　51
レシーバ領域　125
レセプトーム　139
レトロトランスポゾン　62
連鎖解析　229

わ

和田　233
ワッツ―ストロガッツ　91

著者紹介

田中　博（たなか　ひろし）

1974年東京大学工学部計数工学科卒、1981年東京大学大学院医学系研究科修了。医学博士、工学博士。1982年東京大学医学部講師、1990年マサチューセッツ工科大学客員研究員、1991年東京医科歯科大学教授、1995年同大情報医科学センター長、2006年から同大大学院生命情報科学教育部長・評議員。日本医療情報学会理事長、情報計算化学生物学会大会長など歴任。人工生命の国際学会をはじめ多くの学会・シンポジウムを主催。

生命のシステム論について早くから興味をもち、生命複雑系、システム進化生物学、オミックス医科学などを専門とする。疾患および医療への情報的アプローチにも詳しい。

主な著書に『逆問題』（岩波書店）『生命と複雑系』（培風館）など。翻訳に『ナチュラルコンピューテーション1』（パーソナルメディア）がある。

生命―進化する分子ネットワーク
システム進化生物学入門

2007年7月25日　初版1刷発行

著　者	田中　博
	© Hiroshi Tanaka
発行所	パーソナルメディア株式会社
	〒141-0022　東京都品川区東五反田1-2-33　白雉子ビル
	TEL：(03)5475-2183
	FAX：(03)5475-2184
	E-mail：pub@personal-media.co.jp
	http://www.personal-media.co.jp/
印刷・製本	日経印刷株式会社

ISBN 978-4-89362-203-7　C3045
Printed in Japan.